Java语言程序设计

（第5版）

张驰 邵丽萍 编著

清华大学出版社
北京

内 容 简 介

Java不仅是近年来十分流行的程序设计语言之一,还是一门通用的网络编程语言,在Internet上有着广泛的应用。本书全面介绍了Java语言的功能和特点,主要内容包括Java语言基础知识、Java语法构成、面向对象编程技术、常用系统类的使用、图形用户界面设计、图形与多媒体处理、异常处理、多线程技术和访问数据库技术等内容。

本书以通俗易懂的语言介绍了大量的实例,从实用的角度解释了Java面向对象编程思想,介绍了Java编程技巧。

本书不仅适合没有编程经验的读者学习,也适合有一定程序语言基础的读者自学,还可作为高等院校或计算机培训班学生的教材。

本书封面贴有清华大学出版社防伪标签,无标签者不得销售。
版权所有,侵权必究。举报:010-62782989,beiqinquan@tup.tsinghua.edu.cn。

图书在版编目(CIP)数据

Java语言程序设计/张驰,邵丽萍编著. —5版. —北京:清华大学出版社,2021.10
ISBN 978-7-302-58951-8

Ⅰ. ①J… Ⅱ. ①张… ②邵… Ⅲ. ①JAVA语言-程序设计-高等学校-教材 Ⅳ. ①TP312.8

中国版本图书馆CIP数据核字(2021)第173718号

责任编辑:谢 琛
封面设计:常雪影
责任校对:李建庄
责任印制:沈 露

出版发行:清华大学出版社
网　　址:http://www.tup.com.cn,http://www.wqbook.com
地　　址:北京清华大学学研大厦A座　　邮　编:100084
社 总 机:010-62770175　　邮　购:010-83470235
投稿与读者服务:010-62776969,c-service@tup.tsinghua.edu.cn
质量反馈:010-62772015,zhiliang@tup.tsinghua.edu.cn
课件下载:http://www.tup.com.cn,010-83470236

印 装 者:三河市铭诚印务有限公司
经　　销:全国新华书店
开　　本:185mm×260mm　　印　张:21.5　　字　数:492千字
版　　次:2002年10月第1版　2021年10月第5版　印　次:2021年10月第1次印刷
定　　价:69.00元

产品编号:092220-01

前言

Java 是目前推广速度最快的程序设计语言之一,它采用面向对象的编程技术,功能强大而又简单易学,深受广大程序设计人员的偏爱。Java 伴随着 Internet 问世,随着 Internet 的发展而成熟。Java 是精心设计的语言,它具有简单性、面向对象性、平台兼容性、安全性和健壮性等诸多特点,内置了多线程和网络支持能力,可以说它是网络世界的通用语言。为了迎接信息时代的挑战,学习和掌握 Java 语言无疑会带来更多的机遇。

本书具有简单易学、理论和实例结合的特点,使读者很容易接受 Java 语言的概念和设计方法,很快地编写出合格的面向对象程序来解决一些简单的实际问题。一些抽象的很难理解的内容,如类、对象、继承、多态、异常、多线程等,在本书中都通过通俗易懂的方式进行了简化。使用本书学习,读者将会发现 Java 语言并不难掌握。书中所有的程序都可上机运行,便于读者通过实际上机运行来体会 Java 的原理、功能与作用。

本书前四版受到读者的欢迎,还被评为"第七届全国高校出版社优秀畅销教材一等奖""普通高等教育'十一五'国家级规划教材"等。由于 Java 在不断发展,为了体现 Java 的新特点,答谢读者的喜爱,满足读者的需要,作者对本书进行了修订。作为一本教材,本书第 5 版保留第 4 版的基本框架,在内容的编排上体现了新的计算机教学思想和方法,以"提出问题—解决问题—归纳必要的结论和概念"的方式介绍 Java 的编程思路,通过大量的实例和插图,使读者尽可能快地熟悉基本概念和掌握基本编程方法。结构上,第 1~3 章为程序设计基础知识,第 4 章和第 5 章为面向对象程序编程知识,第 6~8 章是异常、泛型、集合、常用类介绍,第 9~13 章是综合应用程序开发知识,体现了深入浅出、由简到繁、循序渐进的特点。

本书主要特色如下。

1. 通俗易懂、图文并茂

本书通过具体的例子介绍有关 Java 语言的概念、方法和技术,每章都用大量完整的例子说明使用 Java 语言编程的基本步骤和基本方法,并有图片配合说明,通俗易懂,读者完全可以按书中介绍的方法运行每个程序实例,通过实例理解 Java 语言的基本思想和编程技巧。

2. 内容全面、结构清晰

本书对整个内容做了精心设计和安排,首先介绍 Java 语言字符模式的编程方法,然后介绍使用图形用户界面的编程方法。循序渐进、先易后难、逐步深入,通过具体实例引出后续内容或巩固前面介绍的内容。在"知识拓展"一节介绍一些 Java 语言的新特性与抽象概念,为读者深入了解 Java 语言指出学习方向。

3. 循序渐进

本书首先从 Java 语言的产生、特点、结构开始介绍,然后介绍如何得到 Java 语言的开发工具、如何设置 Java 的开发环境、编写 Java 程序,最后系统介绍 Java 语言的基本语法和面向对象的编程技术、异常处理机制、图形用户界面、多线程机制、图形、图像与多媒体技术、访问数据库技术。

4. 实践性强

在使用本书学习时,可结合具体的实例,上机实践。为方便读者使用书中实例,本次改版统一为书中 Java 实例编写了主类名,如例 1.1 中编写的源文件名称为 exp1_1.java,使实例与源程序文件更好地对应。

本书主要内容如下。

本书对原来的内容进行重新整理,添加了新的例子,所有的程序都是使用最新的 Java 开发工具完成的。

第 1 章是 Java 快速入门,全面介绍 Java 语言的概况,引导读者进入 Java 世界,指导读者使用最新的 JDK 工具,添加了专用的 Java 开发编辑工具 Eclipse 的使用方式。

第 2 章和第 3 章介绍 Java 语法和语句构成,这是学习 Java 必须掌握的基本内容。

第 4 章和第 5 章是 Java 面向对象编程的内容,深入浅出地介绍面向对象编程的核心:对象、类、子类、继承、多态等基本概念,还介绍了包与接口的创建与使用方法。

第 6 章介绍 Java 的异常处理机制,使读者可以掌握一些抽象的专用的 Java 知识。

第 7 章做了调整,增加了 Java 泛型与集合的内容,帮助读者了解什么是泛型与集合,如何使用泛型与集合知识,使读者了解 Java 语言的新功能。

第 8 章介绍常用系统类,对其中的类做了一些调整,以便读者掌握更新的 Java 类库和方法,帮助读者了解在系统类的基础上如何不用花很大精力就能设计功能强大的 Java 程序。

第 9 章介绍多线程技术,它是 Java 的主要特色之一,使用多线程技术可以编写许多适用的程序,为开发综合应用程序打基础。

第 10 章介绍图形用户界面的容器与组件,利用这些容器与组件可进行图形用户界面设计,编写方便适用的窗口界面,将原来的两章合并为一章。

第 11 章是 Java 轻松的一面,读者将在这里学习如何画图、如何显示图像、如何设计动画以及如何使用数据统计图。

第 12 章是访问数据库,首先介绍 MySQL 数据库保存数据的方法,然后介绍如何使用 Java 程序对数据库进行操作,了解使用 SQL 语句对数据库进行访问控制的方法,掌握综合应用前面所学知识开发一个图形用户界面对数据库进行访问控制的知识。

第 13 章介绍 Java 的一些综合实例,综合体现了前面各章基础知识与编程技术,对读者学习起到承上启下、融会贯通的作用,通过综合练习掌握一些解决实际问题的 Java 编程技巧。

本书有教师配套使用的电子课件、书中实例的源代码及使用的相关软件,由清华大学出版社提供给使用本教材的授课教师,同时还配套出版有本书的习题集。

本书由张驰编写第 1～5 章、第 13 章,邵丽萍编写第 7～9 章,庞娜娜编写第 6 章,王煜编写第 11 章,吴梓杭编写第 12 章,孙小兰编写第 10 章。全书由张驰统稿完成。

作　者

2021 年 8 月

目录

第1章 Java 快速入门 ……………………………………… 1

1.1 Java 简介 ………………………………………… 1
1.1.1 Java 的定义 ………………………………… 1
1.1.2 Java 的起源和发展 ………………………… 2
1.1.3 Java 语言的特点 …………………………… 3
1.1.4 Java 的用途 ………………………………… 6
1.2 Java 开发与运行环境 …………………………… 6
1.2.1 JDK 的下载与安装 ………………………… 7
1.2.2 JRE 与 JVM ………………………………… 11
1.2.3 在 Windows 中配置 Java 运行环境 ……… 12
1.3 编写与运行 Java 程序 ………………………… 13
1.3.1 Java 的编程风格 …………………………… 13
1.3.2 编写第一个 Java 源程序 ………………… 14
1.3.3 在"命令提示符"窗口编译与运行 Java 程序… 15
1.4 知识拓展——使用 Eclipse ……………………… 16
1.4.1 Eclipse 的下载与安装 …………………… 16
1.4.2 在 Eclipse 中编写与运行 Java 文件 ……… 17
习题 1 ……………………………………………………… 21

第2章 Java 基本语法 ……………………………………… 22

2.1 标识符、关键字与分隔符 ………………………… 22
2.1.1 标识符 ……………………………………… 23
2.1.2 关键字 ……………………………………… 24
2.1.3 分隔符 ……………………………………… 24

2.2 基本数据类型与变量 …………………………………………………… 26
   2.2.1 基本数据类型 ……………………………………………… 26
   2.2.2 常量 ………………………………………………………… 27
   2.2.3 变量 ………………………………………………………… 28
   2.2.4 数据类型的转换 …………………………………………… 31
2.3 表达式与运算符 …………………………………………………………… 32
   2.3.1 赋值运算符 ………………………………………………… 32
   2.3.2 算术运算符 ………………………………………………… 33
   2.3.3 关系运算符 ………………………………………………… 34
   2.3.4 逻辑运算符 ………………………………………………… 35
   2.3.5 条件运算符 ………………………………………………… 36
   2.3.6 位运算符 …………………………………………………… 36
   2.3.7 其他运算符 ………………………………………………… 37
   2.3.8 运算符的优先级 …………………………………………… 37
2.4 数组与枚举 ………………………………………………………………… 39
   2.4.1 一维数组的声明 …………………………………………… 39
   2.4.2 一维数组的创建与初始化 ………………………………… 39
   2.4.3 多维数组 …………………………………………………… 41
2.5 知识拓展——foreach 语法与枚举 ……………………………………… 41
   2.5.1 foreach 语法 ……………………………………………… 41
   2.5.2 枚举类型 …………………………………………………… 42
习题 2 …………………………………………………………………………… 43

第 3 章 Java 语句及其控制结构 ……………………………… 45

3.1 Java 语句的类型 …………………………………………………………… 45
   3.1.1 Java 程序构成 ……………………………………………… 45
   3.1.2 Java 语句的种类 …………………………………………… 46
3.2 选择语句 …………………………………………………………………… 48
   3.2.1 单分支选择语句(if 语句) ………………………………… 48
   3.2.2 二分支选择语句(if…else 语句) ………………………… 48
   3.2.3 多分支选择语句(if…else if…else 语句) ……………… 49
   3.2.4 嵌套的 if…else 语句 ……………………………………… 50
   3.2.5 开关语句(switch 语句) …………………………………… 51
   3.2.6 在 switch 语句中应用枚举类型 ………………………… 53
3.3 循环语句 …………………………………………………………………… 54
   3.3.1 确定次数循环语句(for 循环) …………………………… 54
   3.3.2 foreach 循环语句 ………………………………………… 56

   3.3.3 先判定后执行循环语句(while 循环)………… 57
   3.3.4 先执行后判定循环语句(do…while 循环)…… 58
   3.3.5 嵌套使用循环语句 ………………………………… 59
   3.3.6 循环语句小结 …………………………………… 59
  3.4 跳转语句 …………………………………………………… 60
   3.4.1 break 语句 ……………………………………… 60
   3.4.2 continue 语句 …………………………………… 60
   3.4.3 带标号的 continue 语句 ………………………… 61
   3.4.4 return 语句 ……………………………………… 62
  3.5 知识拓展——注解 ………………………………………… 62
   3.5.1 注解概述 ………………………………………… 63
   3.5.2 内置注解与元注解 ……………………………… 63
   3.5.3 自定义注解 ……………………………………… 65
  习题 3 ………………………………………………………………… 65

第 4 章　面向对象编程 ………………………………………………… 68

  4.1 面向对象基本概念 ………………………………………… 68
   4.1.1 对象与类 ………………………………………… 68
   4.1.2 封装与消息 ……………………………………… 70
   4.1.3 继承与多态 ……………………………………… 71
   4.1.4 接口 ……………………………………………… 72
   4.1.5 面向对象的 Java 程序…………………………… 72
  4.2 类与对象 …………………………………………………… 74
   4.2.1 类的声明与修饰 ………………………………… 74
   4.2.2 不同含义的类 …………………………………… 77
   4.2.3 创建对象 ………………………………………… 80
   4.2.4 构造方法 ………………………………………… 84
  4.3 成员变量与访问控制 ……………………………………… 85
   4.3.1 成员变量的声明 ………………………………… 85
   4.3.2 成员变量的修饰 ………………………………… 85
   4.3.3 成员变量与局部变量的区别 …………………… 88
  4.4 成员方法与参数传递机制 ………………………………… 90
   4.4.1 成员方法的设计 ………………………………… 90
   4.4.2 成员方法的声明与修饰 ………………………… 92
   4.4.3 方法参数的传值方式 …………………………… 94
   4.4.4 Java 新特性——方法中的可变参数 …………… 96
   4.4.5 方法小结 ………………………………………… 97

4.5　知识拓展——UML 类图 ……………………………………………… 98
　　习题 4 …………………………………………………………………………… 99

第 5 章　深入类 ………………………………………………………………… 101

　5.1　类的继承性 …………………………………………………………………… 101
　　　5.1.1　类的层次关系 …………………………………………………… 102
　　　5.1.2　成员变量的继承和隐藏 ………………………………………… 103
　　　5.1.3　成员方法的继承与覆盖 ………………………………………… 105
　　　5.1.4　this 和 super 关键字 …………………………………………… 106
　5.2　类的多态性 …………………………………………………………………… 109
　　　5.2.1　成员方法的重载 ………………………………………………… 109
　　　5.2.2　构造方法的重载 ………………………………………………… 110
　　　5.2.3　避免重载出现歧义 ……………………………………………… 111
　　　5.2.4　向上转型 ………………………………………………………… 112
　5.3　接口 …………………………………………………………………………… 113
　　　5.3.1　实现系统提供的接口 …………………………………………… 113
　　　5.3.2　创建自定义接口 ………………………………………………… 115
　　　5.3.3　接口的多继承 …………………………………………………… 116
　　　5.3.4　接口变量与接口回调 …………………………………………… 117
　　　5.3.5　接口的默认方法 ………………………………………………… 118
　　　5.3.6　接口与抽象类的对比 …………………………………………… 119
　　　5.3.7　面向接口的 UML 图 …………………………………………… 119
　5.4　包 ……………………………………………………………………………… 120
　　　5.4.1　包机制 …………………………………………………………… 120
　　　5.4.2　Java 的 API 系统包 ……………………………………………… 121
　　　5.4.3　包引用 …………………………………………………………… 125
　　　5.4.4　创建自定义包 …………………………………………………… 125
　5.5　知识拓展——Java 设计模式 ………………………………………………… 126
　　　5.5.1　设计模式的分类 ………………………………………………… 127
　　　5.5.2　Java 设计原则 …………………………………………………… 128
　习题 5 …………………………………………………………………………………… 128

第 6 章　Java 的异常处理机制 ………………………………………………… 132

　6.1　异常处理机制概述 …………………………………………………………… 132
　　　6.1.1　错误与异常 ……………………………………………………… 132
　　　6.1.2　异常发生的原因 ………………………………………………… 133

    6.1.3 如何处理异常 …………………………………………… 133
  6.2 异常类的层次结构 ……………………………………………… 134
    6.2.1 Exception 异常类的子类 ……………………………… 135
    6.2.2 Error 错误类的子类 …………………………………… 136
  6.3 异常的处理 ……………………………………………………… 136
    6.3.1 catch 子句 ……………………………………………… 136
    6.3.2 throw 语句 ……………………………………………… 139
    6.3.3 throws 子句 …………………………………………… 139
    6.3.4 finally 语句 …………………………………………… 142
    6.3.5 编译时对异常情况的检查 …………………………… 143
  6.4 创建自己的异常类 ……………………………………………… 143
    6.4.1 创建自定义异常类 …………………………………… 143
    6.4.2 异常的使用原则 ……………………………………… 144
  6.5 知识拓展——异常处理的新特性 ……………………………… 145
    6.5.1 try…with…resources 语句 …………………………… 145
    6.5.2 捕获多个异常 ………………………………………… 146
    6.5.3 简单处理反射方法的异常类 ………………………… 147
 习题 6 …………………………………………………………………… 148

第 7 章　Java 泛型与集合 ……………………………………………… 150

  7.1 泛型 ……………………………………………………………… 150
    7.1.1 泛型概述 ……………………………………………… 151
    7.1.2 泛型类 ………………………………………………… 152
    7.1.3 泛型接口 ……………………………………………… 153
    7.1.4 泛型方法 ……………………………………………… 154
    7.1.5 有界类型 ……………………………………………… 155
    7.1.6 通配符 ………………………………………………… 157
  7.2 Java 集合概述 …………………………………………………… 158
    7.2.1 集合的概念 …………………………………………… 158
    7.2.2 集合的框架 …………………………………………… 159
    7.2.3 集合主要接口与实现类 ……………………………… 160
    7.2.4 Collection 接口的应用 ……………………………… 161
  7.3 三种典型集合 …………………………………………………… 162
    7.3.1 Set 集 …………………………………………………… 163
    7.3.2 List 序列 ……………………………………………… 165
    7.3.3 Map 映射 ……………………………………………… 166
  7.4 知识拓展——函数式接口与 Lambda 表达式 ………………… 169

    7.4.1 函数式接口 …………………………………………… 169
    7.4.2 Lambda 表达式 ………………………………………… 170
    7.4.3 方法引用 …………………………………………… 171
  习题 7 ……………………………………………………………… 172

第 8 章　常用系统类 …………………………………………… 173

  8.1 字符串类 ……………………………………………………… 173
    8.1.1 字符串类的特点 …………………………………… 173
    8.1.2 字符串类的应用 …………………………………… 174
    8.1.3 String 类的常用方法 ……………………………… 175
    8.1.4 StringBuffer 类的常用方法 ……………………… 179
  8.2 Java 输入输出流类 …………………………………………… 180
    8.2.1 Java 的标准输入输出 ……………………………… 180
    8.2.2 输入输出流框架 …………………………………… 181
    8.2.3 输入输出流类的应用 ……………………………… 184
    8.2.4 RandomAccessFile 类 …………………………… 185
    8.2.5 对象序列化与对象流类 …………………………… 186
    8.2.6 使用输入输出流小结 ……………………………… 188
  8.3 其他常用类 …………………………………………………… 189
    8.3.1 数学函数类 Math ………………………………… 189
    8.3.2 新日期类 …………………………………………… 190
    8.3.3 随机数类 Random ………………………………… 191
    8.3.4 运行时 Runtime 类 ……………………………… 191
    8.3.5 控制台输入 Scanner 类 ………………………… 192
    8.3.6 拆箱装箱的包装类 ………………………………… 193
    8.3.7 定时器 Timer 类和定时任务 TimerTask 类 …… 194
  8.4 知识拓展——反射机制相关的类 …………………………… 195
    8.4.1 Class 类 …………………………………………… 195
    8.4.2 java.lang.reflect 包中的重要类 ………………… 195
    8.4.3 反射机制的应用 …………………………………… 196
  习题 8 ……………………………………………………………… 198

第 9 章　多线程机制 …………………………………………… 200

  9.1 多线程的概念 ………………………………………………… 200
    9.1.1 程序、进程和多任务 ……………………………… 200
    9.1.2 线程 ………………………………………………… 201

        9.1.3　多线程 …………………………………………………………… 201
        9.1.4　线程的生命周期与 Java 的多线程机制 ………… 201
    9.2　创建线程对象 ……………………………………………………………… 202
        9.2.1　通过继承 Thread 类创建线程对象 ……………… 202
        9.2.2　通过 Runnable 接口创建线程对象 ……………… 204
    9.3　线程的优先级与状态 …………………………………………………… 204
        9.3.1　线程类的方法 ………………………………………………… 205
        9.3.2　控制线程的优先级 ………………………………………… 206
        9.3.3　控制线程的状态 ……………………………………………… 207
    9.4　Java 的线程同步机制与应用模型 ………………………………… 208
        9.4.1　线程的同步机制 ……………………………………………… 209
        9.4.2　生产消费模型 ………………………………………………… 209
        9.4.3　共用公司银行账户模型 ………………………………… 213
        9.4.4　线程通信——水塘模型 ………………………………… 214
    9.5　使用多线程应注意的问题 …………………………………………… 217
        9.5.1　防止线程死锁 ………………………………………………… 217
        9.5.2　使用多线程的代价 ………………………………………… 218
    9.6　知识拓展——多线程的新特性 …………………………………… 218
        9.6.1　线程池 …………………………………………………………… 218
        9.6.2　通过 Callable 接口创建有返回值的线程 …… 220
    习题 9 ……………………………………………………………………………………… 221

第 10 章　图形用户界面 …………………………………………………… 223

    10.1　图形用户界面概述 ……………………………………………………… 223
        10.1.1　Swing 与 AWT 组件 ……………………………………… 223
        10.1.2　Swing 类的层次结构 …………………………………… 224
        10.1.3　布局管理器 …………………………………………………… 224
        10.1.4　Java 的事件处理机制 ………………………………… 226
    10.2　容器 …………………………………………………………………………… 228
        10.2.1　窗口 ……………………………………………………………… 228
        10.2.2　对话框与精确定位组件 …………………………………… 228
        10.2.3　面板 ……………………………………………………………… 229
        10.2.4　分隔面板与边界管理器应用 ………………………… 230
        10.2.5　选项卡面板 …………………………………………………… 232
    10.3　基本组件 …………………………………………………………………… 233
        10.3.1　标签文本框与网格管理器应用 ……………………… 233
        10.3.2　按钮与自建监听器 ………………………………………… 234

10.3.3　单选按钮与内建监听器 …………………… 236
　　　10.3.4　复选框 …………………………………… 237
　　　10.3.5　下拉列表框与匿名监听器 ……………… 239
　　　10.3.6　文本区与滚动条 ………………………… 240
　　　10.3.7　创建容器与组件小结 …………………… 242
　　10.4　菜单组件 ………………………………………… 242
　　　10.4.1　菜单栏 …………………………………… 242
　　　10.4.2　多级菜单 ………………………………… 244
　　　10.4.3　文件选择器与执行命令的菜单 ………… 245
　　　10.4.4　工具栏 …………………………………… 246
　　　10.4.5　弹出式菜单与适配器的应用 …………… 248
　　10.5　知识拓展——表格 ……………………………… 250
　　　10.5.1　普通表格与卡片管理器应用 …………… 250
　　　10.5.2　创建默认表格模型 ……………………… 252
　　　10.5.3　维护表格 ………………………………… 253
　习题 10 …………………………………………………… 255

第 11 章　图形与多媒体处理 …………………………… 257

　　11.1　使用 Graphics 绘制基本图形 …………………… 257
　　　11.1.1　如何使用颜色对象 ……………………… 258
　　　11.1.2　绘制直线和矩形 ………………………… 259
　　　11.1.3　绘制椭圆和圆弧 ………………………… 260
　　　11.1.4　绘制多边形 ……………………………… 262
　　11.2　使用 Graphics2D 绘制基本图形 ………………… 263
　　　11.2.1　绘制二维直线 …………………………… 263
　　　11.2.2　绘制二维矩形 …………………………… 264
　　11.3　使用 Graphics 绘制文字图形 …………………… 265
　　　11.3.1　绘制字符串、字符和字节文字 ………… 266
　　　11.3.2　字体控制 ………………………………… 267
　　　11.3.3　不同颜色的文字 ………………………… 268
　　11.4　图像处理 ………………………………………… 269
　　　11.4.1　图像种类 ………………………………… 269
　　　11.4.2　图像的显示 ……………………………… 270
　　　11.4.3　图像的缩放显示 ………………………… 271
　　11.5　动画处理 ………………………………………… 272
　　　11.5.1　动画原理 ………………………………… 272
　　　11.5.2　用线程实现动画 ………………………… 274

11.6 知识拓展——Java 数据统计图 …………………… 276
    11.6.1 柱形图 …………………… 277
    11.6.2 饼图 …………………… 279
    11.6.3 折线图 …………………… 281
习题 11 …………………… 283

▶ 第 12 章 访问数据库 …………………… 285

12.1 数据库和 JDBC …………………… 285
    12.1.1 数据库的下载与安装 …………………… 285
    12.1.2 MySQL 的操作 …………………… 287
    12.1.3 JDBC 简介 …………………… 289
    12.1.4 创建连接数据库的公用类 …………………… 289
12.2 通过 Java 程序访问数据库 …………………… 292
    12.2.1 在数据库中创建数据表 …………………… 293
    12.2.2 添加和查询数据 …………………… 293
12.3 通过窗口界面访问数据库 …………………… 296
    12.3.1 添加学生信息 …………………… 296
    12.3.2 修改学生信息 …………………… 299
    12.3.3 删除学生信息 …………………… 302
习题 12 …………………… 305

▶ 第 13 章 综合应用程序实例 …………………… 306

13.1 数值变换运算 …………………… 306
13.2 幻灯机效果 …………………… 307
13.3 利用滑块改变背景颜色 …………………… 308
13.4 对象的克隆 …………………… 309
13.5 正弦曲线 …………………… 310
13.6 在画布上手工画图 …………………… 311
13.7 电闪雷鸣的动画 …………………… 313
13.8 控制移动的文字 …………………… 315
13.9 水中倒影 …………………… 318
13.10 图形钟 …………………… 319
习题 13 …………………… 322

▶ 编后语 …………………… 324

第1章

Java 快速入门

Java 是非常具有吸引力的面向对象编程语言,又是当前最流行的网络编程语言之一。Java 的出现引起了软件开发的变革,为迅速发展的 IT 业增添了新的活力,从高性能计算,到移动计算(手机通信)、智能卡,无不体现着 Java 的存在。

本章的内容主要解决以下问题:

- 什么是 Java?
- Java 是怎么产生与发展的?
- Java 有什么特点和用途?
- 如何下载 JDK 软件包?
- 如何设置 Java 程序的开发环境?
- 如何编写与运行 Java 程序?

1.1 Java 简介

本节主要介绍 Java 语言的起源、发展历程、特点与用途。

1.1.1 Java 的定义

Java 是一种面向对象的、独立于平台的计算机编程语言,它具有功能强大和简单易用两个特征,它是静态面向对象编程语言的代表,极好地实现了面向对象理论。

Java 语言功能强大是指其可以用于编写桌面应用程序、Web 应用程序、分布式系统和嵌入式系统应用程序等多种用途,解决多种问题;简单易用是指 Java 源代码的书写不拘泥于特定的环境,可以用记事本、文本编辑器等编辑软件来实现,然后将源文件进行编译,编译通过后即可直接运行,通过调试则可得到想要的结果。

Java 语言由语法规则和类库两部分组成,语法规则用来确定 Java 程序的书写规范;类库则提供了 Java 程序与运行它的软件(Java 虚拟机 JVM)之间的接口。因此,学习 Java 语言重点要了解其语法规则和类库的功能。

1.1.2 Java 的起源和发展

20 世纪 90 年代,硬件领域出现了单片式计算机系统,这种价格低廉的系统一出现就立即引起了自动控制领域人员的注意,因为使用它可以大幅度提升消费类电子产品(如电视机顶盒、面包烤箱、移动电话等)的智能化程度。Sun 公司为了抢占市场先机,在 1991 年成立了一个称为 Green 的项目小组,帕特里克、詹姆斯·高斯林、麦克·舍林丹和其他几个工程师一起组成的工作小组在加利福尼亚州门洛帕克市沙丘路的一个小工作室里面研究开发新技术,专攻计算机在家电产品上的嵌入式应用,他们将 C++ 语言进行简化,去掉指针操作,去掉运算符重载,去掉 C++ 中的多重继承等,创建出一个专用于小家用电器的编程语言,其为解释执行的语言,在每个芯片上装上一个 Java 语言虚拟机器,命名为 Oak 语言。由于这些智能化家用电器的市场需求当时没有预期的高,1992 年的夏天,Sun 公司放弃了该项计划。

就在 Oak 几近夭折之时,Internet 异常火爆起来。1994 年六、七月间,Sun 公司看到了 Oak 在计算机网络上的广阔应用前景,他们改造了 Oak,并将 Oak 更名为 Java(在申请注册商标时,发现 Oak 已经被人使用了,在想了一系列名字之后,最终,使用了提议者在喝一杯 Java 咖啡时无意提到的 Java 词语),于是 Java 诞生了。

1995 年 5 月 23 日,Sun 公司在 Sun world 会议上正式发布 Java 和 HotJava 浏览器。IBM、Apple、DEC、Adobe、HP、Oracle、Netscape 和微软等各大公司都纷纷停止了自己的相关开发项目,竞相购买了 Java 使用许可证,并为自己的产品开发了相应的 Java 平台。

1996 年 1 月 23 日,JDK 1.0 发布,Java 语言有了第一个正式版本的运行环境。JDK 1.0 提供了一个纯解释执行的 Java 虚拟机实现(Sun Classic VM)。JDK 1.0 版本的代表技术包括 Java 虚拟机、Applet、AWT 等。1996 年 4 月,10 个最主要的操作系统供应商声明将在其产品中嵌入 Java 技术。同年 9 月,已有大约 8.3 万个网页应用了 Java 技术来制作。在 1996 年 5 月底,Sun 公司于美国旧金山举行了首届 JavaOne 大会,从此 JavaOne 成为全世界数百万 Java 语言开发者每年一度的技术盛会。

1997 年 2 月 19 日,Sun 公司发布了 JDK 1.1,Java 技术的一些最基础的支撑点(如 JDBC 等)都是在 JDK 1.1 版本中发布的,JDK 1.1 版的技术代表有 JAR 文件格式、JDBC、JavaBeans、RMI。Java 语法也有了一定的发展,如内部类(Inner Class)和反射(Reflection)都是在这个时候出现的。

1998 年 12 月 4 日,JDK 迎来了一个里程碑式的版本 JDK 1.2。1999 年 6 月,Sun 公司发布了第二代 Java 平台(简称为 Java 2)的 3 个版本:J2ME(Java 2 Micro Edition,Java 2 平台的微型版),应用于移动、无线及有限资源的环境;J2SE(Java 2 Standard Edition,Java 2 平台的标准版),应用于桌面环境;J2EE(Java 2 Enterprise Edition,Java 2 平台的企业版),应用于基于 Java 的应用服务器。Java 2 平台的发布,是 Java 发展过程中最重要的一个里程碑,标志着 Java 的应用开始普及。

2000 年 5 月 8 日,工程代号为 Kestrel(美洲红隼)的 JDK 1.3 发布,JDK 1.3 相对于 JDK 1.2 的改进主要表现在一些类库上(如数学运算和新的 Timer API 等)。这个版本还对 Java 2D 做了很多改进,提供了大量新的 Java 2D API,并且新添加了 Java Sound 类库。

自从 JDK 1.3 开始，Sun 公司维持了一个习惯：大约每隔两年发布一个 JDK 的主版本，以动物命名，期间发布的各个修正版本则以昆虫作为工程名称。

2002 年 2 月 13 日，JDK 1.4 发布，工程代号为 Merlin（灰背隼）。JDK 1.4 是 Java 真正走向成熟的一个版本。目前仍然有许多主流应用（Spring、Hibernate、Struts 等）能直接运行在 JDK 1.4 之上。

2004 年 9 月 30 日，JDK 1.5 发布，工程代号 Tiger（老虎）。从 JDK 1.2 以来，Java 在语法层面上的变化一直很小，而 JDK 1.5 在 Java 语法易用性上做出了非常大的改进。例如，自动装箱、泛型、动态注解、枚举、可变长参数、遍历循环（foreach 循环）等语法特性都是在 JDK 1.5 中加入的。

2006 年 12 月 11 日，JDK 1.6 发布，工程代号 Mustang（野马）。在这个版本中，Sun 公司终结了从 JDK 1.2 开始已经有 8 年历史的 J2EE、J2SE、J2ME 的命名方式，启用 Java SE 6、Java EE 6、Java ME 6 的命名方式。这个版本对 Java 虚拟机内部做了大量改进，包括锁与同步、垃圾收集、类加载等方面的算法都有相当多的改动。

2009 年 2 月 19 日，工程代号为 Dolphin（海豚）的 JDK 1.7 完成了其第一个里程碑版本。根据 JDK 1.7 的功能规划，一共设置了 10 个里程碑。最后一个里程碑版本原计划于 2010 年 9 月 9 日结束，但由于各种原因，JDK 1.7 最终未能按计划完成。2009 年 4 月 20 日，Oracle 公司（甲骨文公司）宣布正式以 74 亿美元的价格收购 Sun 公司，Java 商标从此正式归 Oracle 公司所有。2010 年，Java 编程语言的共同创始人之一詹姆斯·高斯林从 Oracle 公司辞职。

2011 年，甲骨文公司举行了全球性的活动，以庆祝 Java 7 的推出，随后 Java 7 正式发布。

2014 年 3 月 8 日，甲骨文公司发布了 Java 8 正式版，这次版本升级为 Java 带来了全新的 Lambda 表达式、流式编程与 Functional 接口，增强了时间与日期 API 的功能，使得 Java 变得更加强大。

2017 年 9 月 22 日，甲骨文公司发布 Java 9，这次版本升级强化了 Java 的模块化系统，让 Java 语言更轻量化，且采用了更高效、更智能的 GI 垃圾回收器，并在核心类库上进行大量更新，可进一步简化编程。

2018 年 3 月 21 日，Java 10 发布，改进了局部变量类型。

2018 年 9 月 26 日，Java 11 发布。

2019 年 3 月 20 日，Java 12 发布。

2019 年 9 月 23 日，Java 13 发布。

2020 年 3 月 28 日，甲骨文公司正式公布了 Java 14 的开发版。

2020 年 9 月 15 日，Java 15 发布。

1.1.3 Java 语言的特点

按照 Java 设计者的解释，Java 是一种简单、面向对象、分布性、编译与解释、健壮、安全、可移植、高性能、多线程、动态的计算机程序语言。

1. 简单性

设计 Java 语言的出发点就是容易编程，不需要深奥的知识。Java 语言的风格十分接近 C++ 语言，但要比 C++ 简单得多。Java 舍弃了一些不常用的、难以理解的、容易混淆的成分，如运算符重载、多继承、指针等，增加了自动垃圾搜集功能，用于回收不再使用的内存区域。这不但使程序易于编写，而且大大减少了由于内存分配而引发的问题。

Java 解释器、系统模块和运行模块都比较小，适合在小型机器上运行，也适合从网上下载。

2. 面向对象

面向对象编程是一项有关对象设计和对象接口定义的技术，或者说是一项如何定义程序模块才能使它们"即插即用"的技术。Java 程序可以看成一个对象，对象通过继承和重新定义，变成解决新问题的新程序模块，使程序代码重用有了可能。

Java 还包括一个类的扩展集合，分别组成各种程序包（Package），用户可以在自己的程序中使用。例如，Java 提供产生图形用户接口部件的类（java.awt 包），处理输入输出的类（java.io 包）和支持网络功能的类（java.net 包）。

3. 分布性

Java 支持在网络上的应用，是一种分布式语言。Java 既支持各种层次的网络连接，又以 Socket 类支持可靠的流（stream）网络连接，所以用户可以产生分布式的客户机和服务器。

网络变成软件应用的分布运载工具。Java 程序只要编写一次，就可到处运行。

4. 编译与解释

Java 编译程序生成字节码（byte-code），而不是通常的机器码。Java 字节码提供对体系结构中性的目标文件格式，代码设计成可有效地传送程序到多个平台。Java 程序可以在任何实现了 Java 解释程序和运行系统的系统上运行。

Java 是解释执行的。程序运行时，字节码通过 Java 虚拟机被直接翻译成本地机器指令，中间没有存储。由于模块连接是步进的和多线程的，因此执行速度可以很快。

5. 健壮性

Java 程序的健壮性从多方面得到了保证。Java 是一个强类型语言，它允许扩展编译时检查潜在类型不匹配问题的功能，Java 要求显式的方法声明，这些严格的要求保证编译程序能捕捉调用错误，导致更可靠的程序。

Java 还提供早期的编译检查和后期的动态（运行期）检查，大量消除了引发异常的条件。异常处理机制是 Java 使得程序更稳健的另一个特征。另外，Java 程序在没有授权的情况下是不能访问内存的。所有这些措施，使 Java 程序员不用再担心内存的崩溃，因为根本就不存在这样的条件。

6. 安全性

　　Java的存储分配模型是它防御恶意代码的主要方法之一。Java没有指针,所以程序员不能得到隐蔽起来的内幕和伪造指针去指向存储器。更重要的是,Java编译程序不处理存储安排决策,所以程序员不能通过查看声明去猜测类的实际存储安排。编译的Java代码中的存储引用在运行时由Java解释程序决定实际存储地址。

　　Java运行系统使用字节码验证过程来保证装载到网络上的代码不违背任何Java语言限制。这个安全机制部分包括类如何从网上装载。例如,装载的类是放在分开的名字空间而不是局部类,预防恶意的小应用程序用它自己的版本来代替标准Java类。

7. 可移植性

　　Java使得语言声明不依赖于实现的方面。例如,Java显式说明每个基本数据类型的大小和它的运算行为(这些数据类型由Java语法描述),如整数类型int的长度固定为32位,双精度类型double的长度固定为64位。

　　Java环境本身对新的硬件平台和操作系统是可移植的。Java编译程序也用Java编写,而Java运行系统用ANSIC语言编写。

8. 高性能

　　Java是一种先编译后解释的语言,所以它不如全编译性语言快。但是有些情况下性能是很重要的,为了支持这些情况,Java设计者制作了"及时"编译程序,它能在运行时把Java字节码翻译成特定CPU(中央处理器)的机器代码,实现全编译。

　　Java在设计字节码时已经把机器码的翻译问题考虑进去了,所以实际翻译过程非常简单,编译器在对程序进行优化后生成高性能的字节码。程序运行时,字节码将被快速翻译成当前CPU的指令,在某种程度上相当于将最终机器指令的产生放在动态加载器中进行。

9. 多线程

　　现实世界中,我们身边每时每刻都有很多事情同时发生。多线程的概念和这种情况差不多,就是让计算机同时运行多个程序段。Java提供了一套复杂的线程同步化机制,程序员可以方便地使用基于这种机制设计的方法,编写出健壮的多线程程序。

10. 动态性

　　Java的动态性表现在它能适应环境变化,是一个动态的语言,属于运行加载,例如,Java中的类是根据需要载入的,甚至有些是通过网络获取的。

　　动态性还体现在Java类库的不断更新,不断提供新版的JDK支持新添加的Java特性。

　　总之,Java是一种编程语言、一种开发环境、一种应用环境、一种部署环境、一种广泛使用的网络编程语言,它是一种新的计算概念。

1.1.4　Java 的用途

1. Android 应用

许多 Android 应用都是由 Java 程序员开发者开发的。虽然 Android 运用了不同的 JVM 以及不同的封装方式，但是代码还是用 Java 语言所编写。相当一部分的手机中都支持 Java 游戏，这就使很多非编程人员都认识了 Java。

2. 在金融业应用的服务器程序

Java 在金融服务业的应用非常广泛，很多第三方交易系统、银行、金融机构都选择用 Java 开发，因为相对而言，Java 较安全。大型跨国投资银行用 Java 来编写前台和后台的电子交易系统，结算和确认系统，数据处理项目以及其他项目。大多数情况下，Java 被用在服务器端开发，但多数没有任何前端，它们通常是从一个服务器（上一级）接收数据，处理后发向另一个处理系统（下一级处理）。

3. 网站

Java 在电子商务领域以及网站开发领域占据了一定的席位。开发人员可以运用许多不同的框架来创建 Web 项目，Spring MVC，Struts 2.0 以及 Frameworks。即使是简单的 Servlet，JSP 和以 Struts 为基础的网站在政府项目中也经常被用到。例如医疗救护、保险、教育、国防以及其他的不同部门网站都是以 Java 为基础来开发的。

4. 嵌入式领域

Java 在嵌入式领域发展空间很大。在这个平台上，只需 130KB 就能够使用 Java 技术（在智能卡或者传感器上）。可以预见，在不远的将来，将会使用更多的"Java 设备"，从数字手机、电视机顶盒到传统的家用电器，可能还有更多叫不出名字的创新产品。

5. 大数据技术

Hadoop 以及其他大数据处理技术很多都是使用 Java，例如 Apache 的基于 Java 的 HBase 和 Accumulo 以及 ElasticSearchas。

6. Java 应用的发展趋势

Java 在智能 Web 服务、移动电子商务、分布计算技术、企业的综合信息化处理、高频交易的空间、科学研究等方面都会有更大的应用。

1.2　Java 开发与运行环境

JDK 是 Java Development Kit 的缩写，中文称为 Java 开发包或 Java 开发工具。JDK 是整个 Java 的核心，它不仅包含一个处于操作系统层之上的运行环境，还包含编译、调试和运行 Java 程序所需的开发工具。不论什么 Java 应用服务器实质都是内置了某个版本的 JDK，它提供了 Java 的开发环境与运行环境。因此，学习 Java 语言要先安装与配置 JDK。

本节主要介绍如何下载、安装与配置 JDK，了解其构成与作用。

1.2.1　JDK 的下载与安装

1. 下载 JDK

由于 Sun Microsystems 公司已经被 Oracle 公司收购，因此，JDK 可以在 Oracle 公司的官方网站(http://www.oracle.com/index.html)免费下载。下面以 JDK15.0.1 为例介绍下载 JDK 的方法。

（1）打开浏览器，在地址栏中输入 URL 地址 http://www.oracle.com/index.html，并进入 Oracle 官方网站页面，如图 1.1 所示。在 Oracle 主页中选择单击上方导航栏中的 Products 按钮。

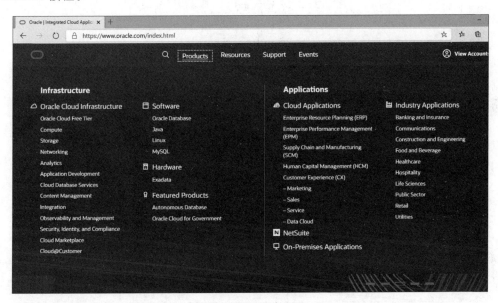

图 1.1　Oracle 主页面

（2）在 Products 选项卡的 Software 栏目中，单击 Java 超级链接，进入 Oracle Java 的详细界面，如图 1.2 所示。

（3）在 Java 详细页面，单击右上角的 Download Java 按钮进入 Java SE 相关资源下载页面，如图 1.3 所示。

（4）单击右边 Oracle JDK 下方的 JDK Download 按钮，跳转到如图 1.4 所示的新页面，选择适合当前系统版本的 JDK 下载并同意协议。

2. 安装 JDK

JDK 安装包(名称为 jdk-15.0.1_windows-x64_bin.exe)下载完毕后，就可以在需要编

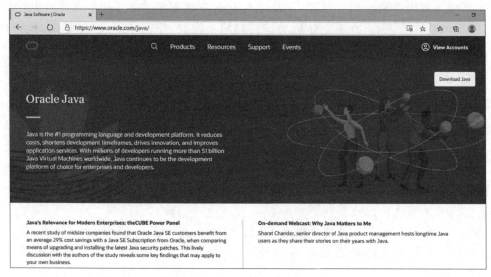

图 1.2　Oracle Java 详细界面

图 1.3　JDK 下载

译和运行 Java 程序的机器中安装 JDK 了,安装步骤如下。

(1) 为保证安装效率,关闭所有正在运行的程序。双击 jdk-15.0.1_windows-x64_bin.exe 文件开始安装,弹出如图 1.5 所示的安装向导窗体,单击"下一步"按钮。

(2) 如图 1.6 所示,单击"更改"按钮,修改安装路径。

(3) 打开如图 1.7 所示的界面,将 C:\Program Files\Java\jdk-15.0.1 修改为 C:\Java\jdk-15.0.1\。更改完成安装路径后,单击"确定"按钮,返回到 JDK 安装窗体,单击"下一步"按钮,开始安装。

(4) 安装成功会显示如图 1.8 所示的界面,单击"关闭"按钮,结束安装任务。

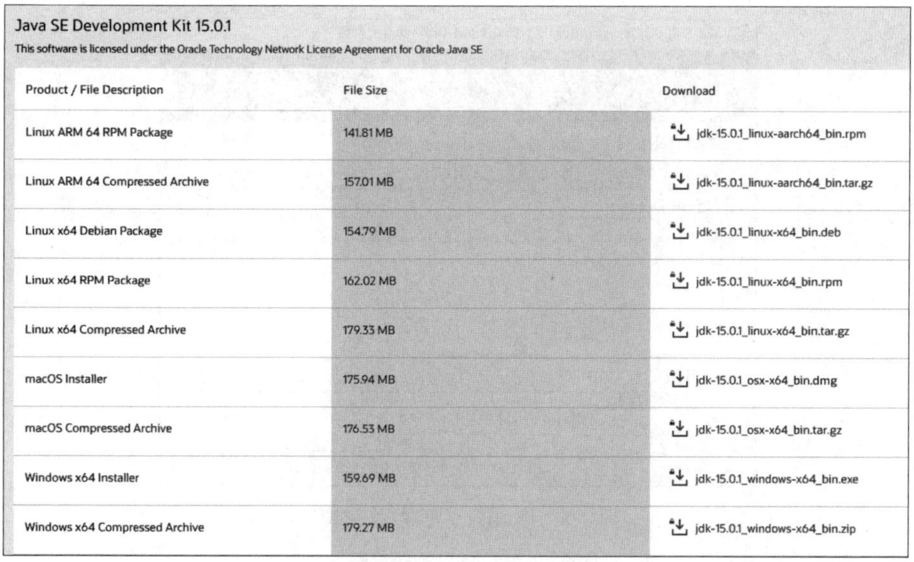

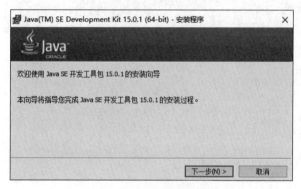

图 1.4 JDK 资源选择页面

图 1.5 JDK 安装向导窗体

图 1.6 JDK 安装窗体

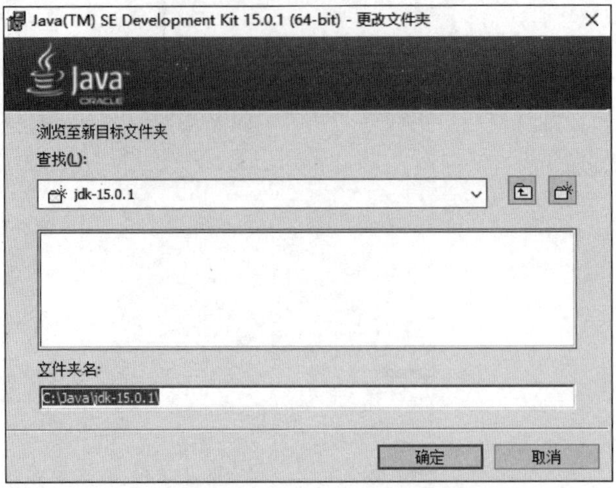

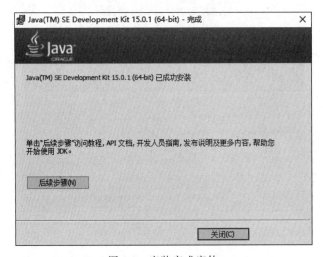

图 1.7 修改 JDK 安装路径窗体

图 1.8 安装完成窗体

3. 浏览 JDK 的目录

安装 JDK 后，可以看到 JDK 根目录下一些重要的子目录文件夹，如图 1.9 所示。

bin 目录中包含 JDK 开发工具的可执行文件，例如，Javac.exe 编译器，编译 Java 源程序（也称源文件）为 class 字节码文件（也称类文件）；java.exe 解释器，解释 class 文件并启动 Java 虚拟机执行之。其他可执行文件，根据需要读者可以自己去了解。

lib 目录中有 tool.jar，其是工具类库，编译和运行需要的都是 tool.jar 里面的类。有归档的 BeanInfo 文件 dt.jar，它是关于运行环境的类库，主要有 swing 包，用于告诉 IDE（集成开发环境）怎样显示 Java 组件，还告诉 IDE 如何让开发者在他们的程序中定制这些组件。

图 1.9 JDK 的安装目录

1.2.2 JRE 与 JVM

1. JRE

Java 运行环境（Java Runtime Environment，JRE）实现了 Java 平台，其可以独立存在。JRE 由 Java API 类库中的 Java SE API 子集和 Java 虚拟机这两部分构成。

为了保持 JDK 的独立性和完整性，安装 JDK 的同时也安装了 JRE，因此只要安装了 JDK，就可以编辑 Java 程序，也可以正常运行 Java 程序。但由于 JDK 包含了许多与运行无关的内容，占用的空间较大，因此运行普通的 Java 程序无须安装 JDK，而只需要安装 JRE 即可。

在 JDK 根目录下有一个 jre 目录，用于存放 JRE 使用的文件。其中包括 bin 和 lib 子目录。

（1）bin 子目录中是 Java 平台使用的工具和库的可执行文件及 DLL（动态连接库文件，又称"应用程序拓展"，是软件文件类型）。可执行文件与根目录 bin 中的文件相同，只是没有编译器。

（2）lib 子目录中是 JRE 要用的代码库、属性设置与资源文件。其中的 rt.jar 包是 Java 的基础类库，是 Java 最基本的包，里面包含了从 Java 最重要的 lang 包到各种高级功能如可视化的 swing 包，虚拟机也需要使用它。

2. JVM

Java 虚拟机（Java Virtual Machine，JVM）是一个虚构出来的计算机，是依据实际计算机仿真模拟各种计算机的功能实现的。JVM 有自己完善的硬件架构，如处理器、堆栈、寄存器等，还具有相应的指令系统。Java 语言跨平台运行的功能就是 JVM 来实现的，JVM 将字节码文件解释给本地系统执行，字节码文件不直接与机器的操作系统相对应，经过虚拟机间接与操作系统交互，从而实现 Java 程序跨平台运行。

JVM 的功能由执行文件与类库共同来实现，JVM 解释 class 文件时，需要调用解释所需要 lib 中的类库。

总之，JDK 包含 JRE，JRE 包含 JVM。

1.2.3 在 Windows 中配置 Java 运行环境

为了在 Windows 操作系统下正确方便地编译与运行 Java 程序,需要配置 Windows 的环境变量 path,找到 Javac 和 Java 的存放路径,在运行 Java 程序时 Windows 操作系统首先寻找 java.exe 的路径,并以最先找到的为准。

在 Windows 10 系统中设置环境变量 Path 的步骤如下。

(1) 右击 Windows 10 桌面"此电脑"图标,在弹出的快捷菜单中选择"属性",打开"系统"对话框,如图 1.10 所示,单击"高级系统设置",打开"系统属性"对话框,如图 1.11 所示。

图 1.10 "系统"对话框　　　　　　　　图 1.11 "系统属性"对话框

(2) 在"系统属性"对话框中选择"高级"选项卡,单击"环境变量"按钮,打开"环境变量"对话框,如图 1.12 所示。在"系统变量"框中选择 Path 变量,单击"编辑"按钮,打开"编辑环境变量"对话框,如图 1.13 所示。

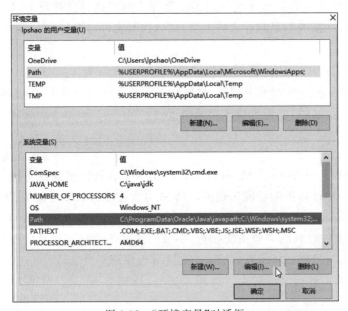

图 1.12 "环境变量"对话框

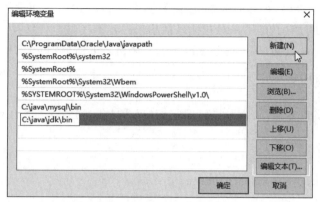

图 1.13 "编辑环境变量"对话框

（3）在"编辑环境变量"对话框中单击"新建"按钮，在文本框中输入 bin 的安装路径 C:\java\jdk\bin（要写自己在计算机中的安装路径），如图 1.13 所示。单击"确定"按钮，完成环境变量 Path 的配置。

（4）JDK 程序的安装和配置完成后，可以测试 JDK 能否在机器上运行。

在 Windows 10 桌面右下角搜索框中输入 cmd，打开"命令提示符"窗口，将进入 DOS 环境。在光标后面直接输入 java，按 Enter 键，系统会输出 Java 的帮助信息，如图 1.14 所示。这说明已经成功配置了 JDK，否则需要仔细检查上面步骤的配置是否正确。

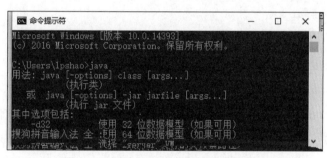

图 1.14 测试 JDK 安装及配置是否成功

1.3 编写与运行 Java 程序

本节主要介绍如何编写一个 Java 源程序，如何在"命令提示符"窗口编译源文件，如何在"命令提示符"窗口运行 Java 类文件。

1.3.1 Java 的编程风格

一门编程语言，如果没有自己的编程风格，那么编写的代码会变得难以阅读，给后期的维护带来很多影响。例如，一个程序员将许多行代码都写在了一行，尽管程序可以正确编译和运行，但是会对后期的修改带来很多不便，其他程序员也将无法读取这些代码。

在编写 Java 程序时,很多时候都会涉及使用一对花括号,例如类体、方法体、循环体等,也就是"代码块",它们是用一对花括号括起来的若干代码。"代码块"有两种流行的写法:一种是 Allmans 风格,另一种是 Kernighan 风格。下面分别介绍。

1. Allmans 风格

Allmans 风格也称作"独行"风格,即左、右花括号各自独占一行,代码如下:

```
public class exp1_1
{
    public static void main(String[] args)
    {
        System.out.println("Hello world!");
    }
}
```

当代码量较少时适合使用"独行"风格,代码布局清晰,可读性强。

2. Kernighan 风格

Kernighan 风格也称作"行尾"风格,即左花括号在上一行的行尾,右花括号独占一行,代码如下:

```
public class exp1_1 {
    public static void main(String[] args) {
        System.out.println("Hello world!");
    }
}
```

当代码量较大时适合使用"行尾"风格;因为该风格能够提高代码的清晰度。本书所采用的编程风格是 Kernighan 风格。

1.3.2 编写第一个 Java 源程序

1. 使用记事本编写源程序

编写 Java 程序,需要使用文本编辑器。可以使用 Windows 提供的 Edit 或记事本作为编辑器,也可选择 EditPlus 编辑软件,它使用不同颜色显示 Java 的关键字和类名,简单好用。

例 1.1 编写一个可以在屏幕上显示文字"Hello world!"的 Java 源程序。通过这个简单的程序,使读者对 Java 程序有一个初步的印象,了解 Java 的运行过程。

操作步骤如下。

(1) 打开记事本,输入代码,结果如图 1.15 所示。

(2) 保存文件名为 exp1_1.java(文本文件格式),注意文件名一定要和程序第一行中出现的类声明关键字 class 后的类名 exp1_1 一致,Java 对字母的大小写是敏感的,程序代码、文件名都要注意区分大小写。源程序中定义的类名,其首字母一般大写,以区别变量。

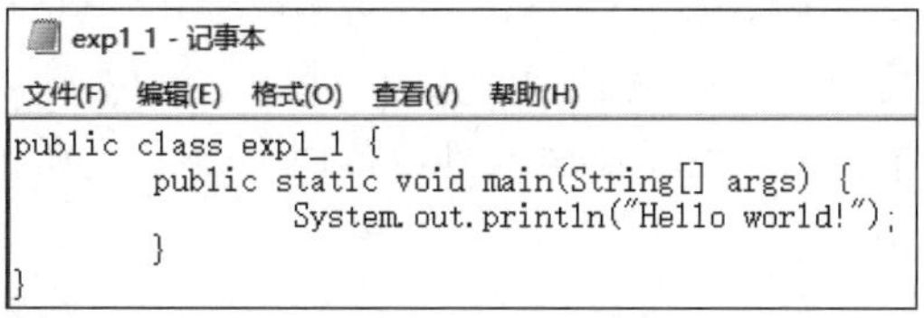

exp1_1 - 记事本
文件(F) 编辑(E) 格式(O) 查看(V) 帮助(H)
public class exp1_1 {
public static void main(String[] args) {
System.out.println("Hello world!");
}
}

图 1.15　在记事本中输入的代码

(3) 保存的路径也要注意,本文件保存在 C:\Users\lpshao 路径下。

说明:

(1) 在这个 Java 源程序中,第 1 行代码用来声明创建了一个类 exp1_1,编写 Java 程序的目的就是创建类。

(2) 第 2 行定义了类的 main 方法。

(3) 第 3 行说明方法的具体行为是输出字符串。

1.3.3　在"命令提示符"窗口编译与运行 Java 程序

1. 字节码文件

编写 Java 源程序后,可以用 Java 编译器(javac.exe)将其编译成虚拟机 JVM 可执行的字节码文件。

Java 源程序的扩展名 java,为文本文件格式,也称源文件。编译是将源文件编译为字节码格式文件。编译时首先读入 Java 源程序,然后进行语法检查,如果出现问题终止编译。语法检查通过后,将自动生成可执行字节码类文件,其与源文件名相同,因扩展名为 class,也称为类文件。

类文件可以在安装 JVM 的任何机器上执行,故有"一次编译,到处执行"之称。

2. 编译源文件为类文件的步骤

编译 Java 源程序可以在"命令提示符"窗口中进行,操作步骤如下。

(1) 在 Windows 10 桌面右下角搜索框中输入 cmd,打开"命令提示符"窗口,自动进入 Java 源程序所在目录(否则,可在光标处输入"C:"按回车键进入 C 盘,再输入"cd Users\lpshao"进入 C:\Users\lpshao>目录)。

(2) 在光标处输入编译器文件名、空格、要编译的源程序文件名,javac exp1_1.java,如图 1.16 所示。

命令提示符
Microsoft Windows [版本 10.0.14393]
(c) 2016 Microsoft Corporation。保留所有权利。
C:\Users\lpshao>javac exp1_1.java
C:\Users\lpshao>

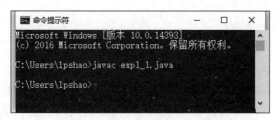

图 1.16　输入编译命令进行编译

(3) 按回车键将开始编译,编译成功后屏幕没有输出,出现路径 C:\Users\lpshao>,如图 1.16 所示。否则,将显示出错信息。

(4) 在 C:\Users\lpshao>光标处输入 dir,按回车键后可在目录中看到生成了一个同名字的.class 文件 exp1_1.class。

3. 运行 Java 程序的步骤

使用 Java 解释器(java.exe)可将编译后的字节码文件 exp1_1.class 解释给本地计算机运行出程序结果。

操作步骤如下。

(1) 在"命令提示符窗口"中输入解释器文件名、空格和要解释的字节码文件名(不加扩展名,注意大小写),例如 java exp1_1,如图 1.17 所示。

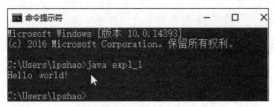

图 1.17 Java 程序运行结果

(2) 按回车键即开始解释并可看到运行结果,如图 1.17 所示。这样第一个程序就运行成功了,这是一种字符方式的应用程序,其结果显示在屏幕上。

说明:通过例 1.1,可以了解编写、编译与运行 exp1_1.java 源程序的三个过程。

1.4 知识拓展——使用 Eclipse

Eclipse 是基于 Java 的、开放源码的、可扩展的应用开发平台,它为编程人员提供了一流的 Java 集成开发环境(Integrated Development Environment,IDE),是一个可以用于构建集成 Web 和应用程序的开发工具平台。用其编写、编译与运行 Java 程序非常简单方便,特别是其可以在编写 Java 程序时有很多提示来避免编写出错。

本节简单介绍下载、安装与使用 Eclipse 的方法。

1.4.1 Eclipse 的下载与安装

下载和安装 Eclipse 的步骤如下。

(1) 在浏览器的网址中输入 www.eclipse.org,进入 Eclipse 官方网站,如图 1.18 所示。

(2) 单击图 1.18 右上角的 Download 链接,进入下载页面,如图 1.19 所示。

(3) 单击 Download Packages 链接,进入 Eclipse 下载选择页面,如图 1.20 所示。

(4) 选择适合自身系统的版本下载,本书选择 Windows 64 位版本的 Eclipse 进行下载。选择好下载目录后下载到自己的计算机上。直接解压,即完成了 Eclipse 的安装。

图 1.18　Eclipse 官方网站

图 1.19　Eclipse 下载页面

图 1.20　Eclipse 下载选择页面

1.4.2　在 Eclipse 中编写与运行 Java 文件

下面说明如何使用 Eclipse 编写与运行 Java 程序。操作步骤如下。

1. 设置工作空间

首次打开 Eclipse 时，需要设置工作空间，本书将其设置在 C：\Users\lpshao\workspace 中，如图 1.21 所示。勾选"将此值用作缺省值并且不再询问"复选框。

2. 新建 Java 项目

（1）打开 Eclipse 工作界面，在菜单栏选择"文件"→"新建"→"Java 项目"菜单项，打

图 1.21 设置工作空间

开"新建 Java 项目"对话框,如图 1.22 所示。

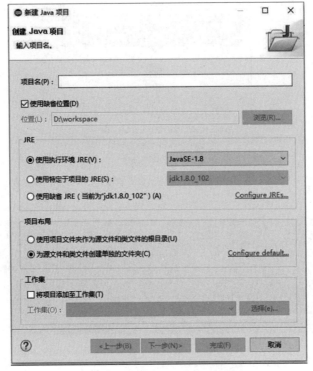

图 1.22 "新建 Java 项目"对话框

(2) 设置项目名称为"Java 书稿",在"项目布局"框中,选择"为源文件和类文件创建单独的文件夹"(分开存放便于管理),如果选择"使用项目文件夹作为源文件和类文件的根目录,会将源文件与类文件放在同一文件夹中",然后单击"下一步"按钮,在 Java 项目构建对话框配置 Java 的构建路径,如图 1.23 所示,也可以直接单击"完成"按钮,跳过构建设置对话框,直接完成 Java 项目的创建。

其中,"源码"选项卡下可以看到源程序保存的文件夹为 Java 书稿/src。默认输出的 class 类文件保存在 Java 书稿/bin 文件夹下。

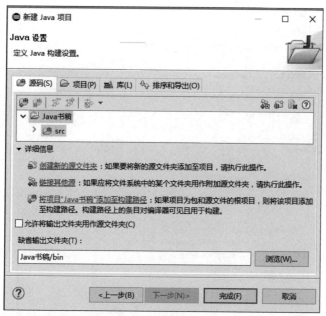

图 1.23 Java 构建设置

3. 新建 Java 类

(1) 在 Eclipse 工作界面"包资源管理器"下,右击"Java 书稿"项目,从弹出的快捷菜单中选择"新建"→"类"菜单项。

(2) 在弹出的"新建 Java 类"对话框中设置包名 chapter1 和 Java 类名 exp1_2,在"想要创建哪些方法存根"中选择 public static void main(String[] args)选项,单击"完成"按钮,结束 Java 类的创建,如图 1.24 所示。

本书依据章名选取不同包名,如第 1 章,包名为 chapter1,第 2 章包名为 chapter2;依据例名选取主类名(能输出运行结果的类),如例 1.2 的类名为 exp1_2,源文件为 exp1_2.java,类文件为 exp1_2.class。

4. 编写 Java 代码

使用向导建立 exp1_2 类后,Eclipse 会自动打开该类的源代码编辑器,在其中编写如下 Java 程序代码:

```
package chapter1;
public class exp1_2 {
    public static void main(String[] args) {
        System.out.println("Hello world!");
    }
}
```

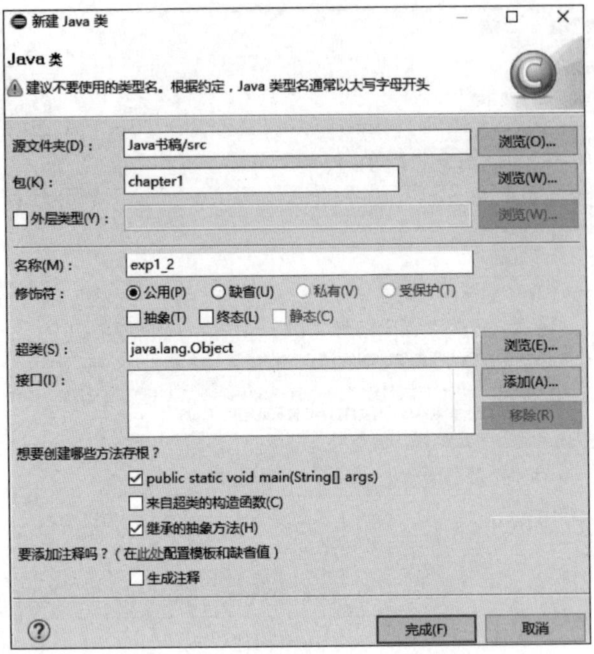

图 1.24 "新建 Java 类"对话框

5. 运行程序

代码编写完成后,单击 按钮保存文件为 exp1_2.java,单击 按钮运行程序,在控制台视图中可以看到程序的运行结果,如图 1.25 所示。

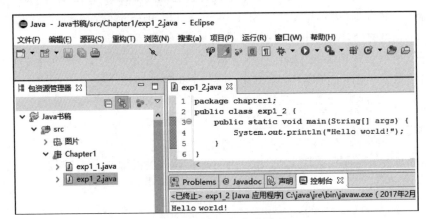

图 1.25 程序运行成功界面

说明:

(1) Eclipse 可以在编写时提示错误,能够自动编译并运行 Java 程序,显示运行结果,非常方便。希望读者练习使用该工具软件。

(2) 编译后的同名 class 文件自动保存在 Java 书稿\bin 目录中。

习题 1

1-1 上网下载最新的 JDK 软件包并在你使用的计算机上设置好环境变量，了解 JDK 目录结构。

1-2 使用记事本编写一个输出"这是我编写的第一个 Java 应用程序！"的源程序，保存为 JavaXT1_2.java，并在"命令提示符"窗口编译与运行。

1-3 上网下载 Eclipse，安装后建立工作空间，打开 Eclipse 的工作界面，新建 Java 项目"Java 习题"，新建一个类，名为 JavaXT1_3，具有输出"这是我编写的第二个 Java 应用程序！"的方法，并运行输出结果。

1-4 了解 Eclipse 包资源管理器目录在 Windows 资源管理器的对应位置，将 JavaXT1_2.java 复制到 Eclipse "Java 习题"项目中，在 Eclipse 包资源管理器下的文件夹名称上右击"刷新"命令，在 Eclipse 中运行 JavaXT1_2.java 源程序。练习复制、删除与重命名文件等操作。

Java 基本语法

Java 语言是由类和对象组成的,对象和类是由变量和方法组成的,对象、类、变量和方法都是由 Java 语句定义的,而 Java 语句是由标识符、关键字、分隔符、运算符等组成的,它们是 Java 中最基本的元素,任何一个复杂的 Java 语句,都是由这些基本元素组成的。这些基本元素有着不同的语法含义和组成规则,这些语法含义和规则组成 Java 语言的基本语法。学习 Java 语言,首先就是掌握这些基本语法知识。

本章的内容主要解决以下问题。

- 什么是 Java 语言的基本元素?
- 什么是 Java 的标识符?
- Java 有哪些常用的关键字?
- Java 有哪些类型的分隔符?
- Java 有哪些数据类型?
- Java 有哪些运算符与表达式?
- 如何定义 Java 常量与变量?
- 如何定义一维数组与多维数组?
- 什么是枚举类型?

2.1 标识符、关键字与分隔符

本节主要介绍什么是 Java 的标识符、关键字与分隔符。

下面通过一个简单的 Java 程序来说明什么是 Java 语句的基本元素标识符、关键字与分隔符的用法。

例 2.1 了解 Java 源程序的基本元素,程序运行结果为"v1+v2=10"。源程序代码如下所示:

```
//这是一个简单的 Java 源程序
class exp2_1 {
    public static void main(String args[]) {
```

```
        int v1=0, v2=10, v3=v1+v2;
        System.out.println("v1+v2="+v3);
    }   //结束 main 方法
}   //结束类 exp2_1
```

说明：

从这个例子中可以了解以下内容。

(1) 源程序第 1 行为 Java 的注释语句，使用了注释符(//)，其属于分隔符的一种。

(2) 源程序第 2 行为 Java 的声明类语句，使用了类声明关键字 class 创建了一个自定义类；类的名字为 exp2_1，使用了标识符 exp2_1。

(3) 源程序第 3 行为 Java 的声明方法语句，使用方法关键字 main 声明了 main()方法，并使用关键字 public static void 指定 main 是公有的、静态的、无返回值的。在圆括号中使用数据类型 String 与分隔符[]声明了一个字符串类型、长度未定、名称为 args 的一维数组"String args[]"，args 数组称为 main 方法的命令行参数。

(4) 源程序第 4 行为 Java 的声明变量语句，其中使用了数据类型关键字 int 声明了 3 个名称分别为 v1、v2、v3 的整型变量；声明变量的同时，使用了赋值运算符＝，将 v1、v2 分别赋值为 0 和 10，使用算术运算符＋，构成了一个算术表达式 v1+v2。其中的逗号","用来分隔 3 个变量，以便一起声明。最后的分号(;)用来声明 Java 语句结束。

(5) Java 语句的基本元素。通过本例可知，Java 语句包含有标识符、关键字、分隔符、运算符、数据类型、变量、表达式，而数据类型由 Java 系统确定的关键字定义，变量名即标识符，表达式由运算符与操作数组成，可见 Java 语句的基本元素为标识符、关键字、分隔符、运算符。基本元素是不能再分解的元素。

2.1.1 标识符

1. 命名标识符的基本规则

在 Java 中变量、常量、类、方法与接口等都需要指定名称，这些名称就叫作标识符。标识符必须以一个字母、下画线或美元符号 $ 开头，后面的字符可以包含字母、数字、下画线和美元符号。标识符对大小写敏感，但没有长度限制。标识符可按上面的规则随意选取。

表 2.1 是一个标识符正误对照表，通过它读者可对标识符的命名规则有一个具体的了解。

表 2.1 标识符命名正误对照表

合法标识符	非法标识符	合法标识符	非法标识符
MyClass	class	i	2
anInt	int	$ salary	-salary
group7	7group	ONE_HUNDRED	ONE-HUNDRED

为什么说表 2.1 中右边的名称是非法标识符呢？因为 class、int 为关键字，而关键字不能作为标识符，因为关键字有特殊的用途；7group 使用数字作为第一个字母，也是不合

法的;数字 2 不能作为标识符;-salary 使用连接线作为第一个字母,也是不合法的;ONE-HUNDRED 使用了连接线,而不是下画线。

2. 标识符的命名约定

(1) 常量用大写字母,如果一个常量名由多个单词组成,单词之间用下画线分隔,例如 MIN_VALUE。

(2) 变量用小写字母开始,如果一个变量名由多个单词构成,第一个单词后面的单词以大写字母开始,例如 anInt。

(3) 类名每个单词的首字母都要大写,其他字母则小写,例如 StudentInfo。

(4) 方法名和变量名的命名规则与类名有些相似,除了第一个单词的首字母小写外,其他单词的首字母都需要大写,例如 getStudentName()。

(5) 包名用小写字母,例如 commerce.billing。

(6) 关键字不能用作标识符。

(7) Java 严格区分字母大小写,标识符中的大小写字母被认为是不同的两个字符。例如 ad,Ad,aD 和 Da 是 4 个不同的合法标识符。

2.1.2 关键字

关键字是 Java 语言自身使用的标识符,它有其特定的语法含义,如 public 表示公有的,static 为静态的,所以 Java 关键字只能用于特定的位置,不能作为标识符使用,如 for、while、boolean 等都是 Java 语言的关键字。关键字用英文小写字母表示以下一些常见的关键字:abstract,default,if,null,switch,assert,do,implements,package,synchronized,boolean,double,import,private,this,break,else,enum,instanceof,protected,throw/throws,byte,extends,int,public,transient,case,false,interface,return,true,catch,final,long,short,try,char,finally,native,static,void,class,float,new,strictfp,volatile,continue,for,main,super,while。

2.1.3 分隔符

分隔符是用来区分 Java 源程序中的基本成分,可使编译器确认代码在何处分隔。分隔符有注释符、空白符和普通分隔符 3 种。

1. 注释符

注释是程序员为了提高程序的可读性和可理解性,在源程序的开始或中间对程序的功能、作者、使用方法等所写的注解。注释仅用于阅读源程序,Java 编译程序时,会忽略其中的所有注释。注释有如下两种类型。

(1) //注释一行。

以"//"开始,以回车结束。一般作单行注释使用,也可放在某个语句的后面。

(2) /*…*/一行或多行注释。

以"/*"开始,以"*/"结束,中间可写多行。

2. 空白符

空白符包括空格、回车、换行和制表符(Tab 键)等符号,用来分隔程序中各种基本成分,帮助 Java 编译器理解源程序。例如" int a",若标识符 int 和 a 之间没有空格,即 inta,则编译程序会认为这是用户定义的标识符,但实际上该语句的作用是定义变量 a 为整型变量。

和注释一样,系统编译程序时,只是用空白符区分各种基本成分,然后忽略它。

在编排代码时,适当的空格和缩进可以增强代码的可读性,但是不要滥用它,使用空白分隔符要遵守以下规则。

(1) 任意两个相邻的标识符之间至少有一个分隔符,以便编译程序能够识别;变量名方法名等标识符不能包含空白分隔符。

(2) 各基本成分之间可以有一个或多个空白符,其作用相同,都是用来实现分隔功能的。

(3) 空白分隔符不能用非普通分隔符替换。

3. 普通分隔符

普通分隔符和空白符的作用相同,用来区分程序中的各种基本成分,但它在程序中有确定的含义,不能忽略。Java 有以下普通分隔符。

.(点号),用于分隔包、类或分隔引用变量中的变量和方法。

;(分号),是 Java 语句结束的标志。

,(逗号),分隔方法的参数和变量参数等。

:(冒号),说明语句标号。

{}(花括号),用来定义复合语句、方法体、类体及数组的初始化。

[](方括号),用来定义数组类型。

()(圆括号),用于在方法定义和变量访问中将参数表括起来,或在表达式中定义运算的先后次序。

例 2.2 分隔符的使用。

```
public class exp2_2 {
    int i, c;
    public static void main(String args[]) {
        char b='a';
        //...
    }
}
```

说明:

(1) 第一行末尾与最后一行是一对分隔符花括号,表明花括号中的内容为类体。其中的圆括号用于定义 main 方法,方括号[]用来定义数组 args。

(2) 第 3 行的末尾与倒数第 2 行又是一对分隔符花括号,表明花括号中的内容为方法体。

2.2 基本数据类型与变量

Java 是严格区分数据类型的语言,代码中使用的任一变量都必须声明数据类型。数据类型说明了常量、变量或表达式的性质。只有数据类型相同的常量、变量才可以进行运算。

Java 的数据类型可分为两种,如图 2.1 所示。

图 2.1　Java 的数据类型

(1) 基本数据类型:包括整数类型、浮点类型、布尔型和字符型。
(2) 引用数据类型:包括类、接口、数组、枚举、集合、泛型等。

本节主要介绍 Java 的 8 种基本数据类型,Java 常量与变量声明与初始化的方式,数据类型的转换方式等。

2.2.1　基本数据类型

表 2.2 给出了 Java 定义的 8 种基本数据类型。利用基本数据类型可以构造出复杂的数据结构,以满足 Java 程序的各种需要。

表 2.2　Java 基本数据类型

数据类型	名称	位长	默认值	取 值 范 围
布尔型	boolean	1	false	true,false
字节型	byte	8	0	−128～127
字符型	char	16	'\u0000'	'\u0000'～'\uffff'
短整型	short	16	0	−32768～32767
整型	int	32	0	−2 147 483 648～2 147 483 647
长整型	long	64	0	−9 223 372 036 854 775 808～9 223 372 036 854 775 807
浮点类型	float	32	0.0	±1.4E−45～±3.4028235E+38
双精度型	double	64	0.0	±4.9E−324～±1.7976931348623157E+308

注意:一般情况下,没有小数点的数字默认为 int 型,带有小数点的数默认为 double 型,除非在其数字后加有一个大写或小写后缀字母来表示数据类型。例如,4L 是 long

型,3.14f 是 float 型。

Java 基本数据类型的位长是固定的,例如 int 类型在任何计算机上长度都是 32 位长 (4 字节)。如果数据值较小,可以声明位长短的数据类型,如 short 或 byte,可以节省内存空间。Java 的 char 类型采用了国际编码标准 Unicode,每个码 16 位(2 字节),可容纳 65536 个字符,有效地解决了用 ASCII 双字节码表示东方文字带来的诸多不便,使 Java 处理多语种的能力大大加强。

2.2.2 常量

1. 常量的声明

Java 中的常量在程序中为一个标识符,用来记忆一个固定的数值。在程序执行过程中常量是不可更改的数据,常量用 final 声明,常量与变量的区别是前者不占用内存。Java 约定常量名称用大写字母。例如:

final int I;

或

final int I=15;

1) 声明一个常量的语法格式

final 类型 常量名[,常量名]=值;

注意:在定义常量标识符时,按照 Java 的命名规则,常量标识符所有的字符都要大写,如果常量标识符由多个单词组成,则在各个单词之间用下画线分隔,例如 Red_House。

2) 同时声明多个常量的格式

如果需要声明同一类型的多个常量,可以采用下面的语法格式:

final 常量类型 常量标识符 1,常量标识符 2,常量标识符 3;

3) 同时声明多个常量并赋值

final 常量类型 常量标识符 1=常量值 1,常量标识符 2=常量值 2,常量标识符 3=常量值 3;

2. 常量的种类

1) 布尔常量

布尔常量 boolean 只有两个值,即 true 和 false,代表了两种状态:真和假,书写时直接使用 true 和 false 这两个英文单词,不能加引号。例如下面的赋值语句:

final boolean A=true,B=false;

2) 整型常量

整型常量是不含小数的整数值,书写时可采用十进制、十六进制和八进制形式。十进制常量以非 0 开头后跟多个 0~9 的数字;八进制以 0 开头后跟多个 0~7 的数字;十六进制则以 0X 开头后跟多个 0~9 的数字或 a~f 的小写字母或 A~F 的大写字母。

下面是 3 条赋值语句：

final int I=15;　 final int J=017;　 final int K=0xF;

三个常量相等,值的大小都是十进制的 15,分别采用十进制、十六进制和八进制的形式表示。整型常量默认为 32 位的 int 型,如果在数值后边加上 L 或 l,则表示为 64 位的长整型。

3) 浮点型常量

Java 的浮点型常量有以下两种表示形式：

- 十进制数形式,由数字和小数点组成,且必须有小数点,如.123,0.123,123.0。
- 科学记数法形式,如 123e3 或 123E−3,其中 e 或 E 之前须有数,且 e 或 E 后面的指数必须为整数。

一个浮点数,加上 f 或 F 后缀,就是单精度浮点数;加上 d 或 D 后缀,就是双精度浮点数。不加后缀的浮点数被默认为双精度浮点数。

4) 字符常量

字符常量为一对单引号括起来的单个字符,如"char CH1＝'a';"。它可以是 Unicode 字符集中的任意一个字符,如'Z'。对无法通过键盘输入的字符,可用转义符表示,如"char CH2='\\';",参见表 2.3。

表 2.3　转义符号表

转义符号	Unicode 编码	功　　能	转义符号	Unicode 编码	功　　能
'\b'	'\u0008'	退格	'\f'	'\u000c'	进纸
'\r'	'\u000d'	回车	'\''	'\u0027'	单引号
'\n'	'\u000a'	换行	'\"'	'\u0022'	双引号
'\t'	'\u0009'	水平制表符	'\\'	'\u005c'	反斜杠

字符常量的另外一种表示就是直接写出字符编码,如字母 A 的八进制表示为'\101',十六进制表示为'\u0041',空格为'\u0000'。

2.2.3　变量

变量在程序中为一个标识符,在内存中占据一块空间,它提供了一个临时存放信息和数据的地方,具有记忆数据的功能。变量在程序运行中是可以改变的,它可以存放不同类型的数据,通常用小写字母或单词作为变量名。变量具有三个元素：变量名、数据类型和值。

1. 变量的声明与初始化

在 Java 语言中存储一个数据信息,必须将它保存到一个变量中。变量在使用前必须有定义,即有确定的类型和名称。声明变量的格式为：

类型 变量名[,变量名][=初值];

该语句告诉编译器以给定的数据类型和变量名建立一个变量。可以一次声明多个变量。

如果需要声明同一类型的多个常量,可以采用下面的格式:

变量类型 变量标识符 1,变量标识符 2,变量标识符 3;
变量类型 变量标识符 4=变量值 4,变量标识符 5=变量值 5,变量标识符 6=变量值 6;

注意:定义变量名时,按照 Java 的命名规则,第一个单词的首字母小写,其他单词的首字母大写,如 studentAge。

如果在声明变量时直接赋初值给变量,变量即被初始化。参见下面两条语句:

```
byte b1, b2;
int v1=0, v2=10, v3=18;
```

第 1 条语句声明了两个字节型变量 b1、b2。

第 2 条语句声明了 3 个整型变量 v1,v2,v3,并进行了初始化,分别赋初值 0、10 和 18。

例 2.3 变量的声明与初始化示例。编译并运行该程序后结果如图 2.2 所示。

```
字节型变量 b = 85
短整型变量 s = 22015
 整型变量 i = 1000000
长整型变量 l = 65535
字符型变量 c = c
浮点型变量 f = 0.23
双精度变量 d = 7.0E-4
布尔型变量 B = true
字符串变量 str =  Hello
 world!
```

图 2.2 变量显示结果

```
public class exp2_3 {
    public static void main(String args[]) {
        byte b=0x55;          short s=0x55ff;      int i=1000000;
        long l=0xffffL;       char c='c';          float f=0.23F;
        double d=0.7E-3;      boolean B=true;      String str="Hello \n world!";
        System.out.println("字节型变量 b="+b);
        System.out.println("短整型变量 s="+s);
        System.out.println("整型变量 i="+i);
        System.out.println("长整型变量 l="+l);
        System.out.println("字符型变量 c="+c);
        System.out.println("浮点型变量 f="+f);
        System.out.println("双精度变量 d="+d);
        System.out.println("布尔型变量 B="+B);
        System.out.println("字符串变量 str="+str);
    }
}
```

说明:

(1) 字符串变量。本例中声明了一个 String 类型的字符串变量 str,但注意 String 是个类,属于引用数据类型。因为 String 属于系统类,所以其可以如同基本数据类型一样直接声明类型与赋值。

字符串中可以包含转义字符,例如,"Hello \n world!" 在中间加入了一个换行符,输出时,这两个单词将显示在两行上。

(2) 与字符常量的区别。字符串常量是用一对双引号括起来的字符序列。字符常量是单引号,如'A'是字符常量,而"A"是字符串常量。

2. 变量的使用范围

声明一个变量后,该变量只能在程序的特定范围内使用,出了范围,变量就不存在了。在类中声明的变量称为成员变量,通常在类开始处声明,使用范围为整个类。在方法或块(块由两个花括号所定义)中声明的变量称为局部变量,使用范围从声明处开始到它所在方法或块的结束处。

例 2.4 变量的使用范围。

```
public class exp2_4 {
    static int i=10;                    //成员变量
    public static void main(String args[]) {
        int k=10;                       //局部变量
        System.out.println("i="+i);  System.out.println("k="+k);
    }
    System.out.println("k="+k);    //编译时将出错,已出 k 的使用范围
}
```

说明:编译 exp2_4.java 时出现错误,如图 2.3 所示。因为变量 k 是在方法块中声明的,其为成员变量,使用范围为方法块内,在方法块之外它是不存在的,所以编译时会出错。

```
Exception in thread "main" java.lang.Error: Unresolved compilation problem:
       at chapter2.exp2_4.main(exp2_4.java:5)
```

图 2.3 出错的程序

3. 变量的初值

局部变量在声明时一定要初始化,即赋初值。否则,程序运行时将出错。

成员变量在声明时可以不初始化,程序运行时,系统会自动进行初始化工作,即给成员变量赋初值。成员变量对应的自动初始化值如表 2.4 所示。

表 2.4 成员变量对应的自动初始化值

变量类型	初 始 值	变量类型	初 始 值
boolean	false	long	0.0L
byte	0	float	0.0f
char	'\u0000'	double	0.0d
int	0	string	null
short	0		

2.2.4 数据类型的转换

数据类型在定义时已经确定,不能随意转换。但 Java 支持有限度地进行类型转换处理,有两种类型转换方式:自动类型转换与强制类型转换。

1. 自动类型转换

自动类型转换,也称隐式类型转换,是指不需要书写代码,由 JVM 自动完成的类型转换。自动转换要满足下列两条规则。

(1) 转换前的数据类型与转换后的数据类型兼容。

(2) 从存储范围小的类型到存储范围大的类型:byte→short(char)→int→long→float→double。

也就是说,byte 类型的变量可以自动转换为 short 类型,例如:

```
byte b=10;
short sh=b;
```

byte、short 皆为整数类型,满足(1),short 存储范围比 byte 大,满足(2),所以可以自动转换。在赋值时,JVM 先将 b 的值转换为 short 类型,然后再赋值给 sh。

注意:

(1) 任何数据类型碰到 String 类型的变量或常量之后都会转换为 String 类型。例如:

```
String str1="字符串变量例子", str2="11";
str1=str1+b; str2=str1+b;
```

short 类型的变量 b 碰到 String 类型的 str1 后,表达式结果为 String 类型。

(2) 字符串变量使用连接符(+)进行连接运算,"+"不是算术运算符加号,不是加法运算。它将两个字符串连接在一起,"str1+b"连接后的结果为"字符串变量例子 10","str2+b"连接后的结果为"1110",不是 21。

2. 强制类型转换

两个整数相除,结果如果为整型会与实际运算不同,例如 8/3 为 2,而不是 2.3333……,因此,如果要得到浮点类型数据,需要进行强制类型转换,必须在代码中声明,而且转换顺序不受限制。强制类型转换的语法格式为:

(数据类型) 数据表达式

例如,下面的语句将字符型数据强制转换为整型数据:

```
int a;  char b;  b='15'; a=(int) b;
```

上面的语句表示 a 为整型,b 为字符型,(int) 告诉编译器把字符型 b 强制转换为整型数据 a。

注意：

（1）对于数值型数据，Java可以将低精度的数字赋值给高精度的数字型变量，反之则需要进行强制类型转换，例如将int，short，byte赋值给long型时不需要类型转换，可直接赋值，如double t=0.9F。反之，将long型数赋值给byte，short，int型时需要强制转换(int a=(int)123L;)。

（2）在执行强制类型转换时，可能会导致数据精度降低，例如，int a=(int)2.5最终变量a的值为2，导致数据精度降低。因此对导致精度降低的强制类型转换时建议谨慎使用。

2.3 表达式与运算符

表达式是操作数(变量、常量和表达式等)和运算符的任意组合。表达式代表一个确定的数值，表达式在使用上是先计算后使用。因此，不管一个表达式有多么复杂，其最终结果都是一个有确定类型和大小的数值。

计算机的基本用途就是执行数学运算，作为一门计算机语言，Java也提供了一套丰富的运算符来操纵变量。Java的运算符代表着特定的运算指令，在程序运行时对运算符连接的操作数进行相应的运算。按照运算符的功能来分，运算符有7种：赋值运算符、算术运算符、关系运算符、条件运算符、逻辑运算符、位运算符和其他运算符。

按照连接操作数的多少来分，有一元运算符、二元运算符和三元运算符。另外，算术运算符和赋值运算符可以结合在一起形成算术赋值运算符。

本节主要介绍Java按照功能划分的7种运算符的使用方式。

2.3.1 赋值运算符

赋值运算符的作用是将数据、变量、对象赋值给相应类型的变量。数据表2.5给出了赋值运算符和功能说明(未列出包含位运算符的赋值运算符)。

表2.5 赋值运算符

运算符	功能	举例	等价于
=	赋值，右边数赋给左边变量	x=6，将6赋给x	
+=	加和，左右两边数相加，结果赋给左变量	x=6，x+=10，将16赋给x	x=x+16
-=	减和，左右两边数相减，结果赋给左变量	x=20，x-=10，将10赋给x	x=x-10
*=	乘和，左右两边数相乘，结果赋给左变量	x=2，x*=10，将20赋给x	x=x*10
/=	除和，右边数除左边数，结果赋给左变量	x=10，x/=5，将2赋给x	x=x/5
%=	取模和，左边数除右边数，余数赋给左变量	x=20，x%=7，将6赋给x	x=x%7

由赋值运算符构成的表达式称为赋值表达式。赋值运算符的右边可以是一个表达式，这个表达式还可以包含一个表达式。例如：a=b=c=0，相当于三个表达式c=0，b=

c，a=b。

2.3.2 算术运算符

算术运算符会对整数型数据和浮点数型数据进行数学运算，当整数型数据与浮点数型数据之间进行算术运算时，Java 会自动转换数据类型为浮点数型。表 2.6 给出了算术运算符和功能说明，表格中的实例假设整数变量 x 的值为 10。

表 2.6 算术运算符

运算符	功 能	举 例	说 明
－	取负	－x=－10	一元运算，将 x 取负值
++	自增——操作数的值增加 1	x++=11	一元运算，等价于 x=x+1
－－	自减——操作数值减少 1	x－－=9	一元运算，等价于 x=x-1
*	乘	5*4→20	
/	除	8/3→2	整数相除取商的整数部分
%	求余	20%3→2	两数相除取余数
+	加	2+5→7	
－	减	7－5→2	

算术运算符按操作数的多少可分为一元运算符和二元运算符，一元运算符（+、-、++、--）一次对一个操作数进行运算，二元运算符一次对两个操作数进行运算。一元运算 i++ 和 i-- 比传统写法的加减运算速度要快很多，常用作循环结构中的计数器。由算术运算符构成的表达式称为算术表达式。

在使用算术运算符时需要注意以下问题。

1. 除法运算

在整数类型的数据和变量之间进行除法运算时，无论能否整除，运算结果都将是一个整数，而且这个整数是简单地去掉小数部分之后的整数，与数学计算中的整除是不一样的。

2. 0 的使用

在进行整数间除法和求余计算时，与数学计算一样，0 可以做被除数，但是不可以做除数。如果 0 做除数，虽然可以编译成功，但是在运行时会抛出 java.lang.ArithmeticException 异常，即算术运算异常。

但如果是进行浮点型数据之间的计算时，无论是除法运算，还是求余运算，0 都可以做除数。如果是除法运算，当被除数是正数时，运算结果为 Infinity，表示无穷大；当被除数是负数时，运算结果为－Infinity，表示无穷小。如果是求余运算，运算结果为 NaN，表示非数字。

3. 有小数参与的运算

对浮点数类型的数据或变量进行算术运算时：

（1）如果在算术表达式中含有 double 类型的数据或变量，则运算结果为 double 型，否则运算结果为 float 型。

（2）计算机的计算结果可能会在小数点后包含 n 位小数，这些小数在有些时候并不是精确的，计算机的计算结果会与数学运算的结果存在一定的误差。

例 2.5 本例用来说明算术运算符的一些注意事项。程序输出结果如图 2.4 所示。

```
public class exp2_5 {
    public static void main(String args[]) {
        System.out.println(10/4);
        System.out.println(0/6);
        System.out.println(8.2/0);         //输出的运算结果为 Infinity
        System.out.println(-8.2/0);        //输出的运算结果为-Infinity
        System.out.println(8.2 %0);        //输出的运算结果为 NaN
        System.out.println(-8.2 %0);       //输出的运算结果为 NaN
        System.out.println(6/0);           //整数运算中,0 不能为除数
    }
}
```

```
控制台 ⊠
<已终止> TestOperation [Java 应用程序]
2
0
Infinity
-Infinity
NaN
NaN
Exception in thread "main" java.lang.ArithmeticException: / by zero
        at chapter2.TestOperation.main(TestOperation.java:11)
```

图 2.4　算术运算符的注意事项

说明：注意本例在除法运算中 0 的使用，尤其要区分整数间除法与浮点数类型的数据与 0 进行运算时的不同。

2.3.3　关系运算符

关系运算符用来比较大小，产生布尔类型结果，表 2.7 列出了关系运算符和功能说明。表格中的实例整数变量 X（大写）的值为 10，变量 x（小写）的值为 20。

关系运算符用于两个操作数之间关系的比较。关系表达式成立时，返回的布尔值为 true，否则运算结果为 false。操作数可以是常量、变量和表达式。关系表达式常作为分支结构或循环结构语句中的控制条件。

注意：Java 的相等运算符"＝＝"与赋值号"＝"的区别，"＝"为赋值操作，比较两个量相等时要用"＝＝"。

表 2.7 关系运算符

关系运算符	含 义	举 例	说 明
>	大于	X>x→false	x 的编码值大于 X 的编码值
<	小于	X<x→true	X 的编码值小于 x 的编码值
>=	大于或等于	X>=x→false	
<=	小于或等于	X<=x→true	
==	等于	X==x→false	
!=	不等于	(X+x)!=4→true	先计算 X+x 的值再比较

由关系运算符构成的表达式称为关系表达式。

2.3.4 逻辑运算符

关系运算只能解决一些简单条件的判定问题，对较为复杂的条件可用逻辑运算来判定，返回值仍为 boolean 型。逻辑表达式通常由多个关系表达式构成，最终运算结果为布尔值 true 或 false。表 2.8 列出了逻辑运算符和功能说明，其中布尔变量 A 为 true，变量 B 为 false。

表 2.8 逻辑运算符

逻辑运算符	含 义	举 例	说 明
&&	逻辑与	(A && B)→false	仅当两个操作数都为 true 时值为 true
!	逻辑非	!(A && B)→true	与操作数值相反，false 值为 true(true 值为 false)
||	逻辑或	(A||B)→true	仅当两个操作数都为 false 时值为 false
^	逻辑异或	(A^B)→true	仅当两个操作数相异时结果为 true
&	布尔逻辑与	同 &&	在表达式计算上与 && 不同
|	布尔逻辑或	同 ||	在表达式计算上与||不同

"&&"连接的两个操作数中，只要有一个不为真，则整个表达式就为假。运算时只要判定左边表达式为假，就可立即得出结论，不再计算右边表达式。所以，最有可能取假值的表达式尽量放在左边，这样可提高表达式的运算速度。

"&"在表达式判定上和"&&"相同，唯一不同的是它总是计算两边表达式的值。

"||"连接的两个表达式中，只要有一个为 true，则整个表达式就为 true。运算时只要判定左边表达式为 true，就可立即得出结论，不再计算右边表达式。所以，最有可能取 true 值的表达式尽量放在左边，以提高表达式的运算速度。

"|"在表达式判定上和"||"相同，不同之处是它总是计算两边表达式的值。

"^"逻辑异或连接的两个表达式同为 true(真)或同为 false(假)时，整个表达式结果为 false(假)，其他情况下都取 true 值。

由逻辑运算符构成的表达式称为逻辑表达式。

例 2.6 本例用来说明逻辑运算符的使用方式,程序输出结果如图 2.5 所示。

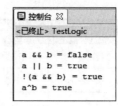

```
public class exp2_6 {
    public static void main(String args[]) {
        boolean a=true;
        boolean b=false;
        System.out.println("a && b="+(a&&b));
        System.out.println("a||b="+(a||b));
        System.out.println("!(a && b)="+!(a && b));
        System.out.println("a^b="+(a^b));
    }
}
```

图 2.5 逻辑运算符的使用

说明:通过本例给出了两个关系表达式组成的逻辑运算表达式,理解多个关系表达式的运算顺序与逻辑顺序,必要时通过使用括号来改变运算顺序。

2.3.5 条件运算符

条件运算符也被称为三元运算符。该运算符有 3 个操作数,并且需要判断布尔表达式的值。该运算符主要是决定哪个值应该赋值给变量。条件运算符由"?"和":"两个符号共同构成,条件运算符与上面的运算符略有不同,是三元运算符,有 3 个操作数。条件表达式的格式为:

条件(逻辑表达式或关系表达式) ? 结果 1:结果 2;

条件运算符的计算过程为:首先计算作为条件的"逻辑表达式或关系表达式"(操作数 1),条件返回值为 true 时表达式值取"结果 1"(操作数 2);条件返回值为 false 时表达式值取"结果 2"(操作数 3)。

条件运算符用于单个条件的判断,并可根据条件真假的两种结果取不同的值,书写简单,有较快的运算速度。

例如:

a> b? 1:0;

该语句表明,a>b 为真时取值为 1;a>b 为假时取值为 0。
由条件运算符构成的表达式称为条件表达式。

2.3.6 位运算符

Java 定义了位运算符,应用于整数类型(int)、长整型(long)、短整型(short)、字符型(char)以及字节型(byte)等类型。位运算表示按每个二进制位(bit)进行计算,以二进制形式进行,运算结果为一个整数。表 2.9 列出了位运算符和功能说明,假设 a=60(A=0011 1100),b=13(B=0000 1101)。

表 2.9 位运算符

位运算符	含义	举例	说明
~	取反	~a→1100 0011(-61)	按位翻转操作数的每一位
&	位与	a&b→0000 1100(12)	当且仅当两个操作数的某一位都非0的时候结果的该位才为1
|	位或	a|b→0011 1101(61)	只要两个操作数的某一位有一个非0的时候结果的该位就为1
^	位异或	a^b→0011 0001(49)	两个操作数的某一位不相同时候结果的该位就为1
<<	位左移	a<<2→1111 0000(240)	左操作数按位左移右操作数指定的位数
>>	位右移	a>>2→0000 1111(15)	左操作数按位右移右操作数指定的位数
>>>	无符号位右移	a>>>2→0000 1111(15)	左操作数的值按右操作数指定的位数右移,移动得到的空位以零填充

2.3.7 其他运算符

以上是常见的分类运算符,在 Java 中还有一些特殊的运算符,如表 2.10 所示。

表 2.10 其他运算符

符 号	功 能
()	表达式加括号则优先运算
(参数表)	方法的参数传递,多个参数时用逗号分隔
(类型)	强制类型转换
.	分量运算符,用于对象属性或方法的引用
[]	下标运算符,引用数组元素
instanceof	对象运算符,用于测试一个对象是否是一个指定类的实例
new	对象实例化运算符,实例化一个对象,即为对象分配内存
+	字符串合并运算符,如"Hello"+" World!"等于"Hello World!"
::	方法引用运算符,执行一个方法调用

2.3.8 运算符的优先级

1. 运算符的优先级

当一个表达式里有多个运算符,如何区分它们的运算次序呢?要通过运算符的优先级来区分。优先级是指同一表达式中多个运算符被执行的先后次序。表 2.11 从高到低列出了运算符的 15 个优先级别,同一行中的运算符优先级相同。运算时先执行高优先级的运算。例如,对于表达式 a=b+c*d/(e<<f),Java 处理时会按照表 2.11 的次序进行先高后低的计算。先计算括号内的 e<<f,再计算 c*d,然后除以 e<<f 的值,最后把上述结果与 b 的和存储到变量 a 中。

表 2.11 运算符的优先级

优 先 级	运 算 符				
1	.	[ ]	( )	expr++	expr--
2	++expr	--expr	!	~	-
3	new	(类型)			
4	*	/	%		
5	+	-			
6	<<	>>	>>>		
7	<	>	<=	>=	instanceof
8	==	!=			
9	&				
10	^				
11	|				
12	&&				
13	||				
14	?:				
15	=	opr=			

2. 同级别运算符的顺序

同一级别里的运算符具有相同的优先级,但要注意以下两点:

(1) 算术运算符具有左结合性,例如计算 a-b+c 时,b 先与左边的减号结合,执行 a-b 的运算,再执行加 c 的运算。

(2) 赋值运算符具有右结合特性,当计算 a=b=c=0 时,先执行 c=0,再执行 b=c,最后执行 a=b。

3. 自定义运算顺序

不论什么时候,当无法确定某种计算的执行次序时,可以使用加括号()的方法明确为编译器指定运算顺序,这也是提高程序可读性的一个重要方法。

2.4 数组与枚举

数组是用来存储一组或多组相同类型数据的数据结构,数组中的每个元素具有相同的数据类型。同时,数组中的元素都具有各自特定的位置,并可以整型下标来访问数组中特定位置所对应的值。数组的类型可以为基本数据类型,也可以为引用数据类型,可以分为一维数组、二维数组和多维数组。枚举是在 JDK 1.5 之后另一个重要的特性,在枚举中可以限制一个类的对象产生范围,加入了枚举之后 Java 又对之前的类集进行了扩充。

本节主要介绍数组的声明、创建与初始化的方法,并对枚举的一些特点进行讲解。

2.4.1 一维数组的声明

一维数组的声明格式如下:

数据类型 数组名[];

或

数据类型[] 数组名;

例如:

int days[]; char [] months;

这条语句声明了两个一维数组,其中,days 是整型数组,months 是字符型数组。

说明:

(1)"数据类型"可以是 Java 中任意的数据类型;"数组名"必须为一个合法的标识符;"[]"指明该变量是一个一维数组变量,"[]"没有指定数组长度,没有为数组元素分配内存,此时不能访问组内任何元素。

(2)一维数组的两种声明方式作用是相同的,但相比之下,第一种更符合编程习惯,第二种更符合规范要求,是首选的方法。

2.4.2 一维数组的创建与初始化

声明数组后,还要创建数组并进行初始化。创建是为数组分配内存空间,初始化是为数组元素赋值。

1. 声明并创建数组

声明并创建数组的语法格式:

数据类型 数组名[]=new 数据类型[size]

其中,new 用来给数组分配内存,size 用来定义数组的长度。例如:

    int Arr[]=new int[3];

上述语句同时声明并创建数组,声明了一个整型数组 Arr 并分配了 3 个整型数据所占据的内存空间,顺序为 Arr[0],Arr[1],Arr[2]。数组的元素是通过索引进行访问的,从 0 开始,索引值从 0 到 Arr.length－1。

2. 数组元素赋值

声明并创建数组后,可直接为数组元素赋值,方法与变量赋值相同,例如:

```
Arr[0]=10; Arr[1]=20;Arr[2]=30;
```

3. 数组的静态初始化

数组的静态初始化是指在声明数组时,直接为其赋初值,初值用花括号括起,用逗号分隔数组元素,初值的个数确定数组的长度。例如:

```
int a[]={1, 2, 3, 4, 5, 6, 7, 8, 9, 10};
char c[]={'a', 'b', 'c', '北', '京'}
```

第 1 条语句声明了一个整型数组 a 并分配了 10 个整型数据所占据的内存空间。其初值 a[0]＝1,a[1]＝2,a[2]＝3,a[3]＝4,a[4]＝5,…,a[9]＝10。

第 2 条语句声明了一个字符型数组 c 并分配了 5 个 char 型数据所占据的内存空间。其初值 a[0]='a',a[1]='b',a[2]='c',a[3]='北',a[4]='京'。

例 2.7　一维数组的使用。该程序通过静态初始化方式定义了一维数组 List,结果如图 2.6 所示。

```
public class exp2_7 {
    public static void main(String[] args) {
        double[] List={5.6,4.5, 3.3, 13.2, 4.0};        //数组静态初始化
        System.out.println(List.length);                //输出数组的长度
        //打印出数组中的每个元素
        System.out.println("List[0]: "+List[0]);
        System.out.println("List[1]: "+List[1]);
        System.out.println("List[2]: "+List[2]);
        System.out.println("List[3]: "+List[3]);
        System.out.println("List[4]: "+List[4]);
    }
}
```

说明:

(1) 数组的 length 属性。数组在创建时必须指定长度,Java 每个数组对象都有一个 length 属性,它保存了该数组对象的长度,取得数组元素长度可以利用"数组名称.length"完成,其返回一个 int 类型的数据,如"System.out.println(List.length);"。

(2) 数组中的索引。Java 有数组下标检查机制,当访问超出索引范围时,程序运行将产生异常。一维数组在访问

```
5
List[0]: 5.6
List[1]: 4.5
List[2]: 3.3
List[3]: 13.2
List[4]: 4.0
```

图 2.6　创建的一维数组

数组中的元素时,需要同时指定数组标识符和元素在数组中的索引,例如"System.out.println(List[1]);",需要注意的是,索引是从 0 开始的,而不是从 1 开始的,索引到数组长度减 1。

2.4.3 多维数组

1. 二维数组的声明

Java 将多维数组看作数组的数组。例如二维数组就是一个特殊的一维数组,它的每个元素是一个一维数组。

二维数组的声明与一维数组基本相同,只是后面再加上一对"[]"。创建二维数组时,可指定各维的长度或至少指定第一维的长度,也可采用直接赋值的方法确定第二维数组的长度。此时,按照给定值顺序按行依次填满数组元素。更高维的情况是类似的。下面通过例子说明。例如:

```
int arr1[][]=new int[3][4];
int arr2[][]=new int[3][ ];
int arr3[][]={{0,1,2},{3,4,5},{6,7,8}};
```

第 1 条语句声明了一个 3 行 4 列的二维整型数组 arr1 并分配了 12 个整型数据所占据的内存空间。

第 2 条语句声明了一个 3 行 n 列的二维整型数组 arr2,第二维长度未定。

第 3 条语句声明了一个 3 行 3 列的二维整型数组 arr3 并分配了 9 个整型数据所占据的内存空间。其初值为:

```
arr3[0][0]=0,arr3[0][1]=1,arr3[0][2]=2,
arr3[1][0]=3,arr3[1][1]=4,arr3[1][2]=5,
arr3[2][0]=6,arr3[2][1]=7,arr3[2][2]=8,
```

二维数组有一个好处是,第二维的长度可以不相等。例如 arr2 的第二维长度可以分别选取为 3、4、5,适用于数组元素不等的情况。

2. 二维数组的访问

二维数组也是通过索引符访问自己的元素,在访问数组的元素时,需要同时指定数组标识符和元素在数组中的索引。例如"System.out.println(degree[3][1]);",需要注意的是,如果初始化数组为"int book[][]=new int[4][3];",那么索引从 book[0][0]开始,到 book[3][2]结束。

2.5 知识拓展——foreach 语法与枚举

2.5.1 foreach 语法

JDK 1.5 后为了方便数组的输出,提供了一种 foreach 语法,可以用非常简洁的语句

输出数组中的所有元素,其语法格式如下:

for(数据类型 变量名称:数组名称) { }

例 2.8 一维数组、二维数组的创建、初始化和数组元素的使用。该程序创建了一个一维数组 List 并对 List 的每个元素赋值,输出 List 数组元素,对 List 数组进行求和计算,创建了一个二维数组 score 并对 score 的每个元素赋值,输出 score 数组元素,结果如图 2.7 所示。

```
public class exp2_8 {
    public static void main(String[] args) {
        int [] List={3, 7, 5, 9, 6};            //定义数组
        for(int x: List) {System.out.print(x+"、");}
                                                //使用 foreach 语句将数组元素输出
        //计算所有元素的总和
        int sum=0;
        for (int i=0; i<List.length; i++) { sum+=List[i]; }
        System.out.println("数组 List 元素值的和为:"+sum);
        int score[][]={{74,30},{67,89},{35,32}};        //二维数组初始化并赋值
        //打印出二维数组中的每个元素
        for (int x[]: score){
            for(int y:x) {System.out.print(y+"  ");}
            System.out.print("\n");
        }
    }
}
```

图 2.7 使用数组元素

说明:利用索引可以访问和使用数组里的元素,数组的访问也可以通过循环方式进行操作,循环操作的时候只需要改变数组索引的下标即可。

2.5.2 枚举类型

1. 枚举的引入

(1) JDK 1.5 引入了一个新的类型——枚举,其为引用数据类型,用来声明一组命名的常量,当一个变量有几种可能的取值时,例如东南西北、春夏秋冬、星期一到星期日,可以定义其为枚举类型。

(2) 所有的枚举都是 java.lang.Enum 类的子类,因为 Java 不支持多重继承,所以枚举不能继承其他任何类。Enum 作为新引进的关键字,看起来很像是特殊的 class,它也可以有自己的变量,可以定义自己的方法,可以实现一个或者多个接口。

2. 枚举的声明

运用关键字 enum,可以直接声明枚举,格式如下:

[public] enum 枚举名称{枚举常量 1,枚举常量 2,……,枚举常量 n;
　　枚举成员变量;
　　枚举成员方法;
}

其中,多个枚举常量之间以逗号隔开,以分号结束;如果有成员方法或成员变量,则必须以分号结束。

例 2.9 定义一个名为 Season 的枚举类型,运行结果如图 2.8 所示。

```
enumSeason {春,夏,秋,冬;}
public class exp2_9 {
    public static void main(String[] args) {
        for (Season c : Season.values()) {    //枚举.values()表示得到全部枚举值
            System.out.println(c.ordinal()+"→"+c);
        }
    }
}
```

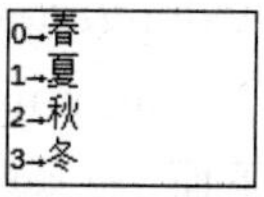

说明:

(1) 枚举可以单独定义在一个文件中,也可以嵌在其他 Java 类中。

图 2.8 枚举类型的应用

(2) 通过本例可以看到 enum 提供的 values()方法可以用于遍历所有的枚举值,ordinal()方法可以用于返回枚举值在枚举类中的顺序,这个顺序根据枚举值声明的顺序而定,在本例中 Season.春.ordinal()返回 0。

注意:

(1) 枚举类型不能有 public 的构造方法,但是可以定义 private 的构造方法在 enum 内部使用,这样做可以确保不能新建一个 enum 的实例。

(2) 所有枚举值都是 public,static,final 类型。

(3) 枚举可以实现一个或多个接口(Interface)。

(4) 枚举可以定义新的变量与方法,具体应用见后面章节相关内容。

习题 2

2-1　Java 有哪些基本数据类型?
2-2　float 和 double 型数据在赋值时有哪些注意事项?
2-3　Java 的字符常量和字符串常量有何区别?
2-4　说明 System.out.println("This character "+'A'+" has the value: "+(int)'A') 的输出结果。

2-5　Java 中整数类型包括（　　）。

　　A. int、byte、char　　　　　　B. int、short、long、byte、char

　　C. int、short、long、char　　　　D. int、short、long、byte

2-6　计算表达式的值：x+a%3*(int)(x+y)%2/4，设 x=2.5,a=7,y=4.7。

2-7　以下运算符按运算优先级从高到低排列顺序正确的是（　　）。

　　A. !、*、<、=　　　　　　　　B. !、=、*、>=

　　C. !、*、&&、>=　　　　　　　D. !=、*、&&、>=

2-8　设 a=6、b=-4，计算表达式的值：

　　--a%++b

　　(--a)<<a

　　(a<10 && a>10 ? a: b)

2-9　指出下面（　　）是合法的标识符，说出为什么。

　　A. $persons　　　　　　　　B. TwoUsers

　　C. *point　　　　　　　　　D. this

　　E. _endline

2-10　指出下面（　　）是将一个十六进制值赋值给一个 long 型变量，说出为什么。

　　A. long number=345L;　　　　B. long number=0345;

　　C. long number=0345L;　　　　D. long number=0x345L;

2-11　下面（　　）不是 Java 的原始数据类型，说出为什么。

　　A. short　　　　　　　　　　B. boolean

　　C. unit　　　　　　　　　　 D. float

2-12　下面的（　　）声明是合法的，说出为什么。

　　A. long l=4990;　　　　　　　B. int i=4L;

　　C. float f=1.1;　　　　　　　D. double d=34.4;

　　E. double t=0.9F;

2-13　下面使用"<<"和">>"操作符陈述正确的是（　　），说出为什么。

　　A. 0000　0100　0000　0000　0000　0000　0000　0000<<5　gives
　　　 1000　0000　0000　0000　0000　0000　0000　0000

　　B. 0000　0100　0000　0000　0000　0000　0000　0000<<5　gives
　　　 1111　1100　0000　0000　0000　0000　0000　0000

　　C. 1100　0000　0000　0000　0000　0000　0000　0000>>5　gives
　　　 1111　1110　0000　0000　0000　0000　0000　0000

　　D. 1100　0000　0000　0000　0000　0000　0000　0000>>5　gives
　　　 0000　0110　0000　0000　0000　0000　0000　0000

2-14　编写一个程序，定义一个名为 Day 的枚举类型，枚举对象为星期一到星期日，返回 Day 中所有的枚举值以及枚举值在枚举类中的顺序。

第 3 章

Java 语句及其控制结构

任何 Java 程序都是由类和对象组成的,对象和类是由变量与方法组成的,变量由声明变量语句与赋值语句构成,方法由一系列执行不同功能的 Java 语句构成。Java 语句有不同的类型,不同类型的语句其组成成分不同、含义不同、作用不同,有的语句在程序中的位置顺序也有一定的规则,这些也是 Java 语言的基本语法内容。学习 Java 程序设计,就是要了解不同 Java 语句的构成方式、含义与作用,了解如何组织 Java 语句构建 Java 类与对象的框架,定义变量确定类与对象的特性,定义方法实现与控制类的功能。

本章的内容主要解决以下问题。

- Java 程序有哪些主要构成成分?
- Java 类有哪些主要构成成分?
- Java 有哪些类型的语句?
- Java 的选择语句是如何构成的?其作用是什么?
- Java 的循环语句是如何构成的?其作用是什么?
- Java 的跳转语句是如何构成的?其作用是什么?

3.1 Java 语句的类型

本节主要介绍 Java 程序的构成成分、类的构成成分、Java 语句的种类以及说明性语句、表达式语句和复合语句的特点。

3.1.1 Java 程序构成

例 3.1 一个程序范例,用来说明 Java 程序的构成成分。

```
import java.awt.*;      ⎤
import javax.swing.*;   ⎦ Java 包引入语句
public class exp3_1 extends JFrame    ——类声明语句
```

```
{
  Label label1=new Label("类的结构");           ——— 成员变量
  public exp3_1 () {
    setSize(400, 200);
    setVisible(true);                          构造方法
    add("North", label1);
  }
  public void paint(Graphics g) {
        g.fillRect(100, 80, 80, 100);          paint 方法
  }
  public static void main(String[] args) {
        new exp3_1();                           main 方法
  }
}
```
（右侧大括号整体标注：类体）

说明：

（1）程序的主要构成。从例 3.1 可以看到，Java 程序一般包括两部分：Java 包引入（如果有的话）语句、类定义语句。类定义语句由类声明语句和类体组成。

（2）类声明语句。类声明语句用 class 来声明类的名称，其他关键字为修饰符，来说明类的访问权限，以及类的属性。详细介绍看第 4 章。

（3）类体。类体由成员变量和成员方法等组成。成员变量表示类的属性，是数据域的形式表达；方法是数据的操作的定义。在 exp3_1 类中，label1 成员变量，其他是成员方法。

成员变量在类中定义时，需要声明成员变量的名称、类型或初值。

成员方法是命令语句的集合，用来实现类的功能和行为，是程序设计的关键。

（4）主类与普通类。类可以分为主类与普通类。

Java 程序中，必须含有一个可被外界（通常是 Java 解释器）直接调用的类，这个类称为这个 Java 程序的主类，即可以被运行的类。主类常用 public 关键字来修饰。一个 Java 程序中可以定义多个类，但只能有一个主类，主类中一定包含 main 方法，其用来控制程序进行数据初始化工作，实现不同的功能或调用其他对象，输出程序运行后的结果。整个应用程序是从 main 方法开始执行的。

不是主类的类都是普通类，可以用来定义属性、方法，设计对象的功能。

3.1.2 Java 语句的种类

Java 语句是 Java 标识符的集合，由关键字、常量、变量和表达式构成。简单的 Java 语句以分号（;）作为结束标志，单独的一个分号被看作一个空语句，空语句不做任何事情。复合结构的 Java 语句以花括号（{}）作为结束标志，凡是可以出现语句的地方，都可以出现复合语句。

Java 语句一般分为说明性语句和操作性语句两种类型。

1. 说明性语句

Java 的说明性语句包含包和类引入语句、声明类语句、声明变量语句、声明对象语句等。例如：

```
import java.sql.Connection;        //包引入语句
public class ReadViolation;        //声明类语句
int i;                             //声明变量语句
```

2. 操作性语句

Java 的操作性语句包含表达式语句、复合语句、选择语句和循环语句、跳转语句等。Java 规定所有的操作性语句必须放在成员方法中。

下面介绍表达式语句与复合语句的构成，其他操作性语句将分别在后面介绍。

1）表达式语句

在表达式后边加上分号(;)就是一个表达式语句。表达式语句是最简单的语句，它们被顺序执行，完成相应的操作任务。表达式语句主要有赋值语句和方法调用语句。

例如：

```
int x, i=1, j=2;                   //声明变量语句
x=j-i;                             //赋值语句
System.out.println("x:"+k);        //方法调用语句
```

注意：声明变量时可以直接赋初值，但不属于赋值语句，为声明变量语句。

2）复合语句

复合语句也称为块(block)语句，是包含在一对花括号({})中的任意语句序列，由一组 0 和多条语句组成。与其他语句用分号作结束符不同，复合语句右括号(})后面不需要分号。尽管复合语句含有任意多个语句，但从语法上讲，一条复合语句被看作一条简单语句。

例 3.2   复合语句示例，程序运行结果为"Condition is true."。源代码如下所示：

```
public class exp3_2 {
    public static void main(String[] args) {
        boolean condition=true;
    if (condition) {      //执行第一个块语句
            System.out.println("Condition is true.");
        } //结束 block1
        else {            //执行第二个块语句
            System.out.println("Condition is false.");
        } //结束 block2
    }
}
```

说明：在程序中通过两条复合语句实现了对于 condition 条件的判断，如果 condition 为真，则执行第一个块语句 block1，否则执行第二个块语句 block2。在实际应用中，复合

语句更广泛地应用在结构式语句中。

3.2 选择语句

表达式语句与复合语句都是按顺序从上到下逐行执行每条命令。能否改变程序中语句执行的顺序呢？利用选择语句结构就可以根据条件控制程序流程，改变语句执行的顺序。

本节主要介绍 Java 的 4 种选择语句：单分支选择语句(if 语句)、二分支选择语句(if…else 语句)、多分支选择语句(if…else if…else 语句)和先执行后判定循环(do…while)的使用方法。

3.2.1 单分支选择语句(if 语句)

单分支选择语句是一种简单的 if 条件语句，其语法格式如下：

```
if (条件){
    s1(语句);
}
```

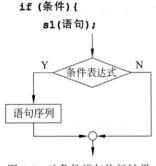

图 3.1 if 条件语句执行结果

这是最简单的单分支结构。当构成条件的逻辑或关系表达式的值为 true 时，执行 s1 语句，否则忽略 s1 语句。s1 语句可以是复合语句，如果只有一条语句，花括号可以省略不写。条件是必要的参数，可以由多个表达式组成，但是，最后结果一定是 boolean 类型，其返回的结果值一定是 true 或者 false。if 条件语句执行结果如图 3.1 所示。

3.2.2 二分支选择语句(if…else 语句)

if 语句通常与 else 语句配套使用，形成二分支结构。它的语法格式为：

```
if (条件){
    s1 语句;          //如果条件表达式的值为 true
}else{
    s2 语句;          //如果条件表达式的值为 false
}
```

当构成条件的逻辑或关系表达式的值为 true 时，执行 s1 语句，忽略 else 和 s2 语句；否则，条件表达式的值为 false，程序忽略 s1 语句，执行 else 后面的 s2 语句。s1 和 s2 都可以是复合语句。if…else 语句执行结果如图 3.2 所示。

例 3.3 判断两个数的大小并输出指定语句，程序运行结果为"这是 if 语句"，源程序代码如下所示：

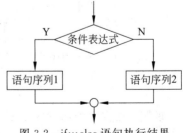

图 3.2 if…else 语句执行结果

```
public class exp3_3 {
    public static void main(String args[]){
        int x=10;
        if(x<20){ System.out.print("这是 if 语句");}
        else{ System.out.print("这是 else 语句");}
    }
}
```

说明：程序通过 if…else 语句实现了对传入参数的比较判断功能。参数 x 的值为 10，小于 20，条件判断 x<20 的值为 true，因此执行输出"这是 if 语句"，忽略 else 语句，最终输出"这是 if 语句"。

3.2.3 多分支选择语句（if…else if…else 语句）

对于超过二分支选择的情况，可以使用多分支选择语句（if…else if…else 语句）。它的语法格式为：

```
if (条件1)    s1 语句；         //如果布尔条件 1 的值为 true 执行 s1 语句
else if (条件2)  s2 语句；      //如果布尔条件 2 的值为 true 执行 s2 语句
else if (条件3)  s3 语句；      //如果布尔条件 3 的值为 true 执行 s3 语句
else   s4 语句；                //如果以上布尔条件都不为 true 执行 s4 语句
```

在这里依次计算条件的值，如果某个条件的值为 true，就执行它后面的语句，其余语句被忽略；所有条件的值都为 false，就执行最后一个 else 后的 s4 语句。s1、s2、s3 和 s4 都可以是复合语句。if…else if…else 语句执行结果如图 3.3 所示。

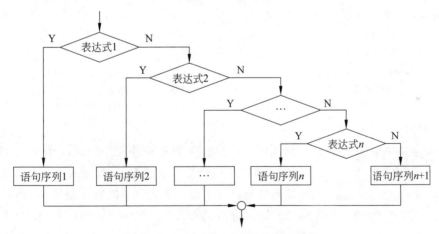

图 3.3 if…else if…else 语句执行结果

例 3.4 下面是使用 if…else if…else 语句的简单例子。输出结果为"X is 20"。源程序代码如下所示：

```
public class exp3_4{
    public static void main(String args[]){
```

```
        int x=20;
        if(x==5){System.out.print("X is 5");}
            else if(x==15){System.out.print("X is 15");}
            else if(x==25){System.out.print("X is 25");}
        else{System.out.print("X is:"+x); }
    }
}
```

说明：程序使用了多分支 if…else if…else 语句进行多个条件的判断，并在最后使用了 else 语句来对多分支选择语句进行补充。如果传入的初始化值满足其中的 else if 语句，则会跳过执行其他的 else if 以及 else 语句。要注意 if…else if…else 语句中最多只能有一个 else 语句。

3.2.4 嵌套的 if…else 语句

嵌套的 if…else 语句是指可以在另一个 if 或者 else if 语句中使用一个或者多个的 if 或者 else if 语句。在嵌套的语句中最好给语句加上花括号，以提高代码的可读性。其语法格式为：

```
if(条件 1){
    if(条件 2){
        s1 语句
    }else{
        s2 语句
    }
}else{
    if(条件 3){
        s3 语句
    }else{
        s4 语句
    }
}
```

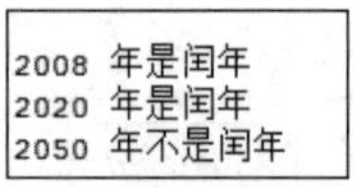

```
2008 年是闰年
2020 年是闰年
2050 年不是闰年
```

图 3.4 嵌套使用 if…else 语句执行结果

例 3.5 下面是一个嵌套使用 if…else 语句与 if…else if…else 语句构造多分支程序的例子，判断某一年是否为闰年。闰年的条件是符合下面二者之一：能被 4 整除，但不能被 100 整除；能被 4 整除，又能被 100 整除。输出结果如图 3.4 所示。

```
public class exp3_5 {
  public static void main(String args[]) {
    boolean leap;   int year=2008;
    //方法 1
    if ((year%4==0 && year%100!=0)||(year%400==0))
        System.out.println(year+"年是闰年");
    else   System.out.println(year+"年不是闰年");
```

```
//方法 2
year=2020;
if (year%4!=0)   leap=false;
   else if (year%100!=0)   leap=true;
   else if (year%400!=0)   leap=false;
else   leap=true;
if (leap==true)   System.out.println(year+"年是闰年");
else   System.out.println(year+"年不是闰年");
//方法 3
year=2050;
if (year%4==0) {
   if (year%100==0) {
      if (year%400==0)   leap=true;
      else   leap=false;
   }
   else   leap=false;
}
else leap=false;
if (leap==true)   System.out.println(year+"年是闰年");
else   System.out.println(year+"年不是闰年");
   }
}
```

说明：方法 1 用一个逻辑表达式包含了所有的闰年条件；方法 2 使用了多分支选择语句(if…else if…else 语句)；方法 3 通过花括号({})对 if…else 进行匹配来实现闰年的判断。大家可以根据程序对比这 3 种方法，体会其中的联系和区别，在不同的场合选用适当的方法。

3.2.5 开关语句(switch 语句)

可以看出，虽然嵌套的条件语句可实现多个分支处理，但嵌套太多时容易出错和混乱，这时可以使用开关语句 switch 处理。使用它可以容易地写出判断条件，特别是有很多条件选项的时候。

开关语句 switch 的语法格式为：

```
switch(表达式) {
  case 常量 1:
    语句 1;
    break;
  case 常量 2:
    语句 2;
    break;
  …
  default:
```

语句 n;
}

其中,switch、case、default 是关键字,default 子句可以省略。开关语句先计算条件的值,然后将条件的值与各个常量比较,如果条件值与某个常量相等,就执行该常量后面的语句;如果都不相等,就执行 default 下面的语句。如果无 default 子句,就什么都不执行,直接跳出开关语句。

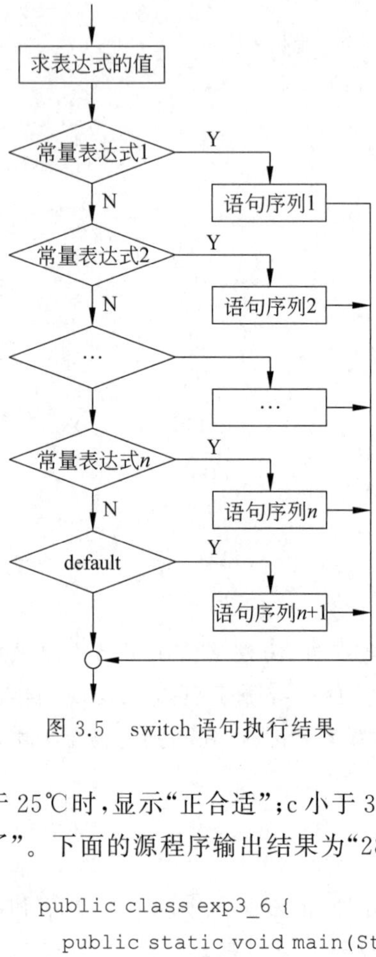

使用开关语句时,注意以下几点:

(1) case 后面的常量必须是整数或字符型,即 int、short、byte 和 char 类型,而且不能有相同的值。

(2) switch 语句可以拥有多个 case 语句。每个 case 后面跟一个要比较的值和冒号。

(3) 通常在每一个 case 中都通过 break 语句提供一个出口,使流程跳出开关语句。否则,在第一个满足条件 case 后面的所有语句都会被执行,这种情况叫作落空。

(4) switch 语句可以包含一个 default 分支,该分支必须是 switch 语句的最后一个分支。default 在没有 case 语句的值和变量值相等的时候执行。default 分支不需要 break 语句。

switch 语句执行结果如图 3.5 所示。

图 3.5 switch 语句执行结果

例 3.6 switch 语句的使用,有 break 语句。本程序当温度变量 c 小于 10℃时,显示"有点冷";c 小于 25℃时,显示"正合适";c 小于 35℃时,显示"有点热";c 大于或等于 35℃时,显示"太热了"。下面的源程序输出结果为"28℃ 有点热"。

```
public class exp3_6 {
  public static void main(String args[]) {
    int c=28;
    switch(c<10? 1:c<25? 2:c<35? 3:4) {
      case 1:
        System.out.println(" "+c+"℃ 有点冷");
        break;
      case 2:
        System.out.println(" "+c+"℃ 正合适");
        break;
      case 3:
        System.out.println(" "+c+"℃ 有点热");
        break;
      default:
```

```
      System.out.println(" "+c+"℃ 太热了");
    }
  }
}
```

例 3.7 switch 语句的使用,无 break 语句。输出结果如图 3.6 所示。

```
public class exp3_7 {
  public static void main(String args[]) {
    int c=28;
    switch(c<10? 1:c<25? 2:c<35? 3:4) {
      case 1:
          System.out.println(" "+c+"℃ 有点冷");
      case 2:
          System.out.println(" "+c+"℃ 正合适");
      case 3:
          System.out.println(" "+c+"℃ 有点热");
      default:
          System.out.println(" "+c+"℃ 太热了");
    }
  }
}
```

说明：

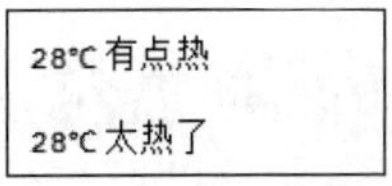

通过这两个例子可以看出 break 语句的作用。例 3.7 由于缺少 break 语句,使得程序执行完 case 3 下面的语句,紧接着又执行了 default 下面的语句。

```
28℃ 有点热
28℃ 太热了
```

图 3.6 无 break 语句的结果

因为 case 后面的常量必须是整数或字符型,这两个程序采用了转换方法,将判断条件的取值最终转换为数值,请读者自行分析三元运算符(c＜10?1:c＜25?2:c＜35?3:4)的作用。

3.2.6 在 switch 语句中应用枚举类型

例 3.8 switch 语句与枚举操作的使用。输出结果如图 3.7 所示。

```
public class exp3_8 {
    public enum Season {SPRING, SUMMER, AUTUMN, WINTER;}

    public static void viewSeason(Season season) {
        switch(season) {
        case SPRING:
            System.out.println("[春天,枚举常量:"+season.name()+"]");
            break;
        case SUMMER:
            System.out.println("[夏天,枚举常量:"+season.name()+"]");
            break;
        case AUTUMN:
```

```
            System.out.println("[秋天,枚举常量:"+season.name()+"]");
            break;
        case WINTER:
            System.out.println("[冬天,枚举常量:"+season.name()+"]");
            break;
        }
    }
    public static void main(String[] arg) {
        viewSeason(Season.SPRING);
        viewSeason(Season.SUMMER);
    }
}
```

[春天,枚举常量:SPRING]
[夏天,枚举常量:SUMMER]

图 3.7 switch 语句与枚举操作的使用

说明：

(1) 从本例可以看出，在类 ViewSeason 中也可以声明枚举类型 Season。

(2) 从本例可以看出，在 switch 语句中应用枚举简洁又方便。

(3) 通过"枚举名.常量名"方式可以调用枚举中的常量，例如，本例 Season.SPRING 调用 Season 枚举类中的静态常量 SPRING。

3.3 循环语句

到目前为止，我们看到的都是线性的程序，即每行命令只有一次执行的机会（选择语句则会忽略若干行）。能否重复执行一些语句呢？利用循环语句可以解决这个问题。循环可使程序根据一定的条件重复执行某一部程序语句，直到满足终止循环条件为止。

本节主要介绍 Java 的 3 种循环语句：确定次数循环(for)、先判定后执行循环(while)和先执行后判定循环(do…while)的使用方法。

3.3.1 确定次数循环语句(for 循环)

如果希望程序的一部分内容按固定的次数重复执行，可使用 for 循环。for 循环采用一个计数器控制循环次数，每循环一次计数器就加 1，直到完成给定的循环次数为止。

例 3.9 该程序利用 for 循环语句为一维数组中的每个元素赋值，然后按逆序输出，结果如图 3.8 所示。

```
a[4] = 4
a[3] = 3
a[2] = 2
a[1] = 1
a[0] = 0
```

图 3.8 逆序输出数组

```
public class exp3_9 {
    public static void main(String args[]) {
        int i;
        int a[]=new int[5];
        for (i=0; i<5; i++)    a[i]=i;
        for (i=a.length-1; i>=0; i--)   System.out.println("a["+i+"]="+a[i]);
```

}
　}

例 3.10 按 5 度的增量打印出一个从摄氏度到华氏度的转换表,输出结果如图 3.9 所示。

```
class exp3_10 {
  public static void main (String args[]) {
    int fahr,cels;
    System.out.println("摄氏度  华氏度");
    for (cels=0; cels<=40; cels+=5) {
      fahr=cels * 9/5+32;
      System.out.println("   "+cels+"   "+fahr);
    }
  }
}
```

说明:

从上面的例子中归纳出 for 循环的语法格式为:

for(初始化语句；循环条件；迭代语句) {
　　语句序列
}

(1) 初始化语句用于初始化循环体变量;循环条件用于判断是否继续执行循环体,其值是 boolean 型的表达式,即结果只能是 true 或 false;迭代语句用于改变循环条件的语句;语句序列称为循环体,当循环条件的结果为 true 时,循环体将重复执行。

(2) for 循环语句的流程首先执行初始化语句,然后判断循环条件,当循环条件为 true 时,就执行一次循环体,最后执行迭代语句,改变循环变量的值。这样就结束了一轮循环。接下来进行下一次循环(不包括初始化语句),直到循环条件的值为 false 时才结束循环。for 循环语句执行过程如图 3.10 所示。

图 3.9 摄氏度到华氏度的转换表

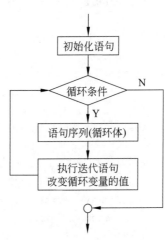

图 3.10 for 循环语句执行过程

(3) 初始化语句中的变量初始化可在 for 语句之前定义,也可在循环括号中定义。迭代语句常写成增量运算的形式,以加快运算速度。根据需要,增量可以是 1,也可以大于 1。增量计算也可以放在循环体中进行,即把迭代语句移到循环体内的适当位置,原位置为空。

(4) 使用循环语句时常常会遇到死循环的情况,就是无限制地循环下去。所以在使用 for 循环时,要注意初值、终值和增量的搭配。终值大于初值时,增量应为正值,终值小于初值时,增量应为负值。编程时必须密切关注计数器的改变,这是实现正常循环避免陷入死循环的关键。例如下面的 for 循环:

```
for(int i=0;i>=0;i++){
    System.out.println("value of i :"+i)
}
```

上述 for 循环,由于初始化"i=0",满足循环条件,当循环每执行一次"i++",i 就会增加 1,永远满足循环条件,因此循环永远不会终止,程序陷入死循环。

3.3.2 foreach 循环语句

foreach 语句为数组或对象集合中的每个元素重复一个嵌入语句组。foreach 语句是 for 语句的特殊简化版本,任何的 foreach 语句都可以改写为 for 语句版本,但是 foreach 语句并不能完全取代 for 语句。

例 3.11 这个程序将通过 for 语句和 foreach 语句实现数组的遍历,输出结果如图 3.11 所示。

```
使用 for 循环数组
1 2 3 4
使用 foreach 循环数组
1 2 3 4
```

图 3.11 for 与 foreach 语句遍历数组

```
public class exp3_11 {
    public static void main(String[] args) {
        int[] intary={1,2,3,4};    //声明数组 intary
        forDisplay(intary);
        foreachDisplay(intary);
    }
    public static void forDisplay(int[] a){
        System.out.println("使用 for 循环数组");
        for(int i=0; i<a.length; i++) {
            System.out.print(a[i]+" ");
        }
        System.out.println();
    }
    public static void foreachDisplay(int[] data){
        System.out.println("使用 foreach 循环数组");
        for(int a  : data) {
            System.out.print(a+" ");
        }
    }
}
```

说明:

从上面的例子中可以看出:

(1) for 循环在遍历数组时使用下标来定位数组中的元素,for 循环执行的次数是在执行前确定的。

(2) foreach 循环在遍历数组时不考虑循环次数。

(3) 在固定循环次数或循环次数不需要计算时 for 循环效率高于 foreach,而在不确定循环次数时用 foreach 比较方便。

3.3.3 先判定后执行循环语句(while 循环)

while 循环不像 for 循环那么复杂,while 循环只要定义一个条件判断语句,便可以进行循环操作,看下面的例子。

例 3.12 这个程序将通过 while 语句按顺序输出数字 1~5,并计算 5 个数字的和。输出结果如图 3.12 所示。

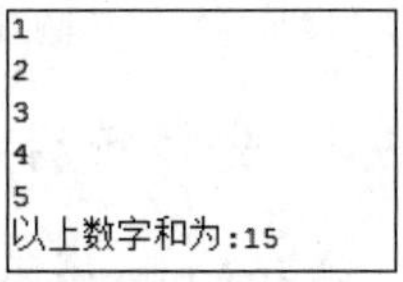

```
public class exp3_12 {
    public static void main(String[] args) {
        int i=1;              //代表 1~5 的数字
        int sum=0;
        while(i<=5) {         //当变量小于或等于 5 时执行循环
            //输出变量的值,并且对变量加 1,以便于进行下次循环条件判断
            System.out.println(i);
            sum=sum+i;
            i++;
        }
        System.out.println("以上数字和为:"+sum);
    }
}
```

图 3.12 交互结果

说明:

(1) 从本例可以看出,while 循环从判断 i 的值开始,作为循环条件,花括号内的语句为循环体语句,当循环条件成立时,则重复执行循环体中的代码。

(2) 循环体内部的语句会先输出此时的变量 i 的值,再将 i 的值加入变量 sum 中,并将 i 的值加 1,只要 i 小于或等于 5 就继续执行该循环。

(3) 从上面的例子归纳出 while 循环的语法格式为:

```
while(条件) {
    循环体
}
```

其中,while 是关键字。每次循环之前都要计算条件的值,条件的值必须是 boolean 型的,其结果只能是 true 或 false,当条件值为 true 时,执行一次循环体中的语句,然后再计算条件,决定是否再次执行循环体中的语句;如果条件的值为 false 时,跳出循环体,执行循环体下面的语句。while 语句执行过程如图 3.13 所示。

注意：while 循环中的条件是逻辑表达式或关系表达式，所以循环体中一定要有改变条件的语句，使条件的值变为 false，否则会陷入死循环。

例如下面的 while 循环：

```
int i=0;
while(i>=0){
    System.out.println("value of i :"+i)
}
```

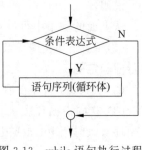

图 3.13　while 语句执行过程

上述 while 循环，由于初始化 i=0，永远满足条件 i>=0，因此循环永远不会终止，运行后程序会一直输出"value of i :0"，程序陷入死循环。

3.3.4　先执行后判定循环语句（do…while 循环）

do…while 循环与 while 循环相反，被称为后测试循环语句，其是先执行循环体中的语句，再计算 while 后面的条件，若条件值为 false 则跳出循环，否则继续下一轮循环。

什么时候使用 do…while 循环呢？有些情况下，不管条件的值是 true 还是 false，都希望把指定的语句至少执行一次，那么就应使用 do…while 循环，看下面的例子。

例 3.13　求 1+2+…+100 的值，输出结果为"1+2+…+100=5050"，源程序代码如下所示：

```
class exp3_13 {
    public static void main(String args[]) {
        int n=1;   int sum=0;
        do sum+=n++;
        while (n<=100);
        System.out.println("1+2+…+100="+sum);
    }
}
```

说明：

（1）归纳 do…while 循环的语法格式为：

do {循环体}
while (条件);

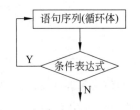

图 3.14　do…while 语句执行过程

其中，do、while 是关键字。程序首先执行 do 下面的循环体，然后计算 while 后面条件的值，如果其值为 true，则重复执行循环体，否则，结束循环。do…while 语句执行过程如图 3.14 所示。

（2）与 while 循环相同，do 循环在循环体中也一定要有改变条件值为 false 的语句，否则会陷入死循环。

例如下面的 do…while 循环：

```
int i=0;
do{
    System.out.println("value of i :"+i);
}while(i>=0);
```

上述 do…while 循环，由于初始化 i=0，永远满足条件 i>=0，因此循环永远不会终止，运行后程序会一直输出"value of i :0"，程序陷入死循环。do…while 循环控制并不是很常用，但有时却非常重要，使用时特别注意不要忘记了 while 语句结尾处的分号(;)。

3.3.5 嵌套使用循环语句

嵌套使用循环语句就是在一个循环体内又包含另一个完整的循环结构，而在这个完整的循环体内还可以嵌套其他的循环结构。例如 while 循环语句嵌套、while 循环语句与 for 循环语句嵌套等，看下面的例子。

例 3.14 分别用 while 循环语句与 for 循环语句嵌套实现累计求和，程序运行结果如图 3.15 所示。

```
public class exp3_14 {
  public static void main(String args[]) {
    int n=10, sum=0;
    while (n>0) {          //while 循环
      sum=0;
      for (int i=1; i<=n; i++)   sum+=i;     //for 循环
      System.out.println("前"+n+"个数的总和为:"+sum);
      n--;               //改变计数器的值
    }
  }
}
```

说明：程序使用了 while 循环语句与 for 循环语句嵌套，对 n 和 sum 初始化并赋值，while 循环判断 n>0 值为 true，执行 while 内嵌套的 for 循环语句，向屏幕输出前 n 个数的总和值。

```
前10个数的总和为: 55
前9个数的总和为: 45
前8个数的总和为: 36
前7个数的总和为: 28
前6个数的总和为: 21
前5个数的总和为: 15
前4个数的总和为: 10
前3个数的总和为: 6
前2个数的总和为: 3
前1个数的总和为: 1
```

图 3.15 累计求和结果

3.3.6 循环语句小结

一个循环一般应包括以下 4 部分内容。

（1）初始化部分：用来设置循环的一些初始条件，计数器清零等。

（2）循环体部分：这是反复被执行的一段代码，可以是单语句，也可以是复合语句。

（3）迭代部分：这是当前循环结束，下一次循环开始时执行的语句，常用来使计数器加 1 或减 1。

（4）终止部分：通常是描述条件的逻辑表达式或关系表达式，每一次循环要对该表达式求值，以验证是否满足循环终止条件。

3.4 跳转语句

跳转语句可以无条件改变程序的执行顺序。

本节的内容主要介绍 Java 的 3 种跳转语句：break 语句、continue 语句和 return 语句的使用方法。

3.4.1 break 语句

break 语句提供了一种方便地跳出循环的方法，用其可以立即终止循环，跳出循环体。它在 for、while 或 do…while 循环中，有强制终止循环的作用，在 switch 语句跳出该语句，继续执行其他语句。

例 3.15 break 语句的使用。输出结果如图 3.16 所示。

```
class exp3_15{
  public static void main(String args[]) {
    boolean test=true;   int i=0;
    while (test) {
      i=i+2;
      System.out.println("i="+i);
      if (i>=10)  break;
    }
    System.out.println("i 为"+i+"时循环结束");
  }
}
```

```
i=2
i=4
i=6
i=8
i=10
i为10时循环结束
```

图 3.16 break 语句的使用

说明：执行这个程序时，尽管 while 条件的值始终为真，但实际上只循环了 5 次。这是因为当 i 大于或等于 10 时遇到了 break 语句，使流程跳出了循环。

3.4.2 continue 语句

continue 语句只能用在循环结构中，它跳过循环体中尚未执行的语句，重新开始下一轮循环，从循环体第一个语句开始执行。在 for 循环中，continue 语句使程序立即跳转到更新语句。在 while 或者 do…while 循环中，程序立即跳转到布尔表达式的判断语句。下面通过一个例子来说明它的使用方法。

例 3.16 下面的程序可以输出 1～9 中除 6 以外所有偶数的平方值，输出结果如图 3.17 所示。

```
class exp3_16 {
  public static void main(String args[]) {
    for (int i=2;i<=9;i+=2) {
      if (i==6)   continue;
```

```
        System.out.println(i+"的平方="+i*i); }
  }
}
```

说明：程序采用 for 循环，int 数据类型 i 从 2 开始进行 for 循环，每次计数器加 2，当 i 值为 6 时执行 continue 语句，跳过"System.out.println(i+" 的平方＝"+i*i);"语句，重新开始下一轮循环。

```
2 的平方 = 4
4 的平方 = 16
8 的平方 = 64
```

图 3.17 使用 continue 语句

3.4.3 带标号的 continue 语句

Java 也支持带标号的 continue 语句，它通常用在嵌套循环的内循环中，可以用标号标出想跳到的那条语句继续重复执行程序。它的语法格式为：

标识符：
　　…
continue 标识符；

例 3.17 求 100～200 的所有素数。该例通过一个嵌套的 for 循环来实现，输出结果如图 3.18 所示。

```java
public class exp3_17 {
  public static void main(String args[]) {
    System.out.println(" **100～200 的所有素数**");
    int n=0;
    outer:
    for (int i=101; i<200; i+=2) {
      int k=15;
      for (int j=2; j<=k; j++)
        if (i%j==0) continue outer;
      System.out.print("   "+i);
      n++;
      if (n<10)   continue;
      System.out.println();
      n=0;
    }
    System.out.println();
  }
}
```

```
** 100～200的所有素数 **
 101  103  107  109  113  127  131  137  139  149
 151  157  163  167  173  179  181  191  193  197
 199
```

图 3.18 100～200 的所有素数

说明：程序中分别使用了 continue 语句和带标号的 continue 语句。在输出方法上分别使用了系统的 println 方法和 print 方法，二者的区别在于前者输出时换行，后者输出时不换行。

3.4.4 return 语句

return 语句用来返回方法的值，其通常位于一个方法体的最后一行，当程序执行到 return 语句时，退出该方法并返回一个值，继续执行调用这个方法语句的下一条语句。

当方法用 void 声明时，说明不要返回值（即返回类型为空），return 语句省略。

return 语句格式为：

return 表达式；

当程序执行 return 语句时，先计算"表达式"的值，然后将表达式的值返回到调用该方法的语句。返回值的数据类型必须与方法声明数值类型一致，可使用强制类型转换使类型一致。

例 3.18 使方法具有返回值的 return 语句，输出结果如图 3.19 所示。

```
class exp3_18 {
  final static double PI=3.14159;
  public static void main(String args[]) {
    double r1=8.0, r2=5.0;
    System.out.println("半径为"+r1+"的圆面积＝"+area(r1));
    System.out.println("半径为"+r2+"的圆面积＝"+area(r2));
  }
  static double area(double r) {
    return (PI * r * r);
  }
}
```

说明：程序中定义了一个 double 数据类型具有返回值的 area 方法，通过 return 语句给 area 返回值(PI * r * r)。

```
半径为8.0的圆面积＝201.06176
半径为5.0的圆面积＝78.53975
```

图 3.19 带返回值的方法

在 main 方法中，调用了 area 方法，输出了圆面积的数值。area 方法的功能就像函数一样，通过 area 方法的参数指定一个半径的值，area 方法得到一个面积值。

3.5 知识拓展——注解

注解是 JDK 1.5 及以后版本引入的一个特性，与类、接口、枚举在同一个层次。它可以声明在包、类、字段、方法、局部变量、方法参数等的前面，用来对这些元素进行说明，注释。

本节主要介绍 Java 提供的内置注解、元数据注解与自定义注解。

3.5.1 注解概述

注解(Annotation)也叫元数据,是一种代码级别的说明,其实就是代码里的特殊标记,这些标记可以在编译、类加载、运行时被读取,并执行相应的处理,通过使用注解,可以在不改变原有程序逻辑的情况下,在源文件中嵌入一些补充信息,通过反射机制编程可以实现对这些元数据(用来描述数据的数据)的访问(第 5 章介绍反射机制)。

java.lang.annotation.Annotation 是注解的接口,所有的注解都默认实现了此接口(接口的具体内容在第 5 章介绍)。注解不会直接影响程序的语义,只是作为注解(标识)存在,另外,可以在编译时选择代码里的注解是否只存在于源代码级,或者在 class 文件、运行时中出现(SOURCE/CLASS/RUNTIME)。

使用注解时要在其前面增加@符号,将注解当成一个修饰符使用,用于修饰它支持的程序元素,在代码中的使用方式为"@注解名"。

根据注解参数的个数,可以将注解分为标记注解、单值注解、完整注解三类。根据注解的作用,可以将注解分为内置注解、元数据注解(或称元注解)与自定义注解三类。

3.5.2 内置注解与元注解

1. 内置注解

在 JDK 5.0 之后,Java 内置了三种注解,可以在 Java 程序中直接使用,将其当成一个修饰符来使用,用于修饰它支持的程序元素。

(1) @Override 用于限定重写父类方法,该注解只能用于方法。

(2) @Deprecated 用于表示某个程序元素(类,方法等)已过时。如果在其他程序中使用了此元素,则在编译时将出现警告信息。

(3) @SuppressWarnings 用于压制警告信息的出现。

2. 元注解

元注解的作用是用于修饰其他注解定义。JDK 5.0 定义了 4 个标准的 meta-annotation 元注解类型。

(1) @Target。用于描述注解的使用范围,表示该注解用于什么地方,未标注则表示该注解可用于所有的地方,可能范围值在枚举类 ElemenetType 中,包括:

ElemenetType.CONSTRUCTOR:构造器。

ElemenetType.FIELD:域(包括 enum 实例)。

ElemenetType.LOCAL_VARIABLE:局部变量。

ElemenetType.METHOD:方法。

ElemenetType.PACKAGE:包。

ElemenetType.PARAMETER:参数。

ElemenetType.TYPE:类,接口(包括注解类型)或 enum 声明。

(2) @Retention。用于描述注解在什么级别保存其信息,即注解的生命周期。可选

的参数值在枚举类型 RetentionPolicy 中,包括:

RetentionPolicy.SOURCE:注解直接被编译器丢弃。

RetentionPolicy.CLASS:编译器把注解记录在 class 文件中。当运行 Java 程序时,JVM 不会保留注解。这是默认值。

RetentionPolicy.RUNTIME:编译器把注解记录在 class 文件中。当运行 Java 程序时,JVM 会保留注解。程序可以通过反射获取该注解。

(3) @Documented。用于描述修饰的注解将被 javadoc 工具提取成文档。此注解不常用,了解即可。

(4) @Inherited。用于描述允许子类继承父类中的注解。如果一个使用了@Inherited 修饰的 annotation 类型被用于一个类,则这个 annotation 将被用于该类的子类。此注解不常用,了解即可。

例 3.19 本例说明如何在类中使用内置注解。

```java
public class exp3_19 {
    public String name;
    public int age;
    @Deprecated            //表示不建议使用 prin()方法,调用时会出现删除线
    public void prin(String name) {
        System.out.println(name);
    }

    @Override      //限定重写父类 Object 的 toString()方法,否则会报编译错误
    public String toString() {
        return "Person [name="+name+", age="+age+"]";
    }
    public static void main(String[] args) {
        exp3_19 person=new exp3_19 ();
        person.prin("");     //因 pin()方法加有@Deprecated 注解,故方法名上有横线,
                             //表明此方法已过时,不建议使用
        @SuppressWarnings("unused")
        int i;     //因为变量 i 在程序中没有被使用,因此处有注解,不会有警告
        int j;     //变量 j 在程序中没有被使用,但没有使用@SuppressWarnings("unused")
                   //注解,此处会有警告信息
    }
}
```

说明:本例旨在说明如何在类中使用内置注解。

(1) 使用@Override 注解,覆盖的方法一定要是其父类的方法,否则在 Eclipse 中会出现编译错误。

(2) 调用由@Deprecated 注解的方法时,在 Eclipse 中会出现 `person.prin("");` 警示提示。

(3) 变量 j 在程序中没有被使用,又没有使用@SuppressWarnings("unused")注解,

在 Eclipse 中会出现警告信息 The value of the local variable j is not used.。

3.5.3 自定义注解

根据程序需要,可以自定义一个注解,声明注解格式如下:

[public]@interface 注解名**{**
    数据类型　成员变量名称**()** **[default** 初始值**]**;
}

其中,@interface 其相当于继承了 Annotation 接口。成员变量以无参数方法的形式来声明,即变量名称后必须有"()",名称和返回值数据类型定义了该成员变量的名字和类型,指定变量的初始值要使用 default 关键字。例如可用如下语句自定义一个注解类型 DevelopInfo:

```
@interface DevelopInfo {                    //自定义注解类
    String author() default "彭冲";      //定义注解成员变量 author,初始值为"彭冲"
}
```

习题 3

3-1 分析下面的源程序的结构和运行结果。

```
class CircleArea {
  final static double PI=3.14159;
  public static void main(String args[]) {
    double r1=8.0, r2=5.0;
    System.out.println("半径为"+r1+"的圆面积＝"+area(r1));
    System.out.println("半径为"+r2+"的圆面积＝"+area(r2));
  }
  static double area(double r) {
    return (PI * r * r);
  }
}
```

3-2 根据下面的代码:

```
if (x>0) { System.out.println("第一"); }
else if (x>-3) { System.out.println("第二"); }
      else { System.out.println("第三"); }
```

判断 x 的取值在(　　)时将打印字符串"第二"。
    A. x>0   B. x>-3   C. x<=-3   D. x<=0 & x>-3

3-3 关于下面程序段正确的说法是(　　)。

```
char mychar='c';
```

```
switch(mychar) {
  default;
    case 'a':System.out.println("a");break;
    case 'b':System.out.println("b");break;
}
```

    A. 程序出错,default 位置不对

    B. 程序出错,case 表达式必须是 int 类型,不能使用 char 类型

    C. 程序正确,屏幕显示输出字符 a

    D. 程序正确,屏幕无显示输出

3-4 试编写一个程序,将 1～500 能同时被 2,5,7 整除的数打印出来。

3-5 编写程序,根据考试成绩的等级打印出百分制分数段。设 A 为 90 分以上、B 为 80 分以上、C 为 70 分以上、D 为 60 分以上、E 为 59 分以下。要求在程序中使用开关语句。

3-6 编写程序,从 10 个数中找出最大值。

3-7 编写程序,计算 n 的阶乘($n!$),设 $n=10$。

3-8 编写程序,计算数学常数 e 的值,$e=1+1/1!+1/2!+1/3!+\cdots$。

3-9 编写程序,输出以下数据:

N	10 * N	100 * N	1000 * N
1	10	100	1000
2	20	200	2000
3	30	300	3000
4	40	400	4000
5	50	500	5000

3-10 编写程序,列出乘法口诀。

3-11 编写程序,输出 1～100 的所有奇数。

3-12 以下程序的输出结果是什么?

```
public class Test1 {
  public static void main(String args[]) {
    int y, x=1, total=0;
    while(x<=10) {
      y=x * x;
      System.out.println(y);
      total+=y;
      ++x;
    }
    System.out.println("total is "+total);
  }
}
```

3-13 以下程序的输出结果是什么?

```
public class Test2 {
  public static void main(String args[]) {
    int count=1;
    while(count<=10) {
      System.out.println(count%2==1?"* * * *": "++++++++");
      ++count;
    }
  }
}
```

3-14 完成下面的程序，利用 break 语句和带标号的 break 语句分别退出一重循环和二重循环。

```
for (i=0; i<10; i++){
  int j=i*10
  while(j<100){
    if (j==10)   break;
    j=j+5;
  }
}
```

第4章

面向对象编程

在前几章里,大部分的例子都没有过多涉及面向对象方面的内容,这是为读者提供的一种过渡,只是介绍了 Java 语言的基本语法与程序的基本结构,从本章开始要介绍如何编写一个体现面向对象编程(Object Oriented Programming,OOP)风格的 Java 程序。随着学习内容的深入,读者的 Java 编程能力将逐渐增强。

本章的内容主要解决以下问题。

- 面向对象编程需要掌握哪些基本概念?
- 什么是对象?什么是类?
- Java 的类与对象有什么关系?
- 如何创建 Java 的类和对象?
- Java 类的成员变量和成员方法有什么特性?
- Java 的对象如何传递信息?

4.1 面向对象基本概念

面向对象编程是一种全新的编程理念,简单地说,面向对象=对象(Object)+类(Class)+继承(Inheritance)+通信(Communication),如果一个软件系统是使用这样 4 个概念设计和实现的,则将该软件系统称为面向对象的。Java 语言是完全面向对象的编程语言,每一个 Java 程序都包含对象、类、继承与通信元素。Java 编程就是设计类与对象,通过实例对象执行具体操作功能完成编程的目标。

本节主要介绍对象、类、封装、继承、多态、接口等面向对象的基本概念。

4.1.1 对象与类

1. 对象

从一般意义上讲,对象是现实世界中一个实际存在的事物,它可以是有形的(比如一辆汽车),也可以是无形的(比如一项计划)。对象构成世界的一个独立单位,它具有自己的静态特征(属性)和动态特征(行为),静态特征即可用某种数据来描述的特征,动态特征即对象所表现的行为或对象所具有的功能。对象普遍具有的特征是:属性和行为。小狗有属性(名字、颜色、品种、年龄)和行为(叫唤、撒欢、吃食),自行车有属性(变速器、脚蹬、车轮、刹车器)和行为(加速、刹车、换挡)。

现实世界中的任何事物都可以称作对象,它是大量的、无处不在的,一辆自行车,一只小狗,一台计算机,都可视为对象。信息世界中对象可是现实世界中的具体对象,如在动画程序里可用小狗模型代表现实世界里的小狗,也可以是现实世界中的抽象概念,如图形用户界面的窗口就是一个抽象概念的对象,它具有大小等属性数据,还具有打开、运动等行为方法。

不过,在开发一个软件系统时,通常只是在一定的范围(问题域)内考虑和认识与系统目标有关的事物,并用系统中用对象抽象地表示它们。所以面向对象方法在提到"对象"这个术语时,既可能泛指现实世界中的某些事物,也可能专指它们在系统中的抽象表示,即系统中的对象。本书主要介绍后一种情况的对象,其定义是:对象是系统中用来描述客观事物的一个实体,它是构成系统的一个基本单位。**一个对象由一组变量(属性)和方法(行为)构成。通过变量描述其属性,通过方法描述其行为。**

2. 类

1) 类的定义

把众多的事物归纳划分成一些类是人类在认识客观世界时经常采用的思维方法。分类所依据的原则是抽象,即忽略事物的非本质特征,只注意那些与当前目标有关的本质特征,从而找出事物的共性,把具有共同性质的事物划分为一类,得出一个抽象的概念。例如:人、树木、自行车等都是一些抽象概念,它们是一些具有共同特征的事物的集合,被称作类。类的概念使我们能对属于该类的全部个体事物进行统一的描述。例如:"树具有树根、树干、树枝和树叶,它能进行光合作用",这个描述适合所有的树,从而不必对每棵具体的树进行一次这样的描述。

在 OOP 中,**类是指具有相同变量和方法的一组对象的集合**,它为属于该类的全部对象提供了统一的抽象描述,其内部包含变量和方法两个主要部分。

在 Java 程序中,类是一个独立的程序单位,它有一个类名并包括变量和方法说明两大部分。类的作用是定义对象。比如,程序中定义一个类,然后以静态声明或动态创建等方式定义它的对象实例。

2) 类与对象的关系

类与对象的关系如同一个自行车图纸与用这个图纸生产出来的自行车之间的关系。类给出了属于该类的全部对象的抽象定义,而对象则是符合这种定义的一个实体。所以,一个对象又称作类的一个实例(instance),类称作对象的模板、图纸或原型,它定义了同类对象共有的属性和行为。例如,小狗类定义了小狗必须有的属性和行为:名字、颜色、品种、叫唤方式和移动方法等。通过类可以生成一个有特定属性和行为的小狗,如名字为旺财的、会叫唤的灰色小狗,它称为类的实例对象。

现实世界中,对象和类的区别是很显著的,类不能代表它所描述的对象,因为自行车图纸毕竟不是自行车。但在软件系统中二者不太容易区分。一方面,由于软件对象都是现实对象或抽象概念的电子模型;另一方面,人们经常不加区分地将对象和类统称为"对象"。

3) 对象的实例

在 Java 程序中,每个对象实例需要有自己的存储空间,以保存它们自己的属性值。同类对象具有相同的属性与方法,是指它们的定义形式相同,而不是说每个对象的属性值都相同。例如,你的自行车是自行车类中的一个,用 OOP 术语来说,它就是自行车的一个实例。自行车有很多共同特征(属性和行为),但你的自行车和其他自行车是有区别的,需要指定存储空间保存颜色、车牌、使用的锁等属性值。

4.1.2 封装与消息

1. 封装

Java 的封装性是利用抽象数据类型将数据和基于数据的操作封装在一起,使其构成一个不可分割的独立实体,数据被保护在抽象数据类型的内部,尽可能地隐藏内部的细节,只保留一些对外接口使之与外部发生联系。系统的其他对象只能通过包裹在数据外面的已经授权的操作来与这个封装的对象进行交流和交互。也就是说,用户无须知道对象内部的细节(当然也无从知道),但可以通过该对象对外提供的接口来访问该对象。

封装有两个特点:模块化和数据隐藏。模块化意味着对象源代码的编写和维护可以独立进行,不会影响其他模块,而且有很好的重用性。数据隐藏意味着可以隐蔽对象的内部细节,对外形成一个边界(或者说形成一道屏障),只保留有限的对外接口使之与外部发生联系。其好处就是使对象有能力保护自己,自行维护自身的数据和方法而不影响所有依赖于它的对象,还可以通过接口与其他对象联系。例如现实世界的一个"售报亭"对象,它包括属性:亭内的各种报刊(其名称、定价)与钱箱(总金额),提供两个服务(方法):报刊零售与款货清点。封装意味着将属性和服务组成一个不可分的整体——售报亭对象,它对外有一道边界——亭子的隔板,其留有一个接口——报亭窗口,用来提供报刊零售服务。顾客只能从窗口要求提供服务,而不能自己伸手到亭内拿报纸和找零钱。款货清点是一个内部服务,不向顾客开放。

对于封装而言,一个对象它所封装的是自己的属性变量和行为方法,所以它是不需要依赖其他对象就可以完成自己的操作。

Java 的封装性有效地提高了程序的安全性与维护性。

2. 消息

单独一个对象功能是有限的,多个对象联系在一起才会有更多、更强、更完整的功能。怎样才能将对象联系在一起呢? OOP 使用消息传递机制来联系对象,消息传递是对象之间进行交互的主要方式。例如,失火单位(对象1)需要灭火部门来救援,可以打119电话(对象2)报告火情,119 收到电话后,将根据火情派出某消防队的消防车(对象3)火速赶到失火单位灭火。

由此看出,消息传递机制包含 3 个要素:消息源(失火的单位);消息监听器(119 电话);事件处理对象(灭火部门)。其中消息监听器是连接对象的关键,它在对象之间传递消息(火情),调用事件处理对象(灭火部门)完成具体任务。

Java 具有特有的参数传递机制来传递消息,进行通信联系,使不同的对象联系在一起,完成不同的、复杂的功能。

4.1.3　继承与多态

1. 父类与子类

对象既具有共同性,也具有特殊性。运用抽象的原则舍弃对象的特殊性,抽取其共同性,则得到一个适应一批对象的类。如果在这个类的范围内考虑定义这个类时舍弃的某些特殊性,则在这个类中只有一部分对象具有这些特殊性,而这些对象彼此是共同的,于是得到一个新类。它是前一个类的子集,称作前一个类的子类或特殊类。而前一个类称作这个新类的父类或一般类。

父类和子类是相对而言的,它们之间是一种真包含的关系(即子类是父类的一个真子集)。如果两个类之间没有这种关系,就谈不上父与子、一般和特殊。子类具有其父类的全部特征,同时又具有一些只适用于本类对象的独特特征。

2. 子类的继承

Java 的继承性是指子类对象拥有其父类的全部属性与方法。继承意味着"自动拥有"。也就是说,子类中不必重新定义已在其父类中定义过的属性或方法,而它却自动地、隐含地拥有其父类的所有属性与方法。例如山地车、赛车都属于自行车,它们是自行车的子类,换句话说,自行车是它们的父类。

子类不仅可以继承父类的属性和方法,还可以添加新的属性和方法,形成自己的新特点。子类还可以覆盖(override)继承下来的方法,实现特殊要求。例如,你可以为山地车增加一个减速装置,并覆盖变速方法以便使用减速装置。

继承使父类的代码得到重用,在继承父类提供的共同特性的基础上添加新的代码,使编程不必一切都从头开始,Java 的继承性有效地提高了编程效率。

3. 多态

Java 的多态性是指子类继承父类的属性与方法,可以具有与父类不同的数据类型或表现出不同的行为。这使得同一个属性或方法名在父类及其各个子类中具有不同的含义。例如,定义一个自行车类,该类中存在一个指定行为"刹车"。再定义两个自行车类的子类:"山地车"和"儿童车",这两个类都重写(覆盖)了父类的"刹车()"方法,实现了自己的刹车行为,并且都进行了相应的处理,因此,在自行车类中执行"刹车()"方法时,如果参数是山地车,则会执行"山地车刹车"方法,如果参数为儿童车,则会执行"儿童车刹车"方法。由此可见,自行车类在执行使自行车"刹车()"方法时,根本不用判断应该去执行哪个类的"刹车()"方法,因为 Java 编译器会自动根据所传递的参数进行判断,根据运行时对象的类型不同而执行不同的操作。

4.1.4 接口

Java 不支持多重继承,子类只能有一个父类。Java 不支持多重继承是为了使语言本身结构简单,层次清楚,易于管理,安全可靠,避免冲突。但同时也限制了语言的功能。为了使 Java 具有多重继承的功能,Java 使用了接口技术。

接口和类继承不同,为了数据的安全,继承时一个类只有一个父类,也就是单继承,但是一个类可以实现多个接口,接口弥补了类的不能多继承的缺点,继承和接口的双重设计既保持了类的数据安全也变相实现了多继承。

4.1.5 面向对象的 Java 程序

下面通过一个例子来说明 Java 程序是如何体现面向对象思想的。通过这个例子还可以了解创建一个 Java 应用程序的步骤。

例 4.1 设计一个具有简单加法运算功能的类,程序运行结果如图 4.1 所示。

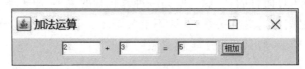

图 4.1 加法运算程序窗口界面

```
import java.awt.*;
import java.awt.event.*;
import javax.swing.*;
public class exp4_1 extends JFrame implements ActionListener {
    Label label1=new Label("+");Label label2=new Label("=");
    TextField field1=new TextField(6);TextField field2=new TextField(6);
    TextField field3=new TextField(6);Button button=new Button("相加");
    private exp4_1(){
        setBounds(200, 200, 500, 100); setTitle("加法运算"); setVisible(true);
        JPanel p1=new JPanel();
        p1.setLayout(new GridLayout(1,6));
        p1.add(field1);p1.add(label1);p1.add(field2);
        p1.add(label2);p1.add(field3);p1.add(button); add(p1);
        button.addActionListener(this);
    }
    public void actionPerformed(ActionEvent e) {     //单击按钮事件处理
        int x=Integer.parseInt(field1.getText())+Integer.parseInt(field2
        .getText());
        field3.setText(Integer.toString(x));
    }
    public static void main(String args[]) { new exp4_1();}
```

}

说明：下面用面向对象的思想来了解 exp4_1.java 源程序的结构。

（1）前面 3 行是说明性语句，用来引入 Java 系统包。

通过语句 import java.awt.* 引入 awt 包中的类；

通过语句 import java.awt.event.* 引入 awt 包中 event 包的类；

通过语句 import javax.swing.* 引入 JFrame、JPanel 类。

Java 系统包提供了很多预定义类，如 JFrame 类。在程序开头引入它们，可以为程序中使用这些类中的方法打下基础。例如，因为例 4.1 编写的程序是一个基于窗口的应用程序，所以一定要引入 JFrame 类，以便使用其定义好的变量和方法。又由于程序中需要使用图形界面，要包含文本框和按钮，所以还需要加载 Java 系统包 awt，其中包含了所有处理图形界面的类。在执行加法运算时要单击"相加"按钮，这会产生一个鼠标事件或键盘事件，因此还要引入专门处理各种事件的 event 包的类。

（2）声明类、指定父类、引入接口。

第 4 行是类声明语句 public class exp4_1 extends JFrame implements ActionListener，它是程序的主体，声明了 exp4_1 类是继承 JFrame 类的子类。继承不是目的而是一种手段，作为 JFrame 的子类，它天生具有 JFrame 的共性。但仅靠继承的属性和方法子类往往不足以实现程序设计提出的功能要求，因此，必须根据功能需要，在继承的子类中添加各种对象和方法，将子类修改设计成满足要求的程序。Java 编程就是基于这样的思想，在继承的基础上再完善类。

第 4 行语句中通过 implements 关键字实现了一个单击事件监听器 ActionListener 接口，这个接口包含有 actionPerformed 方法，它是一个空方法，在实现接口的 Addition.java 程序中需要为 actionPerformed 方法编写单击按钮后具体执行的操作处理内容。

第 4 行通过类声明语句构建了 exp4_1 类的基础框架，剩下的任务就是设计类的成员变量和成员方法了。

（3）定义变量。

第 5～7 行声明了 exp4_1 类的 6 个对象类型的成员变量。两个标签对象用于显示运算符号；3 个文本域对象用于接收用户的输入；一个按钮对象用于执行加法运算。

成员变量用来定义类的基本属性，exp4_1 类的 6 个对象变量描述了图形界面的初始状态。

（4）完善构造方法。

第 8～15 行是 exp4_1 类的构造方法和实现语句，构造方法是类的初始化方法，方法名和类名相同，在实例化该类的同时会被调用。在构造方法中首先实例化了一个 JPanel 对象作为标签、文本域、按钮的容器，然后完成了按钮对象 button1 注册一个事件监听器 addActionListener 的任务，最后对窗口的显示模式进行了定义。

addActionListener 是事件源组件对象 button1 的方法，它的任务是监视对象接收消息，在收到消息后调用事件处理方法。

（5）实现 actionPerformed 方法。

第 16～20 行是 actionPerformed 事件处理方法的声明和实现语句。

actionPerformed 是来自于 ActionListener 接口中的方法,它用来执行单击按钮对象的任务。具体执行什么任务,在不同的类中可以自己定义。exp4_1 类给 actionPerformed 方法设计了两个具体任务。

① 将界面上输入的两个数通过 Integer.parseInt()方法换成整数后相加并将其值赋给变量 x,int x＝Integer.parseInt(field1.getText())＋Integer.parseInt(field2.getText());

② 将 x 整数值通过 Integer.toString()方法转换为字符串(即两数的和)在结果文本框显示出来,field3.setText(Integer.toString(x))。

(6) 消息的传递。

事件监听器 addActionListener 负责监视按钮对象 button1,当按钮被单击时,这个事件消息就会传递给监听器,监听器收到事件消息后,负责调用事件处理方法 actionPerformed 执行方法中定义的任务。

(7) 完成 main 方法。

第 21～22 行是该类的 main 方法,main 方法中的语句会在运行程序时首先被执行。在该类的 main 方法执行了实例化 exp4_1 类的语句。

以上是从面向对象编程的角度对本例的程序设计做的具体说明,以理解面向对象的基本概念,程序语句中的具体含义与各种对象将在后续章节介绍。

4.2 类与对象

Java 程序的所有数据类型都是用类来实现的,Java 语言是建立在类这个逻辑结构之上的,所以 Java 是一种完全面向对象的程序设计语言。类是 Java 的核心,任何 Java 程序都由类组成,一个 Java 程序至少要包含一个类,也可以包含多个类。

本节主要介绍如何定义 Java 类、成员变量与成员方法。

4.2.1 类的声明与修饰

1. 类的声明

类通过关键字 class 声明,下面的类声明语句格式给出了可能出现的关键字、标识符及出现的顺序:

**[public] [private][protect][default][abstract] [final]<class><类名>
[extends 父类名] [implements 接口名]{**
    <类体(成员变量和成员方法)>
}

其中,[]表示为可选项,<>表示为必选项。关键字含义说明如下。

class 关键字告诉编译器这是一个类,类名可以自由选取但必须是合法的标识符。

在声明类的语句中,class 前面的关键字称为类的修饰符。

2. 访问限制修饰符

1) public(公共的)

带有 public 修饰符的类,称为公共类,public 是访问限制最宽的修饰词,公共类可以被任何包中的类使用。

注意:在同一个源程序文件中只能有一个 public 类。

2) private(私有的)

带有 private 修饰符的类,称为私有类,private 是访问限制最窄的修饰词,私有类只能被该类的对象访问,其子类不能访问,更不能跨包访问。

3) protect(保护的)

带有 protect 修饰符的类,称为保护类,其能被该类的对象与子类访问,即使子类在不同包中也可以。

4) default(默认的)

带有 default 修饰符的类,称为默认类,与没有任何修饰符相同,默认情况下,类只能被同一个包中的其他类访问。

5) abstract(抽象的)

带有 abstract 修饰符的类,称为抽象类,抽象类定义了一个抽象的概念,不能用来创建实例对象。

例如,现实世界中食品代表一个抽象概念:能吃的东西。食品可以视为一个抽象类,不可能有一个食品对象,但它可以有一些诸如饼干、苹果、巧克力、方便面的子类。这些子类可以产生对象,如康师傅方便面就是方便面子类的实例对象。

同样在 Java 中,可以建立一个不需要产生对象的类。例如,java.lang 包中的 Number 类代表了数这个抽象概念,可以用它在程序中产生一个数的子类,如 Integer 或 Float,但不能从 Number 中直接生成对象。

6) final(最终的)

带有 final 修饰符的类,称为最终类。最终类没有子类,也就是说它不能被继承。

把一个类定义为最终类有两个理由:提高系统的安全性和出于对一个完美类的偏爱。

黑客常用的一个攻击技术是设计一个子类,然后用它替换原来的父类。子类和父类很相像,但做的事情却大不一样。为防止这样的事情发生,可以把类声明为最终类,不让黑客有机可乘。

Java 中的 String 类就是一个最终类,其目的就是保证一个方法或对象无论何时使用 String,Java 解释器总是使用系统的 String 类而不是其他类,这样就保证任何字符串不含有奇怪的、不希望的或不可预料的特性。此外,程序员有时也会把一些无懈可击的类声明成最终类,不让别人把它们改得面目全非。

注意:final 和 abstract 不能同时修饰一个类,这样的类是没有意义的。

3. extends(继承)父类名

extends 关键字用来告诉编译器创建的类是从父类继承下来的子类,其父类必须是 Java 系统类或已经定义过的类。一个类只能有一个父类。

从父类继承,可以提高代码的重用性,不必从头开始设计程序。大部分情况下应该利用继承的手段编程,只在没有合适的类可以继承时才自己设计类。

4. implements(实现)接口名

implements 关键字用来告诉编译器类实现的接口,接口必须有定义,一般为系统类。一个类可以有多个接口。通过 implements 关键字可以为类实现多个接口,用逗号将不同的接口分隔开即可。

5. 类体

类声明部分花括号中的内容为类体。类体主要由以下两部分构成。
(1) 成员变量的定义。
(2) 成员方法的定义。

在程序设计过程中,编写一个能完全描述客观事物的类是不现实的。定义一个类时,只能选取本程序需要的属性(成员变量)和行为(方法)就可以了。成员方法可以继承父类已有的方法,也可以自定义。根据需要,方法中可以定义局部变量,但更重要的是组织方法中的语句结构,以实现不同的功能。

例 4.2 使用面向对象的思想定义一个 exp4_2 类,在窗口界面上输出两个矩形图形,并具有用文字显示矩形图在界面上位置的功能,程序运行结果如图 4.2 所示。

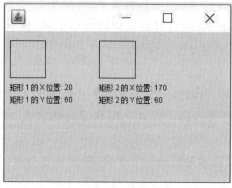

图 4.2 输出图形的界面

```
import java.awt.*;
import javax.swing.*;
public class exp4_2 extends JFrame {
    private int x, y;           //成员变量
    private exp4_2() {
        this.setSize(400, 300);
```

```
        this.setVisible(true);
    }
    public void setPosition(int xPos, int yPos) {
        x=xPos; y=yPos;
    }
    public void paint(Graphics g) {
        super.paint(g);
        setPosition(20, 60);
        g.drawRect(x, y, 60, 60);
        g.drawString("矩形 1 的 X 位置: "+x, 20, 140);
        g.drawString("矩形 1 的 Y 位置: "+y, 20, 160);
        setPosition(170, 60);
        g.drawRect(x, y, 60, 60);
        g.drawString("矩形 2 的 X 位置: "+x, 170, 140);
        g.drawString("矩形 2 的 Y 位置: "+y, 170, 160);
    }
    public static void main(String args[]) {new exp4_2();}
}
```

说明：

（1）继承：exp4_2 是继承系 JFrame 类的子类。

（2）在 exp4_2 类中声明了两个数据型的成员变量，通过 setPosition 方法传递两个整型参数来改变矩形的左上角位置。

（3）在 exp4_2 类中有多个方法。

exp4_2()方法是该类的构造方法，设置窗口的大小与可视。

paint()方法是继承父类 JFrame 的，在子类 exp4_2 中可以直接使用，并可以对它们进行修改，在 paint()方法中，先调用父类的 paint()方法画出底色，再调用 setPosition()方法设定矩形的位置，然后用 Graphics 图形类的 drawRect()方法画出矩形。

drawRect()方法专门用来画矩形，它需要 4 个参数，只要将代表矩形的 4 个数据 x、y、width 和 height 传递给它就可画出矩形。

Graphics 图形类的 drawString()方法可以写出字符串，它需要 3 个参数：要输出的字符串、输出位置 x 和 y。你可能会注意到，字符串参数由一个字符串常量和一个整型数相加而成，这在 Java 中是合法的，因为 Java 中的字符串是一个 String 类，有很多特性（在第 8 章具体介绍）。

那么 g 是从何而来的呢？g 是一个图形对象，是 Graphics 图形类的实例对象，是 JFrame 启动时通过 paint(Graphics g)方法的参数传递过来的对象。因此，对象 g 可以直接使用图形类的方法。

4.2.2 不同含义的类

1. 父类与子类

在面向对象方法中关于父类与子类的定义是：如果类 A 具有类 B 的全部属性和全

部方法,而且具有自己特有的某些属性或方法,则 A 叫作 B 的子类,B 叫作 A 的父类。

与父类/子类等价的其他术语有一般类/特殊类、超类/子类、基类/派生类、祖先类/后裔类等。

2. 主类与普通类

如果一个 Java 程序中有多个类,通常把含有 main 方法的类称为主类,常用 public 关键字来修饰,其他的类称为普通类。一个 Java 程序中可以定义多个普通类,但只能有一个是主类。Java 程序名与含有 main 方法的类的名称相同。

3. 内部类与匿名类

在类的内部中定义的类,称为内部类。例如,在类 A 中定义了一个类 B,类 B 就是 A 的内部类。内部类可以直接访问外部类的成员,包括私有。外部类要访问内部类的成员,必须创建对象。内部类相当于外部类的一个成员。

内部类有以下 4 种形式。

(1) 成员内部类:在类体内定义的类,其与成员变量一样,属于类的全局成员。

(2) 局部内部类:在类的方法内定义的类,其与局部变量一样,属于类的局部成员。

(3) 静态内部类:使用 static 关键字修饰的内部类,其与静态成员变量一样,可以在类中直接引用。

(4) 匿名内部类:没有名称的类,称为匿名类,是一种特殊的内部类。使用匿名内部类可使代码更加简洁、紧凑,模块化程度更高。匿名内部类有两种实现方式:第一种,继承一个类,重写其方法;第二种,实现一个接口(可以是多个),实现其方法。

匿名类与其他类的不同就在于匿名,也就是没有名称。Java 中允许创建子类对象时,除了使用父类的构造方法外,还可以用类体。匿名类就是一个没有类声明的类体,因为没有名称,所以匿名类不可以声明对象,但可以创建其对象。

匿名类有以下特点。

(1) 匿名类是一个子类,可以继承父类的方法也可以重写父类的方法。

(2) 匿名类可以访问外嵌类中的成员变量和方法,但在匿名类中不能声明静态变量和静态方法。

(3) 使用匿名类时,必须在某个类中直接使用匿名类创建对象。

(4) 使用匿名类创建对象时,要直接使用父类的构造方法。

(5) 匿名类主要用来创建接口的唯一实现类,或者创建某个类的唯一子类。

创建匿名类的一般格式为:

new<类名>{匿名类的类体}

例 4.3 本例仅用来说明创建与应用匿名类的方式,程序运行结果如图 4.3 所示。

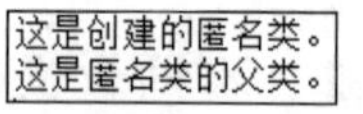

图 4.3 匿名类运行结果

```
public class exp4_3 {                //主类
    public static void main(String args[]){
```

```
        exp4_3 nm=new exp4_3();
        nm.show();
    }
    private void show(){              //在这个方法中构造了一个匿名内部类
        Out out1=new Out(){           //获取匿名内部类对象实例
            void show(){              //重写父类的方法
                System.out.println("这是创建的匿名类。");
                super.show();         //调用父类 show 方法
            }
        }
        out1.show();                  //调用匿名类的 show 方法
    }
}
class Out{                            //普通类 Out;匿名内部类通过重写其方法获得另外的实现
    void show(){System.out.println("这是匿名类的父类。"); }
}
```

4. 公共类与私有类

带有 public 修饰符的类,称为公共类,公共类可以被任何包中的类使用。带有 private 修饰符的类,称为私有类,私有类只能被该类的对象访问,其子类不能访问。

5. 自定义类与系统类

系统类是 Java 语言已经定义好的类,可以直接导入包之后引用的类,如 String 类,它是个特殊的类,可以直接生成对象(string com = new string();),系统类很多,可以在 JDK 帮助文档里面找,导入一个包,就会生成很多类。

自定义类是需要自己定义类名,声明成员变量,设计成员方法。

6. 抽象类与最终类

使用关键字 abstract 修饰的类称为抽象类,其只声明方法的存在而不具体实现,其方法为抽象方法,必须要子类重写。含有抽象方法的类(包括直接定义了一个抽象方法;继承了一个抽象父类,但没有完全实现父类包含的抽象方法;以及实现了一个接口,但没有完全实现接口包含的抽象方法三种情况)只能被定义成抽象类。抽象类不能创建对象实例,只能被子类继承。

使用关键字 final 修饰的类称为最终类,该类不能被继承,即不能有子类。有时为了程序的安全性,可以将一些重要的类声明为 final 类。例如,Java 语言提供的 System 类和 String 类都是 final 类。

例 4.4 定义一个 Fruit 类,并在该类定义一个抽象方法,同时在其子类中实现该抽象方法,程序运行结果如图 4.4 所示。

> 调用Apple类的harvest()方法:
> 收获苹果!
> 调用Orange类的harvest()方法:
> 收获橘子!

图 4.4 抽象类的方法实现

```
abstract class Fruit {                      //抽象类,父类
    public String color;
    public Fruit(){color="红色";}
    public abstract void harvest();         //抽象方法
}
class Apple extends Fruit{                  //子类
    public void harvest(){System.out.println("收获苹果!");}
}
class Orange extends Fruit {                //子类
    public void harvest(){System.out.println("收获橘子!");}
}
public class exp4_4 {
    public static void main(String[] args) {
        System.out.println("调用 Apple 类的 harvest()方法:");
        Apple apple=new Apple();
        apple.harvest();
        System.out.println("调用 Orange 类的 harvest()方法:");
        Orange orange=new Orange();
        orange.harvest();
    }
}
```

说明：本例定义了一个抽象类 Fruit,其中定义了抽象方法 harvest(),只声明方法的具体实现,必须要子类重写。定义两个 Fruit 类的子类 Apple 和 Orange 类,两个子类分别重写了父类的抽象 harvest()。

抽象类不能创建实例对象,因此两个子类创建各自的实例对象来调用 harvest()方法。由于抽象类要求子类必须重写它的抽象方法,因此可以视为确立标准,即它的子类必须按照一定的规则来创建,此规则由其所继承的抽象类决定。

4.2.3　创建对象

类是对象的产品模板。在现实世界里,我们使用的是产品而不是产品的图纸。同样的道理,Java 程序运行时使用的都是用类创建的实例化对象。一个典型的 Java 程序会根据类创建很多对象,它们通过消息传递进行相互交流,协同完成程序的功能。一旦任务完成,对象就会被垃圾收集器回收,完成对象从创建、使用到清除的生命三部曲。

下面的例子用来帮助读者进一步理解对象的创建与使用。

例 4.5　这个程序是根据例 4.2 改写的,程序运行结果与图 4.2 一样。本例主要用来说明创建对象的方式。

```
import java.awt.*;
import javax.swing.*;
public class exp4_5 extends JFrame {
    MyBox b1=new MyBox();
    MyBox b2=new MyBox(170,60,60,60);
```

```java
    public exp4_5(){setSize(400, 300);setVisible(true);}

    public void paint(Graphics g) {
        super.paint(g);
        b1.setPosition(20,60);    b1.setSize(60,60);b1.draw(g);
        g.drawString("矩形 1 的 X 位置: "+b1.getX(), 20, 140);
        g.drawString("矩形 1 的 Y 位置: "+b1.getY(), 20, 160);
        b2.draw(g);
        g.drawString("矩形 2 的 X 位置: "+b2.getX(), b2.getX(), b2.getY()+80);
        g.drawString("矩形 2 的 Y 位置: "+b2.getY(), b2.getX(), b2.getY()+100);
    }

    public static void main(String args[]){new exp4_5();}
}
class MyBox {
    private int x, y, width, height;
    MyBox() { x=0; y=0; width=0; height=0; }      //构造方法
    MyBox(int xPos, int yPos, int w, int h) { x=xPos;   y=yPos;
        width=w;   height=h;}                      //构造方法
    public void setPosition(int xPos, int yPos) { x=xPos;   y=yPos;}
    public void setSize(int w, int h) { width=w;   height=h;}
    public int getX()    { return x;}
    public int getY()    { return y;}
    public void draw(Graphics g) {  g.drawRect(x, y, width, height);   }
}
```

说明：例 4.5 更具面向对象程序设计风格。exp4_5 和 exp4_2 同为主类,但做的事情更少。exp4_5 类使用 new 操作符创建了 MyBox 类的两个对象实例 b1 和 b2,然后在 paint 方法中向它们传递信息,操纵这两个对象完成给定的任务。

MyBox 是自定义类,虽然没有明确指出其父类,但仍存在继承关系,没有指出父类的类其父类都是 Java 的根类 Object。自定义类需要自行设计类的状态和行为,即确定它的成员变量和方法。这里设计的 MyBox 有 4 个私有数据,2 个构造方法和 5 个成员方法。

4 个数据声明为私有数据,可以禁止外来访问,起到保护和封装的目的。方法都声明为公共的方法,以接收外部信息,改变类的行为。

在例 4.5 中可以看到程序的 paint 方法主要使用对象 b1、b2 和 g 来完成具体的功能。下面介绍创建对象、使用对象和清除对象的过程。

1. 创建对象

首先必须拥有一个合适的类才能创建一个合适的对象,有了合适的对象才能完成合适的工作。下面的 3 条语句分别创建了 3 个对象:

```
Label label1=new Label("标签");
TextField field1=new TextField(10);
```

```
MyBox b1=new MyBox(20,20,100,100);
```

其中,Label 是系统标签类,TextField 是系统文本域类,MyBox 是例 4.3 中的一个自定义类。

第 1 条语句创建了一个标签对象 label1,第 2 条语句创建了一个文本对象 field1,第 3 条语句创建了一个 MyBox 对象 b1。

new 称为操作符或运算符(在创建数组时已经用过),它的任务是实例化对象,同时负责调用类的构造方法完成新建实例对象的初始化任务。

归纳所述,创建对象过程有 2 个环节:声明对象与实例化(初始化)。

1) 声明对象

与声明变量先要声明其数据类型一样,声明对象先要声明其类名。

声明对象的一般格式如下:

<类名><对象名>

类名:指定一个已定义的类。

对象名:用于确定对象名称,对象名必须是合法的 Java 标识符,如 MyBox b2。

声明对象,只是在内存中为其建立一个引用(如同定义了一个变量名,只是一个占位符),初值为 null,不指向任何内存空间。

2) 实例化对象(初始化对象)

实例化对象是指为对象分配内存。在 Java 中使用关键字 new 来实例化对象,其语法格式如下:

<对象名>=new<构造方法名>([参数列表])

其中:

对象名:指定已经声明的对象。

New:实例化对象的操作符。

构造方法名:类名,构造方法与类名相同。

参数列表:用于指定构造方法的入口参数。如果构造方法无参数,则可以省略。

例如,

```
b2=new MyBox();
```

当用 new 实例化对象时,系统会调用构造方法为对象进行初始化工作。它包含两个任务:①为构造方法中声明的变量分配相应的存储单元;②为成员变量设置初值。

如果构造方法中没有为成员变量设初值,系统将自动指定默认值,byte、short、int、long 类型变量初值为 0;float 类型变量初值为 0.0f;double 类型变量初值为 0.0;char 字符型变量为'\u0000';boolean 逻辑变量初值为 false;String 类型初值为 null。

对象初始化后,通过实例对象可以直接使用源类(创建对象的类)中的成员变量。

声明对象可以直接实例化对象,例如:

```
MyBox b2=new MyBox();
```

这相当于同时进行了声明对象和实例化对象的过程。

3）为对象赋值

对象初始化后，通过实例对象可以为实例对象赋值。

```
MyBox b2=new MyBox(20,20,100,100);
```

2. 使用对象

对象被实例化后即可在程序中使用。对象可以做什么呢？通过对象可以引用类的成员变量，调用类的方法进行各种操作。

创建对象后，对象引用的变量与调用的方法代码（即包含对象的类的变量和方法）都被读到专为它开辟的内存区域中。为了让解释器知道这些变量和方法代码的内存地址，使用对象成员时都要加上引用。即在变量和方法的前面加上对象名，并用圆点分隔。

格式为：

<对象名>.<变量名>
<对象名>.<方法名>

例如通过 b1.setPosition(20,20)调用 MyBox 类的方法设定 b1 对象的位置。

3. 清除对象——Java 的垃圾收集机制

很多 OOP 语言要求程序员跟踪所创建的对象，当不再使用这些对象时，由程序员负责清除它们，收回所占用的内存。这是一件很头疼并经常出错的事情。而 Java 引入了新的内存管理机制，由 Java 虚拟机担当垃圾收集器的工作。用户可以任意创建对象而不用担心如何清除它们，垃圾收集器会自动清除它们。

使用 new 操作符创建对象后，Java 虚拟机自动为该对象分配内存并保持跟踪。Java 虚拟机能判断出对象是否还被引用，对不再被引用的对象释放其占用的内存。这种定期寻找不再使用的对象并自动释放对象占用内存的过程称为垃圾收集机制。Java 虚拟机实际上是利用变量生存期来管理内存的，对象的引用被保存在变量中，当程序跳出变量所在的区域后，它就会被自动清除。

如果要明确地清除一个对象，可以自行清除它，只需把一个空值赋给这个对象引用即可。如：

```
Rectangle r=new Rectangle(10,10,100,100);
…
r=null;
```

上述语句执行后，r 对象将被清除。

Java 还提供了一个名为 finalize()的方法，用于在对象被垃圾回收机制销毁之前执行一些资源回收工作，由垃圾回收系统调用。finalize()方法没有任何参数和返回值，每个类有且只有一个 finalize()方法。

Java 的垃圾收集机制大大减轻了程序员的负担，不用再编写专门的内存回收程序解决内存分配问题。不仅提高了编程效率，而且进一步增强了 Java 程序的稳固性。

通过上面3个程序的设计,希望读者理解OOP的基本思想:抽象、封装、继承等。如例4.5,画一个矩形时,最关心的是它的位置和大小,以及围绕这些数据所实施的操作。将表示矩形位置和大小的4个数据以及围绕它们实施的存取、画出等方法结合在一起,就抽象成为类MyBox与对象b1、b2。

封装是抽象的具体实现。封装就是用操作方法把数据封闭到类中,形成以数据为核心,以方法为外壳的类。封装能保护类的数据免受外界的更改,消除了由此带来的对程序的不可知影响。封装的结果是形成了独立的和完整的程序模块,它们之间通过被授权的操作方法来传递消息,达到改变对象状态的目的,这是提高程序健壮性的有力保证。

4.2.4 构造方法

1. 构造方法的功能

构造方法是用来实例化对象的方法,new 操作符为对象分配内存后将调用类的构造方法确定对象的初始状态(即为类的成员变量赋初值)。也就是说,构造方法的功能就是完成对象的初始化任务。

例如,MyBox 类的构造方法 MyBox(20,20,100,100)为 MyBox 的成员变量 x、y、width、height 赋了初值。

2. 不同形式的构造方法

1) 默认的构造方法

与类同名且无参数的构造方法是默认的构造方法,如果没有定义,系统将自动赋初值。例如 MyBox()没有参数,它直接把 MyBox 类的 4 个成员变量赋值为 0。

2) 带参数的构造方法

MyBox(int xPos,int yPos,int Width,int Height)是带参数的构造方法,它定义了 4 个整型参数,实例化对象时要传递 4 个整型数据给 MyBox 类赋初值。

MyBox()和 MyBox(int,int,int,int) 同为类 MyBox 的构造方法,方法名相同而参数不同,这是类多态性的体现。

Java 程序可以根据参数的不同,自动调用正确的构造方法。不同的构造方法可以为程序员提供更加灵活的选择。在同一个类中可以定义多个构造方法,名字相同而参数可以不同。系统将以参数的个数来区分不同的构造方法,使用不同的构造方法称为方法重载(overload)。

3. 构造方法的特点

(1) 构造方法的名称和类同名,没有返回值类型。

(2) 尽管构造方法看起来和一般的成员方法没有差别,但它是特殊的成员方法,它不能在程序中直接调用,只能由 new 操作符调用。

(3) 对于简单的自定义类,可以不设计构造方法,创建对象时,会使用默认的构造方法,为成员变量设置默认值。

（4）如果初始化对象时还要执行一些其他操作，必须为构造方法设计操作命令，将这些命令放在构造方法中，因为 Java 规定命令语句不能出现在类体中，只能放在方法中。

4.3 成员变量与访问控制

本节主要介绍如何声明、修饰、使用成员变量，说明成员变量与局部变量的不同。

4.3.1 成员变量的声明

在类体中所声明的变量称为类的**成员变量**。成员变量用于描述类和对象的状态，有时也称其为属性、数据、域（field）。对成员变量的操作实际上就是改变类和对象的状态，使之能满足程序的需要。与类相似，成员变量也有很多修饰符，用来限制对成员变量的访问，实现对类和对象的封装。

成员变量的声明语句与访问控制修饰符的顺序有如下格式：

[public][private][protected][package] [static] [final]<数据类型><成员变量名称>

声明成员变量的语句应放在类体中，通常在声明成员方法语句之前。

例 4.6 本例定义了计算圆面积的 exp4_6 类。

```
public class exp4_6 {                          //声明类
    final double PI=3.14159;                   //声明成员变量：定义常量 PI
    double r;                                  //声明成员变量：定义圆半径属性
    public double   area;                      //声明成员变量：定义圆面积属性
    double getArea(double R){                  //定义成员方法：取得圆面积
        r=R;                                   //将局部变量 R 的值赋予成员变量 r
        area=PI * r* r;
        return area;
    }
    public static void main(String args[]){    //主方法
        exp4_6 c=new exp4_6();                 //创建对象
        System.out.println("半径为 5 的圆面积是："+c.getArea(5));
    }
}
```

运行结果：

半径为 5 的圆面积是：78.53975

说明：本例创建了 exp4_6 类、成员变量 PI、r 与 area、成员方法 getArea(double R)，并将它们封装在同一类中。通过创建对象实例 c 调用 getArea(double R)方法传递不同的半径值可以得到不同半径的圆面积。

4.3.2 成员变量的修饰

例 4.6 的成员变量声明都是比较简单的，出现了访问控制修饰符 final，定义成员变量为常量,起到了不可改变变量的作用,public 修饰符将成员变量定义为公共变量,方便程序中调用。成员变量还有更多的访问控制修饰符可以用来限制访问成员变量的权限。

成员变量的声明语句与修饰符顺序有如下格式:

[public] [private] [protected] [package]   //访问控制修饰符
[static] [final] [transient] [volatile]<数据类型><成员变量名称>

1. 访问控制权限

表 4.1 给出了访问控制修饰符的作用范围。

表 4.1 成员变量访问控制修饰符

修饰符	类	子类	包	所有类和包
public	√	√	√	√
private	√			
protected	√	√ *	√	
package	√		√	

(1) public(公共变量)。由 public 修饰的变量称为公共变量,可被任何包中的任何类访问,只有在确认任何外部访问都不会带来不良后果的情况下才将成员声明为公共的。公共变量对任何类都是可见的,不具有数据保护功能。

(2) private(私有变量)。由 private 修饰的变量称为私有变量,只能被声明它的类所使用,拒绝任何外部类的访问。私有变量是不公开的,它们得到了最好的保护,这是对类进行封装时使用的主要方法。

(3) protected(受保护变量)。由 protected 修饰的变量称为受保护变量,可被声明它的类和派生的子类以及同一个包中的类访问。这就像一个大家庭,家庭成员的秘密可被其他成员分享,也包括一些亲朋好友,但不想让外界知道。

(4) package(包变量)。由 package 修饰的变量称为包变量,在声明时常常省略 package 关键字,即没有修饰符的成员被视为包成员。包成员可被声明它的类和同一个包中的其他类(包括派生子类)所访问,在其他包中的子类则不能访问父类的包成员。这就像值得信任的好朋友可以分享你的秘密,却不想让外地的家庭成员知道。

2. static 静态变量

static 声明的成员变量称为静态变量,静态变量是类固有的,可以直接引用,其他成员变量仅在被声明、生成实例对象后才存在,才可以被引用。基于这样的事实,也把静态变量称为类变量,非静态变量称为实例变量。相应地,静态方法称为类方法,非静态方法称为实例方法。

例 4.7 在类中定义一个静态变量 x 和实例变量 y,在主类中用类名分别调用两个变量,观察运行结果。发现在用类名调用实例变量时,会出现异常,用类名调用静态变量正常。

```
class StaticDemo {
    static int x;                                    //静态变量
    int y;                                           //实例变量
    static public int getX() {return x;}             //静态方法
    static public void setX(int newX) {x=newX;}      //静态方法
    public int getY() {return y;}                    //实例方法
    public void setY(int newY) {y=newY;}             //实例方法
}
public class exp4_7 {
    public static void main(String[] args) {
        System.out.println("静态变量 x="+StaticDemo.getX());
        System.out.println("实例变量 y="+StaticDemo.getY());
                                                     //非法,编译时将出错
        StaticDemo a=new StaticDemo();
        StaticDemo b=new StaticDemo();

        a.setX(1);    a.setY(2);
        b.setX(3);    b.setY(4);

        System.out.println("静态变量 a.x="+a.getX());
        System.out.println("实例变量 a.y="+a.getY());
        System.out.println("静态变量 b.x="+b.getX());
        System.out.println("实例变量 b.y="+b.getY());
    }
}
```

说明 1:

对上面的源程序进行编译会出现如图 4.5 所示的结果,不能运行该程序。

```
Exception in thread "main" java.lang.Error: 无法解析的编译问题:
    不能对类型 StaticDemo 中的非静态方法 getY() 进行静态引用
        at chapter4.ShowDemo.main(ShowDemo.java:6)
```

图 4.5 编译出错的报告

将源程序中的出错语句删除或使用解释符//隐藏起来,如:

//System.out.println("实例变量 y="+StaticDemo.getY());   //非法,编译时将出错

再进行编译,即可执行该程序,结果如图 4.6 所示。

说明 2:

(1) 类的静态变量可以直接引用,类的静态变量相当于某些程序语言的全局变量。

(2) 静态方法只能使用静态变量,不能使用实例变量。例如在程序中可以直接使用 StaticDemo.getX(),而非静态变

图 4.6 程序正常运行结果

量则不行。因为对象实例化之前,实例变量是不可用的。

（3）类的静态变量只有一个版本,所有实例对象引用的都是同一个版本。例如程序中先用 a.setX(1)为变量 a.x 赋值 1,后用 b.setX(3)为变量 b.x 赋值 3,因为它们使用的是同一个静态变量 x,所以 a.getX()和 b.getX()的返回值都是 3。

（4）对象实例化后,每个实例变量都被制作了一个副本,它们之间互不影响。例如程序中用 a.setY(2)为 a.y 赋值 2,用 b.setY(4)为 b.y 赋值 4,因为它们使用的是实例变量 y 的不同副本,所以 a.getY()和 b.getY()的返回值分别是 2 和 4。

3. final 最终变量

一旦成员变量被声明为 final,在程序运行中将不能被改变。这样的成员变量就是一个常量。如"final double PI=3.14159;"。

该语句声明一个常量 PI,如果在后面试图重新对它赋值,将产生编译错误。另外,常量名一般用大写字母。常量和直接量一样不占用内存空间。

4. transient 过渡变量

Java 语言目前对 transient 修饰符没有明确说明,它一般用在对象序列化（object serialization）上,说明成员变量不允许被序列化。

5. volatile 易失变量

volatile 声明的成员变量为易失变量,用来防止编译器对该成员进行某种优化。这是 Java 语言的高级特性,仅被少数程序员使用。

4.3.3　成员变量与局部变量的区别

1. 声明时在类中位置不同

成员变量在类体中声明,局部变量在类的方法中声明。

2. 使用的权限修饰词不同

局部变量不能使用权限修饰词和 static 关键字对局部变量进行修饰,只可以使用 final 关键字。

当 final 修饰变量的时候,表示该变量一旦获得初始值就不可以被改变。final 既可以修饰成员变量,也可以修饰局部变量、形参。

使用 final 修饰符修饰的局部变量,如果在定义的时候没有指定初始值,可以在后面的代码中赋值,但是只能赋一次值,不能重复赋值。如果定义时已经指定默认值,则后面代码中不能再对该变量赋值。

成员变量用 final 修饰基本类型和引用类型变量是有区别的,final 修饰基本类型变量时,不能重新赋值,因此基本类型变量不能被修改。但是对于引用类型的变量,它保存的仅仅是一个引用,final 只保证所引用的地址不会改变,即一直引用同一对象,这个对象是可以发生改变的。

3. 有效范围不同

成员变量根据其控制修饰符确定其有效范围。局部变量的有效范围分为两种形式：①方法内；②方法内的复合代码块内。在方法内复合代码块中声明的成员变量，只在复合代码块中有效；在方法内、复合代码块外声明的成员变量在整个方法内都有效。

4. 赋值方式不同

成员变量有默认值，这就意味着即使不对成员变量赋初值，编译器也会按数据类型为每一个成员变量赋默认值，使对象有一个确定的状态。

局部变量没有默认值，所以，局部变量必须在方法中赋初值，否则编译器会给出变量未赋值的警告。

例 4.8 本程序具有显示当前日期和时间的功能，运行结果见图 4.7。

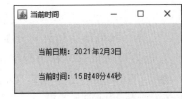

图 4.7 显示当前时间的程序

```
import java.time.*;

class Time {
    LocalDate today; LocalTime now;
    int year, month, day, hour, minute, second;
    Time() {                                //构造方法
        today=LocalDate.now();
        now=LocalTime.now();
        year=today.getYear();               //根据当前日期,获取当前年
        month=today.getMonthValue();        //根据当前日期,获取当前月
        day=today.getDayOfMonth();          //根据当前日期,获取当前日
        hour=now.getHour();                 //根据当前时间,获取当前时
        minute=now.getMinute();             //根据当前时间,获取当前分
        second=now.getSecond();             //根据当前时间,获取当前秒
    }
    public String getDate() {return year+"年"+month+"月"+day+"日";}
    public String getTime() {
        String s=hour+"时"+minute+"分"+second+"秒";
        return s;
    }
}

import java.awt.Graphics;
import javax.swing.JFrame;
public class exp4_8 extends JFrame {
    Time t=new Time();
```

```
    exp4_8() {setTitle("当前时间");setSize(300, 150);setVisible(true);}
    public void paint(Graphics g) {
        super.paint(g);
        g.drawString("当前日期："+t.getDate(), 50, 80);
        g.drawString("当前时间："+t.getTime(), 50, 120);
    }
    public static void main(String args[]) {new exp4_8();}
}
```

说明：Time 是一个自定义类，它可以返回系统的当前日期和时间。Java 中获取日期和时间的方法有很多。这里采用了 Java SE8 提供的新类 LocalDate 类和 LoaclTime 类，LocalDate 类的静态方法 now()可以返回一个存储着当前日期的 LocalDate 对象，LocalTime 类的静态方法 now()可以返回一个存储着当前日期的 LocalTime 对象。通过 get 方法分别取出日期和时间分量，再赋值给 Time 类的成员变量。最后将这些成员变量分别合成为日期字符串和时间字符串，由成员方法 getDate 和 getTime 返回。

注意 Time 成员变量的声明，它们用 private 修饰，并在声明的同时在构造方法中进行赋值，对数据进行了隐藏。

主类 exp4_8 仅声明了一个 Time 对象，然后调用对象的方法取得日期和时间并输出到窗口的指定位置。

在 getTime 方法中特意声明了一个字符串型局部变量 s，其仅在 getTime 方法中有效，可以看出成员变量与局部变量的不同。

4.4 成员方法与参数传递机制

在 Java 中，方法只能作为类的成员，故称为成员方法。方法操作类所定义的数据，以及提供对数据的访问的代码。大多数情况下，程序的其他部分都是通过类的方法和其他类的实例进行交互的。对象的行为由类的方法实现，其他对象可以调用另外一个对象的方法，通过消息（方法参数）的传递实现对该对象行为的控制。

成员方法可以分为构造方法、main 方法和一般方法，一般方法是可以随意选取名称的方法。

本节主要介绍如何通过方法影响对象的行为。

4.4.1 成员方法的设计

类的设计集中体现在成员方法的设计上。良好的设计可以使类更加强壮，功能更加完善。成员方法的设计应该从类的整体行为出发，能正确响应外部消息，自然地改变对象的状态，并符合相对独立、结构清晰、可重用性强等编程要求。

例 4.9 本例将通过设计成员方法来控制对象画图的行为，程序运行结果如图 4.8 所示。

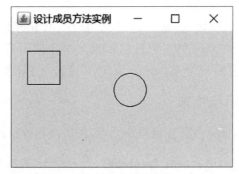

图 4.8 成员方法的应用

```
import java.awt.*;

class DrawShape {
    private int x, y;
    public void setPos(int xPos, int yPos) {
        x=xPos; y=yPos;
    }
    public void draw(Graphics g,int shape) {
        if (shape==1) g.drawRect(x, y, 60, 60);
        else if (shape==0) g.drawOval(x, y, 60, 60);
        else g.drawString("形状参数不对!", 20, 120);
    }
}

import java.awt.Graphics;
import javax.swing.JFrame;

public class exp4_9 extends JFrame {
    DrawShape a=new DrawShape();
    exp4_9() {setTitle("设计成员方法实例");setSize(400, 300);setVisible(true);}
    public void paint(Graphics g) {
        super.paint(g);
        a.setPos(40, 80);a.draw(g,1);
        a.setPos(200, 120);a.draw(g,0);
    }
    public static void main(String args[]) {new exp4_9();}
}
```

说明:

(1) 例 4.9 设计了两个类,主类 exp4_9 与功能类 DrawShape 类。DrawShape 被设计成一个黑箱,能画出固定大小的矩形和椭圆,这是它的已知功能。画什么图形、画在什么地方则由外部消息控制。DrawShape 类的成员方法包括 setPos、draw 两个方法,外部消息通过 set 方法改变对象的位置,通过 draw 方法可以画出不同图形。

(2) 主类创建了 DrawShape 的实例对象 a,通过对象调用其成员方法,a.setPos(40,80)方法先将图形位置消息传递给 a,a.draw(g,1)又接收一个图形类型消息并画出图形。

4.4.2 成员方法的声明与修饰

成员方法的声明一般放在成员变量声明之后,声明语句的格式和顺序如下:

```
[public] [private] [protected] [package]      //访问控制修饰符
[static] [final] [abstract] [synchronized]
返回值类型 方法名(参数表) [throws 异常类型]
```

4 种访问控制修饰符和成员变量的修饰符有相同作用,static 修饰符也如此。
下面主要介绍有不同含义的修饰符。

1. final 最终方法

方法被声明为最终方法后,将不能被子类覆盖,即最终方法能被子类继承和使用,但不能在子类中修改或重新定义它。这种修饰可以保护一些重要的方法不被修改,尤其是那些对类的状态和行为有关键性作用的方法被保护以后,可以避免未知情况的发生。

在 OOP 中,子类可以把父类的方法重新定义,使之具有新功能但又和父类的方法同名、同参数、同返回值,这种情况称为方法覆盖(override)。

有时不便于把整个类声明为最终类,这种保护太严格,不利于编程,此时可以有选择地把一些方法声明为最终方法,同样可以起到保护作用。

2. abstract 抽象方法

一个抽象类可以含有抽象方法。抽象方法是指没有具体方法体的方法,该方法不能实现,所以抽象方法不能出现在非抽象类中。

为什么要使用抽象类和抽象方法呢?一个抽象类可以定义一个统一的编程接口,使其子类表现出共同的状态和行为,但各自的细节可以不同。子类共有的行为由抽象类中的抽象方法来约束,而子类行为的具体细节则通过抽象方法的覆盖来实现。这种机制可增加编程的灵活性,也是 OOP 继承树的衍生基础。

例如,直线、圆和矩形等图形对象都有一些共同的状态(位置、边界)和行为(移动、改变大小、画出)。可以利用这些共性,把它们声明为同一个父类的子类。但是一个圆和一个矩形在很多细节方面又是不同的,父类不能把这些都包办代替,这时,一个抽象父类是最佳选择。首先声明一个抽象类 GraphicObject,提供所有子类可共享的成员变量和成员方法,然后声明一个抽象的画出方法 draw。子类继承父类后,通过覆盖 draw 实现画出自己的方法。可以这样做:

```
abstract class GraphicObject {            //抽象父类
    int x, y, width, height;
```

```
    ...
    void moveTo(int newX, int newY) {          //抽象方法
      ...
    }
    void setSize(int sizeW, int sizeH) {       //抽象方法
      ...
    }
    abstract void draw(){                      //抽象方法
      ...
    }
}
```

GraphicObject 的每一个非抽象子类如 Circle 和 Rectangle，都要通过实现 draw 方法来画出自己：

```
class Circle extends GraphicObject {
  void draw() {
    ...
  }
}

class Rectangle extends GraphicObject {
  void draw() {
    ...
  }
}
```

一个抽象类不一定非要包含一个抽象方法，但一个类如果包含一个抽象方法就必须声明为抽象类。一个子类如果没有实现父类中的抽象方法也必须声明为抽象类。

3. synchronized 同步方法

同步方法用于多线程编程。多线程在运行时，可能会同时存取一个数据。为避免数据的不一致性，应将方法声明为同步方法，对数据进行加锁，以保证线程的安全。详细内容请参考第 9 章。

4. throws 异常类型

程序在运行时可能发生异常现象。每一个异常都对应着一个异常类，如果希望方法忽略某种异常，可将其抛出，使程序得以继续运行。在前面介绍的例子中就使用过抛出异常 throws IOException（输入输出异常），有关异常处理的详细内容请参考第 6 章。

5. 方法的返回值类型

Java 要求一个方法必须声明它的返回值类型。如果方法没有返回值就用关键字 void 作为返回值类型，否则应使用基本数据类型或对象类型说明返回值类型，如下面的

语句:

```
public int getX();
void setXY(int x, int y);
public String getName();
protected Object clone();
```

其中，getX 的返回值为 int 类型，setXY 没有返回值，getName 的返回值是 String 类。而 clone 的返回值则为 Object 类。

6. 方法名

方法名可以是任何有效的 Java 标识符。方法名可以和成员变量同名，也可以和成员方法同名。同一个类中的方法同名现象在 OOP 中称为方法重载(overload)，重载使一个类的多个方法享有同一个名称，可以减轻程序员的负担。例如：

```
class DataPrint {
  void print(String s) {
    ...
  }
  void print(int i) {
    ...
  }
  void print(float f) {
    ...
  }
}
```

同名方法由参数个数和类型来区分，但一个类中不能有同名、同参数个数、同参数类型的方法出现。

7. 参数表

方法的调用者正是通过参数表将外部消息传递给方法加以处理的。在参数表中要声明参数的类型，并用逗号分隔多个参数。同名方法更是通过参数个数和类型来确定调用的方法的。

4.4.3 方法参数的传值方式

在 Java 程序中，如果声明方法时包含了形参声明，则调用方法时必须给这些形参指定参数值，调用方法时实际传递给形参的参数值被称为实参。

Java 方法中的参数传递方式只有一种，也就是值传递。所谓的值传递，就是将实际参数的副本传递到方法内，而参数本身不受任何影响。例如，去银行开户需要身份证原件和复印件，原件和复印件上的内容完全相同，当复印件上的内容改变的时候，原件上的内容不会受到影响。也就是说，方法中参数变量的值是调用者指定值的拷贝。

一个对象和外部交换信息主要靠方法的参数来传递。在 Java 中,可传递的参数包括任何数据类型,例如基本数据类型、数组和对象。例 4.3 中方法就使用了对象 g 作为传递参数,以下是程序片段:

```java
class MyBox {
  private int x, y, width, height;
  ...
  public void draw(Graphics g) {
    g.drawRect(x, y, width, height);
  }
}
```

g 是一个 Graphics 对象,它被传递到 MyBox 的 draw 方法中,然后调用对象 g 的 drawRect 方法画出图形。但 Java 不能传递方法,可以传递一个对象,然后调用该对象的方法。

在其他语言中,函数调用或过程调用有传值调用和传址调用之分。在 Java 中,参数传递只有传值调用。调用方法时,如果传递的参数是基本数据类型,在方法中将不能改变参数的值,这意味着你只能使用它们。如果传递的是引用类型,虽然不能在方法中修改这个引用,但可以调用对象的方法来修改成员变量的值。

所以,如果不想改变参数的值,可以采用传值调用的方法。如果想改变参数的值,可采用传递对象的方法,间接修改参数的值。

1. 基本数据类型参数的传值

对于基本数据类型的参数,向该参数传递值的级别不能高于该参数的级别,例如,不能向 int 型参数传递一个 float 值,但可以向 double 型参数传递一个 float 值。

例 4.10 在 Sum 类中定义一个 add() 方法,然后在调用该方法时运用参数传值向 add() 方法传递两个参数。

```java
class Sum {
    int add(int x,int y){return x+y;}
}

public class exp4_10 {
    public static void main(String[] args){
        Sum sum=new Sum();
        int a=10;   int b=20;
        System.out.println(sum.add(a,b));
    }
}
```

运行结果输出为"30"。

说明:

(1) 定义 Sum 类,用来实现求和。

(2) 通过 exp4_10 类来验证,首先定义 Sum 类对象 sum 并实例化,定义两个整型变量 a 和 b,用 sum 来调用求和的 add()方法,将变量 a 和 b 传递到方法的参数上,完成求和过程并输出。

2. 引用类型参数的传值

当参数是引用数据类型时,传递的值是变量中存放的"引用",可以是数组、对象等。

例 4.11 设计一个油箱类和汽车类,运用引用类型参数传值使其显示当前油箱中的油量。运行结果如图 4.9 所示。

```
class FuelTank {                        //油箱类
    public int oil;
    FuelTank(int x){ oil=x;}
}
class Car {                             //汽车类
    public void run(FuelTank ft){       //传递对象 ft
        ft.oil=ft.oil-1;                //消耗汽油
    }
}
public class exp4_11 {
    public static void main(String[] args){
        FuelTank ft=new FuelTank(100);
        System.out.println("油箱的剩余油量为: "+ft.oil);
        Car car=new Car();
        car.run(ft);
        System.out.println("油箱的剩余油量为: "+ft.oil);
    }
}
```

说明:

油箱的剩余油量为: 100
油箱的剩余油量为: 99

(1) 首先定义一个 FuelTank 类,定义变量油量 oil   图 4.9 引用类型参数的传值实现
并在其构造方法中定义了形参。

(2) 通过 Car 类的 run()方法,传递 FuelTank 类对象参数 ft,然后调用 ft.oil 变量数值。

(3) 在 exp4_11 中进行验证,创建 FuelTank 类对象实例 ft,定义起始油量为 100,输出当前油量,创建 Car 类对象实例 car,调用其 run(ft)方法后,再次输出当前油量,可以发现油量减少了 1。说明通过对象传递数值成功。

4.4.4 Java 新特性——方法中的可变参数

以上定义的方法只能传递指定的参数,Java 1.5 后方法中可以接收的参数不再是固定的,而是根据需要传递的,其语法格式如下:

返回值类型 方法名称(类型 参数名1, 类型 参数名2,类型…可变参数名) { }

向方法传递可变参数之后,其中可变参数以数组形式保存下来。如果方法中有多个

参数,可变参数必须位于最后一项。

例 4.12   本例用来说明可变参数的使用方式,程序运行结果如图 4.10 所示。

```
public class exp4_12 {
    public static void main(String [] args){
        add(2);                //不传递参数
        add(2,3);              //传递 1 个参数
        add(2,3,5,7,9);        //传递 4 个参数
    }
    public static void add(int x, int ⋯arg){
        System.out.print(x+"   ");
        for(int y:arg){System.out.print(y+"   ");}
        System.out.print("\n");
    }
}
```

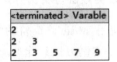

图 4.10   可变参数的传值实现

说明:
(1) 可变参数只能出现在参数列表的最后。
(2) "⋯"可变符号位于数据类型和数组名之间,前后有无空格都可以。
(3) 调用可变参数的方法时,编译器为该可变参数隐含创建一个数组,在方法体中以数组的形式访问可变参数。

4.4.5   方法小结

1. 一般方法与构造方法的区别

1) 格式不同
构造方法和类名相同,并且没有返回类型,也没有返回值,void 也不行。
一般方法不能与类同名,必须有返回类型,可以有返回值,可以没有返回值。

2) 作用不同
构造方法用于创建对象,并进行初始化值,类都有一个没有参数的默认构造方法。一个类在初始化的时候,当实例化子类的时候,父类的构造方法会隐式执行。
一般方法是用于完成特定功能的,可以根据需要随意设计功能。

3) 调用不同
构造方法是在创建对象时被调用的,建立一个对象,只调用一次相应构造方法。
一般方法由创建好的对象调用,可以调用多次。

4) 修饰符不同
构造方法必须具有 new 关键字。
一般方法可以具有多个修饰符[public][private][protected][package][static][final]等,也可以没有。

5) 运行顺序不同
一个类在初始化的时候,先调用这个类的构造方法,会随着类的创建而自动去调用。

一般方法是通过对象被动调用的。

2. 类方法与实例方法的区别

使用 static 修饰符的成员方法称为静态方法或类方法,非静态方法称为实例方法。

1) 实例方法只能通过对象实例调用

当字节码文件被分配到内存时,实例方法不会被分配入口地址,只有当该类创建对象后,类中的实例方法才会分配入口地址,这时实例方法才可被类创建的对象实例调用。

实例方法体中既可以访问类变量,也可以访问实例变量,但实例方法只能通过对象来调用。

2) 类方法可以直接使用类名调用

类方法,在该类被加载到内存时,就分配了相应的入口地址,因此,类方法不仅可以被类的对象实例调用执行,也可以直接通过类名调用。类方法的入口地址直到程序退出时才被取消。但是需要注意,类方法体中不能直接操作实例变量,因为在类创建对象之前,实例成员变量还没有分配内存。类方法体中只能访问类变量。

4.5 知识拓展——UML 类图

UML(Unified Modeling Language Diagram)称为统一建模语言或标准建模语言,是一个支持模型化和软件系统开发的图形化语言。UML 类图属于 UML 静态图,用来描述类的静态结构,通常包含类(class)的类名、成员变量、成员方法,类的变量、方法的访问限制使用＋、♯、－分别表示 public、protected、private。在 UML 类图中,使用一个长方形描述一个类的主要构成。

第一层是名字层,如果类的名字是常规字形,表明该类是具体类,如果类的名字是斜体字形,表明该类是抽象类(后续会讲到抽象类)。

第二层是变量层,也称属性层,列出类的成员变量及类型。格式是"变量名:类型"。

第三层是方法层,列出类中的方法。格式是"方法名字:类型"。

子类继承父类的关系用带三角箭头的实线描述,箭头指向父类。

使用 UML 类图描述例 4.4 中子类与父类的关系,如图 4.11 所示。

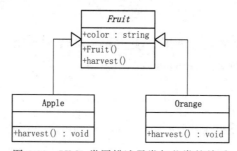

图 4.11 UML 类图描述子类与父类的关系

习题 4

4-1 静态变量有何特点？如何引用静态变量？

4-2 静态方法有何特点？静态方法引用成员变量时有何要求？

4-3 何为抽象类、抽象方法？

4-4 类与对象有何关系？如何创建对象？

4-5 要使某个类能被同一个包中的其他类访问，但不能被这个包以外的类访问，则（　　）。

  A. 让该类不使用任何关键字   B. 使用 private 关键字

  C. 使用 final 关键字   D. 使用 protected 关键字

4-6 Java 程序由什么构成？程序设计的基本思想是什么？

4-7 什么是系统类、自定义类、父类、子类？

4-8 什么是类变量、成员变量、实例变量、局部变量？

4-9 下面关于继承的哪些叙述是正确的，说出理由。（　　）

  A. 在 Java 中只允许单一继承

  B. 在 Java 中一个类只能实现一个接口

  C. 在 Java 中一个类不能同时继承一个类和实现一个接口

  D. Java 的单一继承使代码更可靠

4-10 下面关于垃圾收集的叙述哪些是对的。（　　）

  A. 程序开发者必须自己创建一个线程进行内存释放的工作

  B. 垃圾收集将检查并释放不再使用的内存

  C. 垃圾收集允许程序开发者明确指定并立即释放该内存

  D. 垃圾收集能够在期望的时间释放被 Java 对象使用的内存

4-11 下面关于变量及其范围的陈述哪些是对的？（　　）

  A. 实例变量是类的成员变量

  B. 实例变量用关键字 static 声明

  C. 在方法中定义的局部变量在该方法被执行时创建

  D. 局部变量在使用前必须被初始化

4-12 根据下面给出的代码，判断哪个叙述是对的？（　　）

```
public class Person{
    static int arr[]=new int[10];
    public static void main(String args[]) {
        System.out.println(arr[1];)
    }
}
```

  A. 编译时将发生错误   B. 编译时正确，但是运行时出错

  C. 输出为 0   D. 输出为 null

4-13 (1) 一个类中定义的成员变量只能被同一包中的类访问。下面的哪些修饰符可以

获得需要的访问控制？（　　）

(2) 如果类的设计要求它的某个成员变量不能被外部类直接访问。应该使用下面的哪些修饰符获得需要的访问控制？（　　）

A. private　　　　　　　　　　　B. 没有修饰符
C. public　　　　　　　　　　　　D. protected

4-14　分析以下程序的运行结果,得到的结论是(　　)。

```
public class MyClass {
String a;
Public static void main(String[] args) {
    MyClass m=new MyClass();
    m.go();
)
    void MyClass() {
        S="constructor";
    }
    void go() {
        System.out.println(s);
    }
}
```

A. 程序可以运行,但屏幕没有输出任何字符

B. 程序可以运行,屏幕输出字符串为"null"

C. 程序可以运行,屏幕输出字符串为"constructor"

D. 程序无法编译运行

4-15　公共成员变量 MAX_LENGTH 是一个 int 型值,如果变量的值保持常数值100,要使用哪个语句声明定义这个变量？说出理由。（　　）

A. public int MAX_LENGTH＝100；

B. final int MAX_LENGTH＝100；

C. final public int MAX_LENGTH＝100；

D. public final int MAX_LENGTH＝100；

4-16　(1) 创建一个 Rectangle 类,添加两个属性 width、height。

(2) 在 Rectangle 中添加两个方法计算矩形的周长和面积。

(3) 编程利用 Rectangle 输出一个矩形的周长和面积。

(4) 画出 Rectangle 类的 UML 图。

4-17　(1) 设计一个 Array 类,添加一个整型数组,添加构造方法对数组赋初值。

(2) 为 Array 类添加数组求和方法,添加返回求和值的方法。

(3) 编程利用 Array 计算数组的求和值并输出。

第 5 章

深 入 类

Java 的继承性可以实现软件重用，Java 的多态性可以使程序增加新功能变得容易，Java 的接口可以实现多重继承的功能，通过接口还可以将设计与实现分离，使编写的代码更通用，更加容易维护。包是类和接口的集合。利用包可以把用户常用的类、功能相似的类与具有公共变量与空方法的接口放在一个包中。

本章的内容主要解决以下问题。

- 什么是父类与子类？
- 如何创建子类？
- 在同一个应用程序中如何区别子类与父类的成员？
- 如何隐藏父类的成员变量？
- 如何覆盖父类的成员方法？
- 什么是接口？它有什么特点？
- 如何创建自定义接口？
- 如何引用包及包中的类？
- 如何创建自定义包？如何在包中存放类？

5.1 类的继承性

新类可从现有的类中产生，将保留现有类的状态属性和方法并可根据需要加以修改。新类还可添加新的状态属性和方法，这些新增功能允许以统一的风格处理不同类型的数据。这种现象就称为类的继承。例如从小狗类中继承的新类除了有小狗原来的特性以外，还可以增加颜色状态和发声的方法等。

本节主要介绍声明继承父类的子类的方式、从父类继承成员变量与成员方法的方式、隐藏父类成员变量的方法、覆盖父类成员方法的方法、this 和 super 的作用。

5.1.1 类的层次关系

1. 父类与子类的关系

当建立一个新类时,不必写出全部成员变量和成员方法。只要简单地声明这个类是从一个已定义的类继承下来的,就可以引用被继承类的全部成员。

Java 提供了一个庞大的类库让开发人员继承和使用。设计这些类是出于公用的目的,因此,很少有某个类恰恰满足用户的需要。用户必须自己设计能处理实际问题的类,如果新设计的类仅仅实现了继承,则和父类毫无两样。所以,通常要对子类进行扩展,即添加新的属性和方法,使得子类比父类大,更具特殊性,代表着一组更具体的对象,有句话说"青出于蓝而胜于蓝",继承的意义就在于此。

2. 声明子类的方式

声明子类的语法格式:

[修饰词] class 子类名 extends 父类名

可见,在类的声明语句中加入 extends 关键字,然后指定父类名即可通过继承父类声明一个子类,例如:

```
public class Animal extends Object
public class Dog extends Animal
public class Person
```

上述第 1 条语句声明子类 Animal 的父类是 Object,但编程中通常会省略 extends Object 子句;第 2 条语句声明子类 Dog 的父类是 Animal;第 3 条语句在字面上没有 extends 关键字,但实际上等价于 public class Person extends Object。

3. Java 类的层次结构

Java 类的继承是从什么地方开始的?又是如何延续下来的呢?看图 5.1 所示的模拟图。

图 5.1 反映了 Java 类的层次结构。最顶端的类是 Object,它在 java.lang 中定义,是所有类的始祖。一个类可以有多个子类,也可以没有子类,但它必定有一个父类(Object 除外)。

子类不能继承父类中的 private 成员,除此之外,其他所有的成员都可以通过继承变为子类的成员。对继承的理解可以扩展到整个父类的分支,也就是说,子类继承的成员实际上是整个父系的所有成员。例如,toString 这个方法是在 Object 中声明的,被层层继承了下来,所有的子孙类都可以继承,使用这个方法输出当前对象的基本信息。

至此,可以得出如下结论:

(1) 子类只能有一个父类。

(2) 如果省略了 extends,子类的父类是 Object。

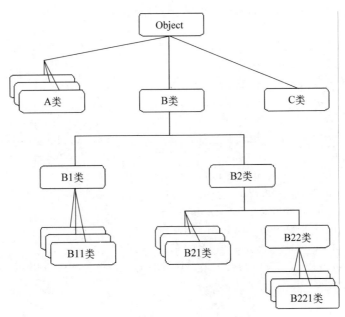

图 5.1 Java 类的层次结构

(3) 子类继承了父类和祖先的成员,可以使用这些成员。

(4) 子类可以添加新的成员变量和方法,也可以隐藏父类的成员变量或覆盖父类的成员方法。

5.1.2 成员变量的继承和隐藏

1. 成员变量的继承

子类中的成员变量可以是子类自己创建的,其他是通过其父类继承的。子类继承根据二者所在包的异同分为以下两种情况:

(1) 子类与父类在同一包,子类继承父类中非 private 修饰的成员变量和方法。

(2) 子类与父类不在同一包,父类中使用 private 与 package 修饰的私有成员变量和友好的成员变量不会被继承,子类只能继承父类中使用 public 和 protected 的成员变量与方法。

例 5.1 下面的 3 个程序说明从点 Point 类扩展到线 Line 类和圆 Circle 类的方法,这是 3 个公共类,不能放在同一个文件中。它们属于方法类,仅用来定义一个类,可以进行编译处理。它们都没有 main 方法及输出语句,如果运行程序看不到什么结果。

```
public class Point {
    protected int x, y;
    Point(int a, int b) {setPoint(a, b);}      //构造方法
    Point() {}
    public void setPoint(int a, int b) { x=a; y=b; }
    public int getX() {return x;}
```

```java
        public int getY() {return y;}
}

public class Line extends Point {
    protected int x, y, endX, endY;
    Line(int x1, int y1, int x2, int y2) {}      //构造方法
    setLine(x1, y1, x2, y2);
    public void setLine(int x1, int y1, int x2, int y2) { x=x1; y=y1; endX=x2; endY=y2; }
    public int getX() {return x;}
    public int getY() {return y;}
    public int getEndX() {return endX;}
    public int getEndY() {return endY;}
    public double length() {
        return Math.sqrt((endX-x) * (endX-x)+(endY-y) * (endY-y));
    }
}

public class Circle extends Point {
    protected int radius;
    Circle(int a, int b, int r) {
        super(a, b);
        setRadius(r);
    }            //构造方法
    public void setRadius(int r) {radius=r;}
    public int getRadius() {return radius;}
    public double area() {return 3.14159 * radius * radius;}
}
```

说明：Point 类具备一个点的特征。Line 和 Circle 类具备线和圆的特征，它们是从 Point 继承下来的子类。

下面分析这 3 个类各自都有哪些成员。

Point：

x, y	//受保护的成员变量，代表点的坐标
Point	//点的构造方法
setPoint	//设定点的坐标值的方法
getX, getY	//返回坐标 x 和 y 的值的方法

Line：

x, y, endX, endY	//子类受保护的成员变量，代表线的两个端点坐标
Line	//线的构造方法
setLine	//设定线的两个端点坐标值的方法
getX, getY	//返回起点坐标 x 和 y 的值的方法

getEndX, getEndY	//返回终点坐标 endX 和 endY 的值的方法
length	//返回线的长度的方法
x, y	//继承父类的受保护成员变量,但被子类隐藏
getX, getY	//继承父类的方法,但被子类覆盖

Circle：

radius	//子类受保护的成员变量,代表圆的半径
Circle	//圆的构造方法
setRadius	//设定半径值的方法
getRadius	//返回半径值的方法
area	//返回圆面积的方法
x, y	//继承父类的受保护成员变量
super	//调用父类的构造方法
getX, getY	//继承父类的方法

2. 成员变量的隐藏

成员变量的隐藏是指子类重新定义了父类中的同名变量,如子类 Line 重新定义了 x 为 x1,y 为 y1,隐藏了父类 Point 中的两个成员变量 x 和 y。子类执行自己的方法时,操作的是子类的变量;子类执行父类的方法时,操作的是父类的变量。在子类中要特别注意成员变量的命名,防止无意中隐藏了父类的关键成员变量,这有可能给子类使用变量带来麻烦。

Line 还覆盖了 Point 的两个方法 getX 和 getY。关于方法覆盖的内容,参见下一小节。

5.1.3 成员方法的继承与覆盖

如果子类的方法与父类的方法同名,则不会继承父类的方法而用子类的方法,此时称子类的方法覆盖了父类的方法,简称为方法覆盖(override)。方法覆盖为子类提供了修改父类成员方法的能力。例如,子类可以修改层层继承下来的 toString 方法,让它输出一些更有用的信息。

例 5.2 子类对 Object 类 toString 方法的覆盖,结果如图 5.2 所示。

```
class Circle2 {
    private int radius;
    Circle2(int r){setRadius(r);}
    public void setRadius(int r){radius=r;}
    public int getRadius(){return radius;}
    public double area(){
        return 3.14159 * radius * radius;
    }
    public String toString(){
        return "圆半径："+getRadius()+"圆面积："+area();
    }
```

```
    }
public class exp5_2 {
    public static void main(String args[]){
        Circle2 c=new Circle2(10);
        System.out.println("\n"+c.toString());
    }
}
```

圆半径：10圆面积：314.159

图 5.2　成员方法覆盖

说明：程序中改写了上一节介绍的 Circle 类定义了 Circle2 类，在其中添加了 toString 方法并修改了它的返回值。由于 toString 和父类 Object 的 toString 方法名相同、返回值类型相同，因此就覆盖了父类中的 toString 方法。

1. 方法覆盖注意问题

（1）用来覆盖的子类方法应和被覆盖的父类方法同名、同返回值类型、相同参数个数和参数类型。如果被覆盖的方法没有声明抛出异常，子类的覆盖方法可以有不同的抛出异常子句。

（2）可以部分覆盖一个方法。部分覆盖是在原方法的基础上添加新的功能，即在子类的覆盖方法中添加一条语句：super.原父类方法名，然后加入其他语句。

（3）不能覆盖父类中的 final 方法，因为设计这类方法的目的就是为了防止覆盖。

（4）不能覆盖父类中的 static 方法，但可以隐藏这类方法。可在子类中声明同名的静态方法来隐藏父类中的静态方法。

（5）子类必须覆盖父类中的抽象方法。

2. 子类继承父类的原则

子类可以继承父类中所有可被子类访问的成员变量和成员方法，但必须遵循以下原则：

（1）子类能够继承父类中被声明为 public 和 protected 的成员变量和成员方法，但不能继承被声明为 private 的成员变量和成员方法。

（2）子类能够继承在同一个包中的由默认修饰符修饰的成员变量和成员方法。

（3）如果子类声明了一个与父类的成员变量同名的成员变量，则子类不能继承父类的成员变量，此时称子类的成员变量隐藏了父类的成员变量。

（4）如果子类声明了一个与父类的成员方法同名、同返回值类型、相同参数个数和参数类型的成员方法，则子类不能继承父类的成员方法，此时称子类的成员方法覆盖了父类的成员方法。

5.1.4　this 和 super 关键字

1. this 和 super 的应用方式

在什么情况下使用 this 和 super？看下面的例子。

例 5.3 运用 super 关键字实现子类调用父类的构造方法,用 this 关键字实现当前类的对象调用成员变量或成员方法。运行结果如图 5.3 所示。

```
class Point2 {                          //父类
    protected int x,y;
    Point2(int a,int b){
        setPoint(a,b);
    }
    public void setPoint(int a,int b){
        x=a;y=b;
    }
}
class Line2 extends Point2 {            //子类
    protected int x,y;
    Line2(int a,int b){super(a,b);setLine(a,b);}
    public void setLine(int x,int y){
        this.x=x+x;this.y=y+y;
    }
    public double length(){
        int x1=super.x, y1=super.y, x2=this.x, y2=this.y;
        return Math.sqrt((x2-x1) * (x2-x1)+(y2-y1) * (y2-y1));
    }
    public String toString(){
        return "直线端点:["+super.x+","+super.y+"]["+x+","+y+"]直线长度:"+this.length();
    }
}
public class exp5_3{                    //主类
    public static void main(String args[]) {
        Line2 line=new Line2(50, 50);
        System.out.println("\n"+line.toString());
    }
}
```

直线端点:[50,50][100,100]直线长度:70.71067811865476

图 5.3 直线端点和长度输出结果

说明:

(1) 在例 5.3 创建的 Point2 类中定义了成员变量 x 和 y,其子类 Line2 中也定义了成员变量 x 和 y,其构造方法 Line2()中也用 x 和 y 作为参数,这种变量同名多次引发了变量的隐藏。首先是 Line2 中的 x 和 y 隐藏了 Point2 中的 x 和 y,然后 setLine 方法中的参数 x 和 y 又隐藏了 Line2 的 x 和 y。使用这些变量时,如果分不清它们是属于谁的,就会带来混乱。

（2）Point2 中已经有了两个变量表示点的位置，子类 Line2 只需再定义两个变量表示另一个点的位置。计算线的长度时，可用这 4 个变量来表示一条直线的两个端点。因此，在构造方法中将代表初值的两个参数分别使用：通过 super(a,b) 调用父类的构造方法为父类的 x 和 y 赋值；通过 setLine(a,b) 为子类的 x 和 y 赋值。

（3）在 setLine 方法中，因为参数名和成员变量名相同，如果为成员变量赋值，就必须加上 this 引用，告诉编译器是为当前类的成员变量赋值。同理，在 length 和 toString 方法中使用父类成员变量时，就必须加上 super 引用，告诉编译器使用的是父类的成员变量。

（4）设计这个程序的目的是为了说明 this、super 和 super() 的使用方法，如果不用变量隐藏，或者在子类中定义足够多的成员变量，则不需要 this 和 super，但这样就发挥不了继承的优势。

例 5.4 在子类继承父类的情况下用 super 关键字调用父类的同名方法和变量。运行结果如图 5.4 所示。

```
class ClassA {                              //父类
    boolean var;
    void method(){var=true;}
}
public class exp5_4 extends ClassA {        //子类
    boolean var;
    void method(){
        var=false;
        super.method();
        System.out.println("子类变量 var 为 "+var);
        System.out.println("父类变量 var 为 "+super.var);
    }
    public static void main(String args[]){
        exp5_4 a=new exp5_4();
        a.method();
    }
}
```

子类变量var为 false
父类变量var为 true

图 5.4 子类和父类变量的输出结果

说明：exp5_4 子类中隐藏了 ClassA 的成员变量 var，将 var 赋值为 false，但调用 super.method() 后，又将 var 赋值为 true，因此输出结果分别是 false 和 true。这里使用了构造方法 exp5_4()，但在 exp5_4 类中没有定义，其原因将在后面解释。

2. this 和 super 的作用

总结上面的例子，可以概括出 this 和 super 的作用如下。

（1）this 可以代表当前类或对象本身。

在一个类中，this 表示对当前类的引用，在使用类的成员时隐含着 this 引用，尽管可以不明确地写出,例如 length 和 toString 中对 x 和 y 的使用。当一个类被实例化为一个对象时,this 就是对象名的另一种表示。通过 this 可顺利地访问对象,凡在需要使用对象名的地方均可用 this 代替。

(2) super 代表着父类。

如果子类的变量隐藏了父类的变量,使用不加引用的变量一定是子类的变量,如果使用父类的变量,就必须加上 super 引用。同样的道理,如果有方法覆盖的发生,调用父类的方法时也必须加上 super 引用。

(3) super() 可用来调用父类的构造方法。

Java 规定类的构造方法只能由 new 操作符调用,但子类可以使用 super() 调用父类的构造方法。同理,this() 也可用来间接调用当前类或对象的构造方法。

类的构造方法是不能继承的,因为构造方法不是类的成员,没有返回值,也不需要修饰符。因为父类的构造方法和父类同名,在子类中继承父类的构造方法肯定和子类不同名,这样的继承是无意义的。所以,要在子类中调用父类的构造方法,需要使用 super(),如在例 5.3 中:

```
class Line2 extends Point2 {
protected int x,y;
    Line2(int a,int b) {
        super(a,b);
        setLine(a,b);
    }
}
```

其中,super(a,b) 完成了在子类中调用父类构造方法的任务,即为父类的成员变量赋初值。

注意:super() 只能出现在子类的构造方法中,而且必须是子类构造方法中的第一条可执行语句。

5.2 类的多态性

类的继承发生在多个类之间,而类的多态发生在同一个类上。在一个类中,可以定义多个同名的方法,但方法的参数个数和数据类型是不同的。这种现象称为类的多态性。

本节主要介绍实现类多态性的成员方法的重载与构造方法的重载。

5.2.1 成员方法的重载

方法的重载是指对同名方法的不同定义方式。看下面这个例子。

例 5.5 本程序用来定义一个类,在该类中定义了名称为 getArea() 的方法(参数为可变的)和两个名称为 draw() 的方法,用来说明方法的重载特性,运行结果如图 5.5 所示。

```
长为20.0 宽为30.0的矩形的面积是: 600.0
半径为7.0的圆的面积是: 153.93803
画7个任意形状的图形
画一个三角形
```

图 5.5 成员方法重载运行结果

```java
public class exp5_5 {
    final float PI=3.1415926f;
    public void getArea(float r){
        float area=PI * r * r;
        System.out.println("半径为"+r+"的圆的面积是："+area);
    }
    public void getArea(float a,float b){
        float area=a * b;
        System.out.println("长为"+a+" 宽为"+b+"的矩形的面积是："+area);
    }
    public void draw(int num) { System.out.println("画"+num+"个任意形状的图形");}
    public void draw(String shape) { System.out.println("画一个"+shape); }
    public static void main(String[] args) {
        exp5_5 cal=new exp5_5();
        cal.getArea(20, 30);
        cal.getArea(7);
        cal.draw(7);
        cal.draw("三角形");
    }
}
```

说明：在本例中，向同名方法 getArea() 与 draw() 输入不同种类的参数，都得到了正确的输出，它们的区别在于参数的个数和类型的差别，Java 解释器在运行这个程序时，可以根据参数的不同来调用不同的方法。

成员方法的多态性使类能够向外提供一个较为一致的接口，对程序员来说，不必关心同名方法内部的细节差异，只要掌握它们在使用时参数的个数和类型就可以了。

5.2.2 构造方法的重载

每一个类都有一个默认的构造方法，这就是和类同名的无参构造方法。它实际上是父类的构造方法，创建子类时由父类自动提供。因此，每个类的对象都可以使用这种方式来初始化对象。

如果在初始化对象时需要对象具有更多的特性，可重载构造方法。看下面的例子。

例 5.6 在类中定义 3 个不同的构造方法并验证其结果，运行结果如图 5.6 所示。

```java
class RunDemo {
    private String userName, password;
    RunDemo(){ System.out.println("All is null!"); }       //无参构造方法
    RunDemo(String name){ userName=name; }                 //一个参数的构造方法
    RunDemo(String name, String pwd) {                     //两个参数的构造方法
        this(name);
        password=pwd;
        check();
```

```java
        }
        void check(){
            String s=null;
            if (userName!=null){ s="用户名: "+userName; }
                else{ s="用户名不能为空!";}
            if (password!="ThisWord"){ s=s+"口令无效!";}
                else{ s=s+"口令: ********";}
            System.out.println(s);
        }
    }
    public class exp5_6 {
        public static void main(String[] args){
            new RunDemo();
            new RunDemo("Bill");
            new RunDemo(null,"Bill");
            new RunDemo("Bill","ThisWord");
        }
    }
```

说明：例 5.6 有 3 个构造方法，其中无参构造方法 RunDemo() 的实际作用是对成员变量赋默认初值，由于 userName 和 password 都是 String 类，所以它们的默认初值为 null。第二个构造方法 RunDemo(String) 只有一个参数，用来对成员变量 userName 赋初值。在第三个构造方法 RunDemo(String, String) 中我们看到了更多的内容，首先调用 this(name)，其实际作用就是调用当前类的构造方法 RunDemo(String name)；然后对成员变量 password 赋值；最后调用 check 方法来检查 userName 和 password，类似于一般程序的口令验证。

```
All is null!
用户名不能为空! 口令无效!
用户名: Bill口令: ********
```

图 5.6 构造方法重载运行结果

重载构造方法的执行由类根据实际参数的个数、类型和顺序确定，为程序员提供了较大的灵活性。

重载构造方法的目的是提供多种初始化对象的能力，使程序员可以根据实际需要选用合适的构造方法来初始化对象。

5.2.3 避免重载出现歧义

方法重载之间必须保证参数类型不同或个数不同，否则方法被调用时可能出现调用歧义。

例 5.7 在类中定义两个构造方法，其参数分别为(double,int)和(int,double)：

```java
public class exp5_7 {
    static void speak(double a,int b){
        System.out.println("我很高兴");
    }
    static void speak(int a,double b){
```

```
        System.out.println("I am so Happy");
    }
}
```

说明：对于上面的 exp5_7 类，当代码为"exp5_7.speak(5.5,5)"，控制台输出"我很高兴"。当代码为"exp5_7.speak(5,5.5)"，控制台输出"I am so Happy"。当代码为"exp5_7.speak(5,5)"时，就会出现无法解析的编译问题，因为 exp5_7.speak(5,5)不清楚应该执行重载方法中的哪一个。

在重载方法时使用的基本数据类型要明确其区别。

5.2.4 向上转型

向上转型是将子类 B 的对象自动向上转型为父类 A 的对象，通俗地讲即是将子类对象转型为父类对象。向上转型的作用是对父类方法的扩充。作为向上转型的对象其可访问子类 B 从 A 中继承的且被 B 重载的方法，B 的其他方法转型后的对象不能访问。

例 5.8 本例用于了解向上转型的含义。

```
abstract class Animal {
public abstract void move();
}
class Parrot extends Animal {            //Animal 的子类
    public void move() {System.out.println("鹦鹉正在飞行……");}
    void drink(){System.out.println("鹦鹉正在喝水……");}
}
class Tortoise extends Animal {          //Animal 的子类
    public void move() {System.out.println("乌龟正在爬行……");}
    void drink(){System.out.println("乌龟正在喝水……");}
}
public class exp5_8 {
    public void free(Animal a) {         //a 为父类对象参数
        a.move();
        //a.drink();     //转型后的对象不能调用子类方法 drink 方法，否则运行时会报错
    }
    public static void main(String[] args) {
        exp5_8 zoo=new exp5_8();
        zoo.free(new Parrot());    //Parrot 子类对象向上转型调用覆盖的父类方法 move()
        zoo.free(new Tortoise());
                        //Tortoise 子类对象向上转型调用覆盖的父类方法 move()
    }
}
```

程序运行结果为：

鹦鹉正在飞行……
乌龟正在爬行……

说明：通过本例可以看到，exp5_8 类 free(Animal a)方法参数为父类，将 Parrot 和 Tortoise 子类对象传递给 Animal 类型参数，即为子类向上转型，其作用是作为父类对象调用 Parrot 和 Tortoise 中重载的父类方法 move()。作为父类对象，其不能调用子类中的 drink()方法。

5.3 接口

接口是 Java 语言中的一种特殊类，通常称为接口类，用来描述类的功能。接口类中定义了一些抽象的方法和常量。与抽象类相似，接口中的方法只做了声明，没有定义任何具体的操作方法。使用接口只是为了解决 Java 语言中不支持多重继承的问题，通过实现多个接口可以达到与多重继承相同的功能。

本节主要介绍实现 Java 提供的接口的方法，创建自定义接口的方法。

5.3.1 实现系统提供的接口

1. 接口的作用

接口指定了系统各模块间遵循的标准，体现的是一种规范，因此，接口一旦被定义之后不应该轻易改变，一旦改变会对整个系统造成影响。对于接口的实现者而言，接口规定了实现者必须向外提供哪些服务；对于接口的调用者而言，接口规定了调用者可以调用哪些服务。当多个应用程序之间使用接口时，接口是多个程序之间的通信标准。

2. 接口的特点

Java 已经创建了许多系统接口。主要特点为：
(1) 接口中的方法为抽象方法，接口中的方法只有定义没有实现方法的具体细节。
(2) 接口中定义的变量全部隐含为 final 和 static 类型，表明这些变量不能被实现接口方法的类改变，这些变量还必须设置初值。通过实现接口类可以使用接口中的常量，可以让多个类使用相同的常数。
(3) 接口不仅可以单继承，还可以多继承。
(4) 使用接口中的方法与常量，需要创建实现类。

3. 创建接口的实现类

如何使用 Java 已有的接口呢？通过系统已经创建的实现类，否则可以自己创建自定义的实现类。

创建实现类的声明语句中要使用关键字 implements，声明该类实现了某个或多个接口，然后在类体中实现接口中定义的方法。

因为类引用接口的一个方法只是获得了某种功能的规范表达而没有具体实现，所以，类引用接口不叫继承而称为实现，实现接口的类一般称为实现类。

例 5.9 创建 MouseListener 和 MouseMotionListener 两个接口的实现类 exp5_9。

程序运行结果如图 5.7 所示。

```java
import java.awt.*;
import java.awt.event.*;
import javax.swing.*;

public class exp5_9 extends JFrame implements MouseListener, MouseMotionListener {
    int x1, y1, x2, y2;
    public exp5_9 () {
        setTitle("画直线");
        setSize(400, 300);
        setVisible(true);
        addMouseListener(this);
        addMouseMotionListener(this);
    }
    public void paint(Graphics g) {
        super.paint(g);
        g.drawLine (x1, y1, x2, y2);
    }
    public void mousePressed(MouseEvent e) {          //记录起点坐标
        x1=e.getX(); y1=e.getY();
    }
    public void mouseDragged(MouseEvent e) {          //记录终点坐标
        x2=e.getX(); y2=e.getY();   repaint();
    }
    public void mouseClicked(MouseEvent e) {}
    public void mouseEntered(MouseEvent e) {}
    public void mouseExited(MouseEvent e) {}
    public void mouseReleased(MouseEvent e) {}
    public void mouseMoved(MouseEvent e) {}
    public static void main(String args[]){   new exp5_9 ();   }
}
```

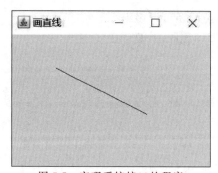

图 5.7 实现系统接口的程序

说明：类 exp5_9 使用了 implements 关键字 MouseListener 和 MouseMotion-Listener 实现了两个接口：

public class exp5_9 extends JFrame implements MouseListener, MouseMotionListener

在 exp5_9 类体中实现了 MouseListener 接口中定义的 5 个方法：

(1) public void mousePressed(MouseEvent e) {   //记录起点坐标
    x1=e.getX();   y1=e.getY();   }
(2) public void mouseClicked(MouseEvent e) {}
(3) public void mouseEntered(MouseEvent e) {}
(4) public void mouseExited(MouseEvent e) {}
(5) public void mouseReleased(MouseEvent e) {}

其中只是具体实现了 mousePressed 方法，其他为空方法。

还实现了 MouseMotionListener 接口的两个方法：

(1) public void mouseDragged(MouseEvent e) {   //记录终点坐标
    x2=e.getX();   y2=e.getY();   repaint(); }
(2) public void mouseMoved(MouseEvent e) {}

注意：
(1) 实现接口时，要实现所有接口中定义的所有方法。
(2) 实现的方法可以带有具体的实现内容，也可以是**抽象方法**，即只有方法名或参数，没有变量、没有具体操作语句、没有花括号({})的空方法。

5.3.2 创建自定义接口

如同创建类一样，可以通过声明接口语句创建自定义接口。
语法格式如下：

[修饰符] interface 接口名 [extends 父接口名列表]{
    [public] [static] [final]常量；
    [public] [abstract]方法；
}

修饰符：用于指定接口的访问权限，可选值为 public。如果省略则使用默认的访问权限。

接口名：用于指定接口的名称，接口名必须是合法的 Java 标识符。一般情况下，要求首字母大写。

extends 父接口名列表：用于指定要定义的接口继承于哪个父接口。当使用 extends 关键字时，父接口名为必选参数。

方法：接口中的方法只有定义而没有被实现。

接口体中主要声明一些公用的常量，声明一些公用的、静态空方法。

例 5.10_1 本程序用来说明创建自定义接口 N1 的方法。

```
interface N1{                    //自定义接口
    int year=2017;               //常量
    int age();                   //抽象方法
    void output();               //抽象方法
}
```

说明：

(1) 在 N1 接口中声明了两个抽象方法：age()和 output()以及一个整型常量 year。

(2) Java 编译器和解释器会自动把接口中声明的变量当作 static final 类型的变量（即常量），不管是否使用了这些修饰符。所以接口中的变量不能被修改。

(3) 接口中声明的变量都必须设置初值，否则会产生编译错误。

(4) 接口中的方法都默认为 abstract，不管有没有这些修饰符。与类、成员变量及方法一样，接口也可以使用一些访问控制修饰符进行限制，当然也可以不用。如果使用了 public，那么表示该接口可被任意的类实现。如果没有使用 public 修饰符，那么就只有与接口在同一个包中的类才可以实现这个接口。

(5) 接口名首字母要大写，定义接口的源程序文件也保存为与接口名相同的.java 文本文件，然后编译为同名的.class 文件。编译后其他类即可通过其 class 文件使用该接口了。

例 5.10_2　本例说明实现接口 N1 的方法。

```
public class exp5_10 implements N1 {        //实现 N1 接口
    String xm;
    int csrq;                               //类自己的成员变量
    public exp5_10 (String n1,int y) {      //类构造方法
        xm=n1;   csrq=y;
    }
    public int age() {                      //实现 N1 接口的方法
        return year-csrq;                   //这里直接使用了接口的常量 year
    }
    public void output() {                  //实现 N1 接口的方法
        System.out.println(this.xm+"今年的年龄是"+this.age()+"岁");
    }
    public static void main (String args[]) {
        exp5_10 a=new exp5_10 ("张驰",1990);
        a.output();
    }
}
```

运行结果：

张驰今年的年龄是 31 岁

说明：类 exp5_10 实现了 N1 接口，实现了接口中的 age()和 output()两个空方法。

5.3.3　接口的多继承

和 Java 其他类一样，接口具有继承性，子接口可以继承父接口的所有成员。与类不

同的是接口可以实现多继承。

1. 接口的单继承

下面通过例子来说明接口的继承方式与类相同。

例 5.11 接口的单继承。

```
interface A { void F1(); }
interface B extends A {void F2();}
```

说明：接口 B 将继承接口 A 中的所有变量和方法，这种接口之间的继承称为单继承。接口之间的继承与类的继承一样使用关键字 extends。

如果一个类为 B 的实现类，那么它必须实现接口 A 和接口 B 中的全部方法。

例 5.12 创建子接口的实现类。

```
class C implements B {
  void F1() { … }
  void F2() { … }
}
```

说明：在这个例子中，C 为接口 B 的实现类，因为接口 B 继承了接口 A，所以接口 B 实际上还包含了接口 A 中的方法 F1。因此 C 类不仅要实现接口 A 中的方法 F1，还要实现接口 B 中的方法 F2。

2. 接口的多重继承

在 Java 语言中，不支持类的多重继承，但是支持接口的多重继承，其语法格式如下：

interface 接口名 **extends** 接口名 1，接口名 2，…

可见接口的多重继承只是在单继承的基础上再加上几个接口，并把这些接口用逗号分隔开。

注意：引用接口时，必须实现接口中的所有方法。由于接口中的方法被声明为抽象方法，而一个抽象方法不能出现在非抽象类中，因此，创建的类如果不是抽象类就必须实现接口的所有方法。

5.3.4 接口变量与接口回调

接口变量是指用接口声明的变量。接口变量经过初始化可以变为接口实例对象。因为接口本身包含抽象方法，所以接口不能通过自身初始化，而是通过接口的实现类来进行初始化任务。

接口回调是指接口 A 型变量 a，由其实现类 B 初始化后，通过 a 调用由 B 实现的接口 A 的方法。

例 5.13 本例用来说明如何实现接口回调，运行结果如图 5.8 所示。

```
interface Eatfood {              //自定义接口 Eatfood
```

```
        void Eat();
    }
    class Chinese implements Eatfood{        //实现接口的类
        public void Eat(){                   //实现接口的方法细节
            System.out.println("中国人使用筷子。");
        }
    }
    class America implements Eatfood {       //实现接口的类
        public void Eat(){                   //实现接口的方法细节
            System.out.println("美国人使用刀叉。");
        }
    }
    public class exp5_13 {                   //声明主类
        public static void main(String[] args) {
            Eatfood em;                      //声明接口变量
            em=new Chinese();                //由 Chinese 实现类初始化变量 em
            em.Eat();                        //接口回调
            em=new America();                //由 America 实现类初始化接口变量
            em.Eat();                        //接口回调
        }
    }
```

```
中国人使用筷子。
美国人使用刀叉。
```

图 5.8 接口回调程序
的运行结果

说明：本例定义了一个接口 Eatfood，两个此接口的实现类 Chinese 和 America，声明了一个 Eatfood 接口变量 em，并由其实现类进行了初始化，最后通过 em 分别调用了不同实现类自身实现的 Eatfood 接口的 Eat()方法。

通过本例可以发现，接口回调与对象向上转型是类似的，向上转型是通过子类对象向上转型调用子类重载的父类方法。接口回调是通过实现类的实例对象回调实现类实现的接口方法。

5.3.5 接口的默认方法

Java 8 新增的一个新特性是允许在接口中定义非抽象的方法，在接口中只需在方法前添加 default 关键字即可，这个方法称为默认方法。

下面通过例子说明如何在接口中定义 default 方法。

例 5.14 在自定义接口 Formula 中定义一个抽象方法和一个 default 方法，实现接口的类只需实现其抽象方法，default 方法将可以直接使用。

```
interface Formula {
    double calculate(int a);                 //定义抽象方法
    default double sqrt(int a) {             //定义 default 方法
        return Math.sqrt(a);                 //求平方根方法
    }
}
```

```
class F1 implements Formula {                //接口的实现类
    public double calculate(int a) {         //实现抽象方法
        return sqrt(a * 100);
    }
}
public class exp5_14 {
    public static void main(String[] args) {
        F1 f1=new F1();
        System.out.println(f1.calculate(100));
        System.out.println(f1.sqrt(16));
    }
}
```

运行结果为:

100.0
4.0

说明:通过本例可以看到实现 Formula 接口的类 F1 只需要实现抽象 calculate()方法的细节,扩展方法 sqrt()通过 F1 类的对象可以直接调用 f1.sqrt(16)。

5.3.6 接口与抽象类的对比

1. 接口与抽象类的共同点

(1) 接口与抽象类都不能被实例化,能被其他类实现和继承。

(2) 接口和抽象类中都可以包含抽象方法,实现接口或继承抽象类的普通子类都必须实现这些抽象方法。

(3) Java 8 中接口中可以定义静态方法;抽象类中也可以定义静态方法。

2. 接口和抽象类的区别

(1) 接口中定义普通方法需要加 default 关键字;抽象类中可以直接定义普通方法。

(2) 接口中只能定义静态常量属性,不能定义普通属性;抽象类都可以定义。

(3) 接口不能包含构造方法;抽象类可以包含构造方法,抽象类里的构造方法是为了让其子类调用并完成初始化操作。

(4) 接口中不能包含初始化块;抽象类可以包含初始化块。

(5) 一个接口可以继承多个父接口;一个类最多只能继承一个直接父类,包括抽象类。

5.3.7 面向接口的 UML 图

1. 接口的描述

接口可以如同类一样用 UML 图描述,图 5.9 是 Calculate 接口的 UML 图。

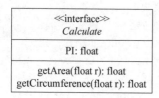

图 5.9 接口的 UML 图

注意：接口的名字必须是斜体字形，而且需要用 <<interface>> 修饰，并且该修饰和名字分布在两行。

2. 类与接口的关系描述

当一个类实现了一个接口，那么这个类和这个接口之间的关系，称为类实现了接口。UML 通过使用虚线连接类和它所实现的接口，虚线的起始端是类，终止端是它所实现的接口，在终止端使用一个空心的三角形表示虚线的结束。用 UML 图可以描述例 5.12 程序中接口与类的关系，如图 5.10 所示。

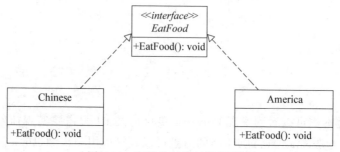

图 5.10 实现类与接口的关系图

5.4 包

Java 系统中已经包含了设计者编写的大量系统包，学习 Java 语言就要了解如何使用系统包中的类，还要学习如何把自己编写的类组成包的形式，以便将来像使用系统包一样使用自己包中声明的类。

本节主要介绍 Java 系统提供的常用包及所支持的功能，在 Java 程序中引用包的方法和在 Java 程序中创建自定义包的方法。

5.4.1 包机制

Java 要求文件名与类名相同，将多个类放在一个文件夹中时，要保证类名不能重复。当声明的类很多时，类名有可能冲突，这就需要一种管理类名的机制，这就是包机制。

包是一组类和接口的集合，常把相关的类与接口放在一个包中，包对应 Windows 资源管理器中的文件夹，包中还可以有包，称为包等级（如同 Windows 资源管理器文件夹中可以有子文件夹）。

在 Windows 中，使用资源管理器管理各种文件，文件以文件夹分类存放，同一文件夹中的文件不能同名，不同文件夹中可以出现同名的文件。Java 包对类的管理方式如同 Windows 对文件的管理方式。同一个包中类名不能重复，不同包中可以有相同的类名。

在编写源程序中可以声明类所在的包，就像保存文件时要说明文件保存在哪个文件夹中一样。当源程序中没有声明类所在的包时，Java 将类放在默认包中，Eclipse 在创建源程序时会自动添加包名。

总之,包主要有以下 3 种功能:

(1) 将功能相近的类放在同一个包中,方便查找与使用类。

(2) 在不同包中可以保存同名类,可以避免命名冲突。

(3) 提供包级别控制访问权限。

5.4.2　Java 的 API 系统包

1. API 的含义与作用

Java 系统提供了大量的类,为便于管理和使用,分为不同的包,构成了 Java 的系统包(类库),就是 Java 的 API(Application Program Interface),中文称为应用程序接口,它们是一些预先设计好的类与接口,有丰富的功能,如数学函数、日期时间、画图、制作统计图、显示图像、播放声音、与系统软硬件打交道等,这些类与接口用来提供已经实现的功能方法,为编写 Java 应用程序提供功能基础,方便编写程序。

当运行一个 Java 程序时,Java 虚拟机装载程序的 class 文件所使用的是 Java API class 文件。所有被装载的 class 文件和所有已经装载的动态库共同组成了 Java 虚拟机上运行的整个程序。在一个平台能够支持 Java 程序以前,必须在这个特定平台上具有实现 API 的功能。

2. API 中的常用包

API 中的包都以"java."和"javax."开头,以区别用户自己创建的包。表 5.1 列出了 API 中提供的常用的包和所支持的功能。

表 5.1　API 中的常用包

API 包	功　　能
java.lang	包含 Java 语言的核心类库
java.awt	组建标准 GUI,包含了众多的图形组件、方法和事件
java.util	提供各种实用工具的类
java.io	实现输入输出的类
java.net	实现 Java 网络功能的类库
javax.swing	图形用户界面开发工具,包含新的图形组件、方法和事件
java.security	支持 Java 程序安全性的类

1) java.lang 包

java.lang 包是 Java 语言的基础类库,包含数据类型包装类、Math 数学类、用于字符串处理的 String 类和 StringBuffer 类、提供访问系统资源和标准输入输出方法的 System 系统类、Object 类、线程类 Thread、对类进行操作的 Class 类。java.lang 是唯一自动引入每个 Java 程序的包。

其中,Object 类是 Java 类层次的根,所有其他的类都是由 Object 类派生出来的。其定义的方法在其他类中都能使用。如复制方法 clone(),获得对象的类 getClass()方法,两个对象是否相等的 equals()方法,将对象转换为字符串的 toString()方法等。在比较两个变量、两个值、对象与变量相等时使用"==",在比较两个对象相等时要使用 equals()。例如,

```
ch=='A',str1.equals(str2)
```

2) java.awt 包

提供了创建图形用户界面的工具(现在基本被 swing 工具取代)以及常用的颜色 Color 类、字体 Font 类。java.awt.event 类库用来处理各种不同类型的事件。

3) java.util 包

包含一些低级的实用工具类。这些实用工具类使用方便,而且很重要。主要有日期 Date 类、堆栈 Stack 类、随机数 Random 类、向量 Vector 类等。

4) java.io 包

是 Java 语言的输入输出类库,Java 语言的文件操作都是由该类库中的输入输出类来实现的。此外,该类库还提供了一些与其他外部设备交换信息的类。java.io 包除了包含标准输入、输出类外,还有缓存流、过滤流、管道流、对象流和字符串类等。

5) java.net 包

含有访问网上资源的 URL 类,用于通信的 Socket 类和网络协议子类库等。Java 语言是一门适合分布式计算环境的程序设计语言,网络类库正是为此设计的。其核心就是对 Internet 协议的支持,目前该类库支持多种 Internet 协议,包括 HTTP、Telnet、FTP 等。

6) javax.swing 包

提供了创建图形用户界面的全部工具,包括图形组件类,如窗口、对话框、按钮、复选框、列表、菜单、滚动条和文本区等类。

7) java.security 包

包括 java.security.acl 和 java.security.interfaces 子类库,利用这些类可对 Java 程序进行加密,设定相应的安全权限等。

3. Java API 文档的下载

Java API 文档是对 Java 提供的 API 包中类与接口的说明文件,可以了解其中类与接口包装的数据变量与方法。只有清楚系统提供的类与接口的实现细节,才能编写出更精练的程序。Java API 文档可以从网站免费下载,步骤如下。

(1) 进入 Oracle 官网 http://www.oracle.com/,选择 Products→Infrastructure→Software→Java。

(2) 页面跳转后,在当前页面下方找到如图 5.11 所示的界面,单击 Oracle JDK。

(3) 页面跳转后,在当前页面找到如图 5.12 所示的界面,单击 Documentation Download 后再单击 jdk-15.0.2_doc-all.zip 进行下载。

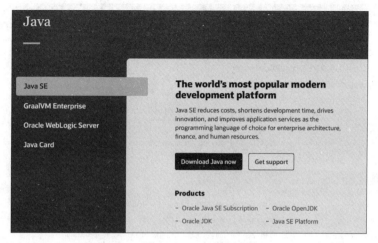

图 5.11　Java 界面

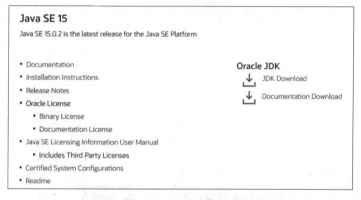

图 5.12　API 下载界面

（4）下载完之后，将 jdk-15.0.2_doc-all.zip 解压缩，然后在 docs 文件夹下找到 api 文件夹，在 api 文件夹下找到 index.html，双击后即可打开 API 的主界面，如图 5.13 所示。

4. Java API 文档的查看

通过网址 https://docs.oracle.com/en/java/javase/15/docs/api/index.html 可以在线直接打开 Java API 文档主界面，如图 5.13 所示。在这里可以看到 Java 提供的最新内容。

API 文档的内容主要是：API 文档界面中的 OVERVIEW 主目录，有所有类的超链接，所有包的层次目录，双击会跳转显示包中所有的类与接口，选择具体的类与接口会跳转显示类及用途描述、成员变量列表、构造方法列表、成员方法列表、从类层次上继承的方法列表、成员变量的详细说明、构造方法详细说明、成员方法详细说明。

在 OVERVIEW 界面选择 java.base 模块，跳转到 MODULE 界面选择 java.lang 包名，移动滑块，选择 Object 类，在 CLASS 界面可以看到 Object 类的所有类变量、构造方法与方法等，如图 5.14 所示。

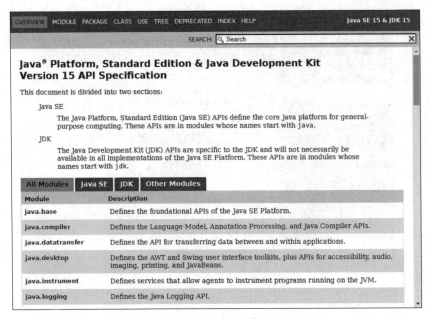

图 5.13　API 主界面

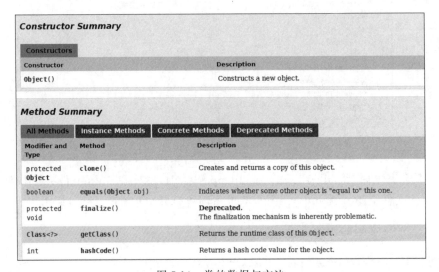

图 5.14　类的数据与方法

在如图 5.14 所示的页面中可以看到 Object 类所有的类变量、构造方法与方法,如 clone()。单击方法名还可以了解具体的方法内容。因为所有的 Java 类都是由 Object 类派生的,所以 Object 类定义的方法所有的类都可以运用。

使用类似的方法可以了解其他类的内容。要掌握 Java 语言很重要的内容是了解 Java 的类和方法,这样可以更快更好地设计出好的程序。

5.4.3 包引用

类不仅可以访问自己包中的其他类,还可以访问其他包中的公共类。在 Java 程序中是怎样告诉编译器使用哪些包中的类呢?

1. 使用包级别长名直接引用包中的类

使用长名引用包中的类比较简单,只需要在每个类名前面加上完整的包名即可。例如,创建 Graphics 类的对象并实例化代码如下:

```
java.awt.Graphics g=new java.awt.Graphics();
```

2. 使用 import 关键字引入类库中的类

在编写源程序时,如果要使用某个包中的类,要在 Java 程序的开头添加 import 语句,指明源程序要使用含有该类的包。如下面的语句:

```
import java.awt.Graphics;
import java.awt.event.*;
```

java.awt.Graphics 表示程序要使用 Java 的 awt 系统包中的 Graphics 类,编译器就会从 awt 包中查找类 Graphics。

java.awt.event.* 表示程序要使用 Java 的 event 系统包中的所有类,星号(*)表示程序中需要引入包中全部的类。

java.lang 包是系统自动隐含导入的,所以可以不使用 import 语句。其他类引用时一定要使用 import 语句导入该类的包。

5.4.4 创建自定义包

1. 声明自定义包的方式

声明自定义包的语句格式如下:

<package><自定义包名>

声明包语句必须添加在源程序的第 1 行,表示该文件的全部类都属于这个包,而且前面不能有注释和空格。前面使用 Eclipse 新建类时,选取包名后,在源文件中都自动添加了声明包的语句,例如:

```
package chapter1;
```

下面举例说明如何建立自定义包。

例 5.15 先创建一个自定义包。在新建类输入包名时,输入 Chapter5.pack,这样新建的类会存放在 Chapter5 的子目录 pack 中,在 Eclipse 界面左侧的包资源管理器中 Chapter5 目录下会出现 Chapter5.pack 子目录。源程序如下:

```
package Chapter5.pack;          //创建一个自定义包
    public class Round {
```

```
    final float PI=3.1415926f;
    int r;
    public void setR(int r) {this.r=r;}
    public void paint(){System.out.print("圆的面积是"+PI*r*r); }
}
```

例 5.16 在 Chapter5 包中创建一个引入 pack 包中的 Round 类与 exp4_5，源程序如下。

```
import chapter4.exp4_5;
import Chapter5.pack.Round;
public class exp5_16 {
    public static void main(String[] args){
        Round round=new Round();
        round.setR(3);
        round.paint();
        new exp4_5();
    }
}
```

以上两例的运行结果：在控制台输出"圆的面积是 28.274334"，同时会出现一个窗口显示两个矩形，参见第 4 章例 4.5。

说明：

（1）本程序通过 import Chapter5.pack.Round 引入语句引用自定义的 Round 类，创建了 Round 类的对象 round，通过 round 调用了 Round 类的方法。

（2）本程序通过 import chapter4.exp4_5 中引入语句引用了第 4 章例 4.5 中的 exp4_5 类。

在其他类中添加"import Chapter5.pack.*;"语句就可使用 pack 包中的类。同样"import chapter4.*;"可以引入 chapter4 包中的类。

2. 包的等级

用圆点(.)可以将包名分隔为不同的包等级，即建立不同层次的文件夹。格式为：

<package><包名 1>[<.包名 2>][<.包名 3>]

如 java.awt.image 就是一个等级包，反映 Java 开发系统的层次关系，这个包对应 Windows 文件系统中的 java\awt\image 文件夹。如果要修改包名就要修改文件夹名。

在编写大的系统软件时包会起到很好的作用。

5.5　知识拓展——Java 设计模式

Java 设计模式（Design pattern）是对解决程序设计中某类问题的方法的归纳与总结，每一个模式描述了程序设计针对一种普遍问题的解决方案。使用设计模式是为了提高代码的可重用性，让代码更容易被他人理解，让代码更可靠。

本节主要介绍设计模式的分类与设计原则。

5.5.1 设计模式的分类

Java 中常用的设计模式分为三类,共 23 种。

1. 创建型模式 5 种

(1) 工厂方法模式:为创建对象提供过渡接口,以便将创建对象的具体过程屏蔽隔离起来。

(2) 抽象工厂模式:提供一个接口,用于创建相关或依赖对象的家族,而不需要指定具体类。

(3) 单例模式:确保一个类只有一个实例,并提供全局访问点。

(4) 建造者模式:创建复合对象,使类具有不同属性,将多个功能集成到一个类中。

(5) 原型模式:当创建给定类的实例过程很昂贵或很复杂时,就使用原型模式。原型模式被用在频繁调用且极其相似的对象上,它会克隆对象并设置改变后的属性。

2. 结构型模式 7 种

(1) 适配器模式:将一个类的接口,转换成客户期望的另一个接口,目的是消除由于接口不匹配所造成的类的兼容性问题。

(2) 装饰器模式:为一个对象动态地增加一些新的功能,要求装饰对象和被装饰对象实现同一个接口,装饰对象持有被装饰对象的实例。

(3) 代理模式:为其他对象提供一种代理以控制对这个对象的访问。

(4) 外观模式:是为了解决类与类之间的依赖关系,可以将类与类之间的关系配置到配置文件中,并提供了一个统一的接口,用来访问子系统中的一群接口。

(5) 桥接模式:使用桥接模式通过将实现和抽象放在两个不同的类层次中而使它们可以独立改变。

(6) 组合模式:将对象组合成树状结构来表现"整体/部分"层次结构。组合能让客户以一致的方式处理个别对象以及对象组合。

(7) 享元模式:创建一个工厂类,将适用于共享的一些对象的类似属性作为内部数据,其他的作为外部数据,在方法调用时,当作参数传进来,实现对象的共享,减少内存开销。

3. 行为型模式 11 种

(1) 策略模式:定义了算法族,分别封闭起来,让它们之间可以互相替换,此模式让算法的变化独立于使用算法的客户。

(2) 模板方法模式:在一个方法中定义一个算法的骨架,而将一些步骤延迟到子类中。模板方法使得子类可以在不改变算法结构的情况下,重新定义算法中的某些步骤。

(3) 观察者模式:在对象之间定义一对多的依赖,这样一来,当一个对象改变状态,依赖它的对象都会收到通知,并自动更新。

(4) 迭代器模式:提供一种方法顺序访问一个聚合对象中的各个元素,而又不暴露该对象的内部表示。

(5) 责任链模式：很多对象由每一个对象对其下家的引用而连接起来形成一条链。请求在这个链上传递，直到链上的某一个对象决定处理此请求。

(6) 命令模式：将来自客户端的请求传入一个对象，从而用不同的请求对客户进行参数化。

(7) 备忘录模式：在不破坏封闭的前提下，捕获一个对象的内部状态，并在该对象之外保存这个状态。这样以后就可将该对象恢复到原先保存的状态。

(8) 状态模式：定义对象间的一种一对多的依赖关系，当一个对象的状态发生改变时，所有依赖于它的对象都得到通知并被自动更新。

(9) 访问者模式：为一个对象的组合增加新的能力。

(10) 中介者模式：用一个中介者对象封装一系列的对象交互，中介者使各对象不需要显式地相互作用，而且可以独立地改变它们之间的交互，从而更好地进行功能的拓展和维护。

(11) 解释器模式：是类的行为模式，给定一个语言之后，解释器模式可以定义其文法的一种表示，并同时提供一个解释器，客户端可以使用这个解释器来解释这个语言中的句子。

5.5.2 Java 设计原则

设计模式的实现遵循了一些原则，从而达到代码的复用性及增加可维护性的目的，设计模式对理解面向对象的三大特征有很好的启发，通过设计模式，可以体会到面向对象开发带来的好处。在编码前应多思考，再开始动手实践。下面是设计模式应当遵循的七大原则。

(1) 单一职责原则：一个类负责一项职责。

(2) 里氏替换原则：继承与派生的规则。

(3) 依赖倒置原则：高层模块不应该依赖低层模块，二者都应该依赖其抽象；抽象不应该依赖细节；细节应该依赖抽象。即针对接口编程，不要针对实现编程。

(4) 接口隔离原则：建立单一接口，不要建立庞大臃肿的接口，尽量细化接口，接口中的方法尽量少。

(5) 迪米特法则：低耦合，高内聚。

(6) 开闭原则：一个软件实体如类、模块和函数应该对扩展开放，对修改关闭。

(7) 组合/聚合原则：尽量使用组合和聚合来达到复用的目的。

习题 5

5-1　什么是类的继承性？子类和父类有什么关系？
5-2　什么是类的多态性？
5-3　何为隐藏、覆盖、重载？
5-4　this 和 super 关键字有什么作用？

5-5 什么是构造方法？什么是抽象方法？

5-6 构造方法有何特点和作用？

5-7 分析下面这段程序，指出父类、子类以及它们的成员，成员的作用是什么。

```
class Point {
    int x, y;
    Point(int a, int b) {setPoint(a,b);}
    public void setPoint(int a, int b) {x=a; y=b;}
}
class Circle extends Point {
    int radius;
    Circle(int a, int b, int r) {super(a,b); setRadius(r);}
    public void setRadius(int r) {radius=r;}
    public double area() {return 3.14159 * radius * radius;}
}
```

5-8 给出下面的不完整的类代码：

```
class Person {
    String name, department;
    int age;
    public Person(String n) { name=n; }
    public Person(String n, int a) { name=n; age=a; }
    public Person(String n, String d, int a) {
        _____
        department=d;
    }
}
```

下面（　　）表达式可以加到构造方法中的_____处。

A. Person(n,a); B. this(Person(n,a));
C. this(n,a);   D. this(name,age);

5-9 阅读下面代码：

```
public class Parent {
    public int addValue(int a, int b) {
        int s;
        s=a+b;
        return s;
    }
}
class Child extends Parent {
}
```

下面（　　）方法可以加入类 Child 中，为什么？（多选）

A. int addValue(int a, int b){//做某事情…}
B. public void addValue(){////做某事情…}

C. public int addValue(int a){////做某事情…}

D. public int addValue(int a，int b)throws MyException {////做某事情…}

5-10 给出下面的代码：

```
class Person {
    String name,department;
    public void printValue(){
        System.out.println("name is "+name);
        System.out.println("department is "+department);
    }
}
public class Teacher extends Person {
    int salary;
    public void printValue(){
        _____
        System.out.println("salary is "+salary);
    }
}
```

下面( )表达式可以加入 Teacher 类的 printValue()方法中,为什么？

A. printValue(); B. this.printValue();

C. person.printValue(); D. super.printValue();

5-11 创建一个 Fraction 类执行分数运算。要求如下：

(1) 用整型数表示类的 private 成员变量：f1 和 f2。

(2) 提供构造方法,将分子存入 f1,分母存入 f2。

(3) 提供两个分数相加的运算方法,结果分别存入 f1 和 f2。

(4) 提供两个分数相减的运算方法,结果分别存入 f1 和 f2。

(5) 提供两个分数相乘的运算方法,结果分别存入 f1 和 f2。

(6) 提供两个分数相除的运算方法,结果分别存入 f1 和 f2。

(7) 以 a/b 的形式打印 Fraction 数。

(8) 以浮点数的形式打印 Fraction 数。

(9) 编写主控程序进行分数运算。

5-12 包有什么作用？有哪些类型的包？创建一个自己的包,要求包含 4 个类。

5-13 (1) 接口有什么作用？创建一个接口,在接口中添加一个扩展方法和抽象方法。

(2) 在类中实现这个接口。

(3) 根据你所创建的接口和类画出相应的 UML 图。

5-14 下面 Java 源文件代码片段( )是对的,说出理由。

A. package testpackage;
   public class Test{///做某事情…}

B. import java.io.*;
   package testpackage;
   public class Test{///做某事情…}

C. import java.io.*;
   class Person{//做某事情…}
   public class Test{//做某事情…}

D. import java.io.*;
   import java.awt.*;
   public class Test{//做某事情…}

5-15 (1) 创建一个包含 say() 方法的 People 类, 定义两个继承 People 类的子类 Teacher 和 Student 并在子类中重载 say() 方法, 要求在测试类实现子类对象的向上转型, 调用相应子类的 say() 方法输出不同的内容。

(2) 将(1)中的 People 类改为接口, say() 方法改为抽象方法, 两个子类改为实现 People 接口的类, 要求在测试类实现类对象的接口中回调, 调用相应类的 say() 方法输出不同的内容。

第6章

Java 的异常处理机制

处理程序运行时的错误和设计程序同样重要,能够完善处理程序运行时的出错问题,软件系统才能长期稳定地运行。Java 的异常处理机制是用来处理程序运行时的错误的有效机制,以往需要由程序员完成的程序出错情况的判别,在 Java 中改为由系统承担。通过系统抛出的异常,程序可以很容易地捕获并处理发生的异常情况。

本章的内容主要解决以下问题:

- 什么是错误与异常?
- 造成 Java 异常的有哪些原因?
- 什么是抛出?什么是捕获?
- Java 有哪些异常对象?
- 在程序中使用什么语句结构来处理异常?
- 能否自己创建异常对象?

6.1 异常处理机制概述

本节主要介绍异常处理机制的基本概念。

6.1.1 错误与异常

在程序运行期间,会有许多意外的事件发生。例如,程序申请内存时没有申请到、对象还未创建就被使用、死循环等,这些现象被称为运行错误。根据运行错误的性质将其分为错误与异常两种类型。

1. 错误

程序进入了死循环或内存溢出,这类现象称为错误。错误只能在编程阶段解决,运行时程序本身无法解决,只能依靠其他程序干预,否则会一直处于一种不正常的状态。

2. 异常

异常在运行中会给出出错提示,例如,在代码中少了一个分号或者花括号,会提示错误 java.lang.Error;在进行运算时除数为 0,会提示错误 java.lang.ArithmeticException;总之,操作数超出数据范围,打开一个文件时发现文件不存在,网络连接中断等这类现象称为异常。对于异常情况,可在源程序中加入异常处理代码,当程序出现异常时,由异常处理代码调整程序运行流程,使程序仍可正常运行直到正常结束。

Java 中的异常由一个对象来表示,程序在运行时抛出的异常就是一个异常对象,它不仅封装了发生异常的信息,也包括了处理异常信息的方法。

由于异常是可以检测和处理的,所以 Java 制定了异常处理机制。而错误的处理一般由系统承担。

对于一个应用软件,异常处理机制是不可缺少的。程序设计时必须考虑每一个可能发生的异常情况并进行处理,以保证程序在任何情况下都能正常运行。事实证明,一个设计了异常处理的程序,可以长时间地可靠运行,而不容易发生致命的错误,如程序被迫关闭甚至系统终止等。所以进行异常情况处理对于保障软件功能完善与实用价值是至关重要的。

6.1.2 异常发生的原因

1. Java 异常的概念

在了解如何处理异常之前,先来了解什么是 Java 异常。当 Java 程序违反了 Java 语言的语义规则时,Java 虚拟机就会发出出错信号,这就是 Java 异常。例如,除数为 0、数组下标越界就是一种违规行为。

2. Java 异常发生的原因

造成 Java 异常有以下 3 种原因:

(1) Java 虚拟机检测到了非正常的执行状态,这些状态可能是由以下几种情况引起的:①表达式的计算违反了 Java 语言的语义,例如整数被 0 除;②载入或链接 Java 程序时出错;③超出了某些资源限制,例如使用了太多的内存。这些异常都是无法预知的。

(2) Java 程序代码中的 throw 语句被执行。

(3) 异步异常发生。

异步异常的原因可能是 Thread 的 stop 方法被调用与 Java 虚拟机内部发生错误。

6.1.3 如何处理异常

发生异常后,怎么处理异常呢?处理异常分为两个步骤。

1. 抛出异常

在程序运行时当语义规则被违反时,将会抛出(throw)异常,即产生一个异常事件,生成一个异常对象。一个异常对象可以由 Java 虚拟机来产生,也可以由运行的方法生成。异常对象中包含了异常事件类型、程序运行状态等必要信息。

2. 捕获异常

异常抛出后,异常对象被提交给运行系统,系统将从生成异常对象的代码开始,沿方法的调用栈进行查找,直到找到包含相应处理的方法代码,并把异常对象交给该方法进行处理,这个过程称为捕获(catch)异常。

综上所述,异常处理机制就是当 Java 语义规则被违反时,抛出异常对象,并引导程序流程从异常发生点转移到程序指定的处理异常方法代码处进行异常处理。

6.2 异常类的层次结构

本节主要介绍 Java 中用来解决处理异常问题的异常类。

在异常发生后,系统会产生一个异常事件,生成一个异常对象。通常有哪些异常对象呢?这些异常对象来自哪些类呢?

Java 中的异常类具有层次结构组织。所有的异常类是从 java.lang.Exception 类继承的子类。Exception 类是 Throwable 类的子类。除了 Exception 类外,Throwable 还有一个子类 Error。异常类有两个主要的子类:IOException 类和 RuntimeException 类。异常类的层次结构如图 6.1 所示,运行异常的分类如图 6.2 所示。

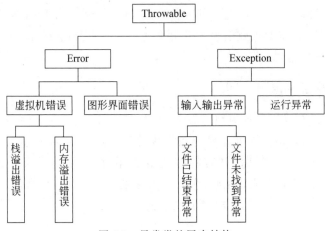

图 6.1 异常类的层次结构

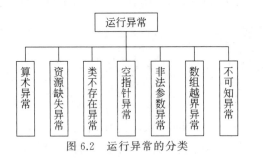

图 6.2 运行异常的分类

6.2.1 Exception 异常类的子类

（1）RuntimeException 运行时异常类。

RuntimeException 类主要包括以下异常子类。

① ArithmeticException 算术异常类：表示遇到了异常的算术问题，例如被 0 整除。

② ArrayIndexOutOfBoundsException 数组下标越界异常类：当索引值为负或者大于数组大小时，会出现用非法索引访问数组时抛出的异常。

③ ArrayStoreException 数组元素类型不匹配异常类：试图把与数组类型不相符的值存入数组。

④ NumberFormatException 数字格式化异常类：试图将字符串转换成数值类型不能进行时，则会抛出该异常。

⑤ ClassCastException 类型强制转换异常类：试图把一个对象的引用强制转换为不合适的类型。

⑥ IndexOutOfBoundsException 下标越界异常类：下标越界。

⑦ NullPointerException 空指针异常类：试图使用一个空的对象引用。

⑧ SecurityException 违背安全原则异常类：检测到了违反安全的行为。

（2）NoSuchMethodException 方法未找到异常类。

（3）java.awt.AWTException 图形界面异常类。

（4）java.io.IOException 输入输出异常类。

java.io.IOException 类的子类有：

① IOException：申请 I/O 操作没有正常完成。

② EOFException：在输入操作正常结束前遇到了文件结束符。

③ FileNotFoundException：在文件系统中，没有找到由文件名字符串指定的文件。

（5）Exception 异常类的其他子类。

① EmptyStackException：试图访问一个空堆栈中的元素。

② NoSuchFieldException：试图访问一个不存在的域。

③ NoSuchMethodException：试图访问不存在的方法。

④ ClassNotFoundException：具有指定名字的类或接口没有被发现。

⑤ CloneNotSupportedException：克隆一个没有实现 Cloneable 接口的类。

⑥ IllegalAccessException：试图用给出了完整的路径信息的字符串加载一个类，但是当前正在执行的方法无法访问指定类，因为该类不是 public 类型或在另一个包中。

⑦ InstantiationException：试图使用 Class 的 newInstance 方法创建一个对象实例，但指定的对象没有被实例化，因为它是一个接口、抽象类或者一个数组。

⑧ InterruptedException：当前的线程正在等待，而另一个线程使用了 Thread 的 interrupt 方法中断了当前线程。

6.2.2 Error 错误类的子类

(1) VirtualMachineError 虚拟机错误类。
① OutOfMemoryError 内存溢出错误。
② StackOverflowError 栈溢出错误。
(2) LinkageError 链接错误类。
(3) NoClassDefNotFoundError 类定义未找到错误。
(4) java.awt.AWTError 图形界面错误。

6.3 异常的处理

当一个异常抛出(即产生了异常)时,该如何处理呢?
本节主要介绍 Java 中用来处理异常问题的语句结构。

6.3.1 catch 子句

在 Java 语言中常用语句 try…catch…finally 处理异常。在 try 语句块里编写可能发生异常的代码,在 catch 中捕获执行代码时可能发生的异常。

catch 语句格式如下:

```
try {…}          //被监视的代码段,出现问题系统抛出异常对象,交由其后的 catch 代码段处理
catch(异常类型 e) {…}     //处理异常方法 1
catch(异常类型 e) {…}     //处理异常方法 2
…
finally {…}      //最终系统处理方法
```

说明:在程序设计时把可能会发生异常情况的代码放在 try 语句段中,利用 try 语句对这组代码进行监视。如果发生问题,系统会自动抛出异常对象 e,交给 catch 语句处理。处理步骤如下:

(1) catch 语句执行前,先要识别抛出的异常对象类型 catch 能否捕获,如果 catch 语句参数中声明的异常类与抛出的异常类相同,或者是它的父类,catch 语句就可以捕获这种异常对象。

(2) 如果发生的异常没有捕获到,即抛出的异常对象 e 与 catch 定义的"异常类型"不匹配,流程控制将沿着调用堆栈一直向下传。也就是说,如果 catch 方法 1 不能处理异常,就把异常传给 catch 方法 2,如果 catch 方法 2 也不能处理异常,再把异常传给 catch 方法 3,这样把异常一直传到能够处理它的方法。像这样在一个 try 代码块后面跟随多个 catch 代码块的情况就叫多重捕获。

(3) 如果直到最后还是没有发现处理异常的 catch 语句,那么在 finally 子句执行完后,调用 ThreadGroup 的 unCaughtException 方法,终止当前的线程(即发生了异常的

线程)。

如果希望在异常发生时能确保有一段代码被执行,那么应该使用 finally 子句。这样即使发生的异常与 catch 所能捕获的异常不匹配也会执行 finally 子句。看下面的例子。

例 6.1 下面的例子中声明有三个元素的数组,当访问超过数组长度的元素时就会抛出异常,在这里将使用 try…catch 语句处理异常,程序运行结果如图 6.3 所示。

```
public class exp6_1 {
  public static void main(String[] args) {
    System.out.println("这是一个异常处理的例子\n");
    try {
      int Array[]=new int[3];
      System.out.println("Access element three :"+Array [4]);
    }
    catch (ArrayIndexOutOfBoundsException e) { System.out.println("异常是: "+
        e.getMessage());   }
    finally { System.out.println("finally 语句被执行"); }
  }
}
```

```
这是一个异常处理的例子
异常是: 4
finally 语句被执行
```

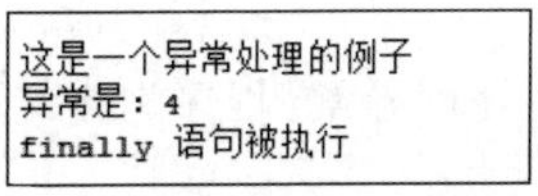

图 6.3 使用 catch 语句处理异常

说明:在程序中访问超出数组长度的对象,将会发生数组越界的异常,用 catch 语句捕获这种异常。因为数组越界的异常是一种 ArrayIndexOutOfBoundsException 类的异常,所以 catch 语句可以捕获它并作出相应的处理,通过对象 e 的方法 getMessage 说明异常的具体类型并显示出来。

如果在 catch 语句中声明的异常类是 Exception,catch 语句也能正确地捕获,这是因为 Exception 是 ArithmeticException 的父类。如果不能确定会发生哪种情况的异常,那么最好指定 catch 的参数为 Exception,即说明异常的类型为 Exception。否则,如果试图捕获一个不同类型的异常,将会发生意想不到的情况,如例 6.2 所示。

例 6.2 catch 语句中声明的异常类型与抛出的对象不匹配,程序运行结果如图 6.4 所示。

```
public class exp6_2 {
    public static void main(String[] args) {
        System.out.println("这是一个异常处理的例子\n");
        try {
            int i=5;
            i/=0;
        }
```

```
        catch (ArrayIndexOutOfBoundsException e) { System.out.println("异常是：
            "+e.getMessage()); }
        finally { System.out.println("finally 语句被执行"); }
    }
}
```

```
这是一个异常处理的例子
finally 语句被执行
Exception in thread "main" java.lang.ArithmeticException: / by zero
        at chapter6.exp6_2.main(exp6_2.java:8)
```

图 6.4　异常对象不匹配

说明：程序中 catch 试图捕获一个 ArrayIndexOutOfBoundsException 异常对象，由于发生的异常对象是其他类型，程序运行时系统会给出异常报告：报告所发生的但没有被捕获的异常现象与所属的异常类。在此之前，其他语句和 finally 语句仍会被执行。

在某些情况下，同一段程序可能产生不止一种异常情况。可以设计多个 catch 子句来检查每一种异常类型，第一个与异常匹配的 catch 会被执行。如果一个异常类和其子类都出现在 catch 子句中，应把子类放在前面，否则将永远不会到达子类。下面是有两个 catch 子句的程序例子。

例 6.3　使用多个 catch 子句处理异常，程序运行结果如图 6.5 所示。

```
public class exp6_3 {
    public static void main(String[] args) {
        try {
            int a[]={1,2,3};
            int x=0;
            for(int i=0;i<=a.length;i++){
                x=x+a[i];
            }
            System.out.println("\nx="+x);
        }
        catch(ArithmeticException e) { System.out.println("发生了被 0 除："+e); }
        catch (ArrayIndexOutOfBoundsException e) { System.out.println("数组下
            标越界："+e); }
    }
}
```

```
数组下标越界：java.lang.ArrayIndexOutOfBoundsException: 3
```

图 6.5　捕获数组下标越界异常

说明：在程序运行时会执行 for 循环，在执行第 4 次循环时，会访问索引值为 3 的数组值，为非法索引值，因此会出现第二个 catch 中的 ArrayIndexOutOfBoundsException

的数组下标越界的错误。

6.3.2 throw 语句

在 catch 子句中异常对象是 Java 运行时由系统抛出的,抛出异常对象也可以通过程序代码来实现。使用 throw 语句就可以明确地抛出一个异常对象。throw 是 Java 语言的关键字,用来告知编译器此处要发生一个异常。throw 后面要跟一个新创建的异常类对象,用于指出异常的名称和类型。

throw 语句格式如下:

`<throw><new><异常对象名()>;`

说明:程序执行中会在 throw 语句处终止,转向 try…catch 寻找异常处理方法,不再执行 throw 后面的语句。下面的例子中使用了 throw 语句主动抛出一个异常。

例 6.4 throw 语句的使用。程序运行结果如图 6.6 所示。

```
public class exp6_4{
    static void throwProcess() {
        try { throw new NullPointerException("空指针异常"); }
        catch(NullPointerException e) {
            System.out.println("\n在 throwProcess 方法中捕获一个"+e);
            throw e;
        }
    }
    public static void main(String args[]) {
        try {   throwProcess();   }
        catch(NullPointerException e) { System.out.println("再次捕获: "+e); }
    }
}
```

```
在 throwProcess 方法中捕获一个 java.lang.NullPointerException: 空指针异常
再次捕获: java.lang.NullPointerException: 空指针异常
```

图 6.6 throw 语句抛出的异常

说明:程序在 main 方法中首先调用 throwProcess 方法,得到一个抛出的 NullPointerException 异常对象,并将其命名为"空指针异常"。然后程序流程转向 throwProcess 方法中的 catch 子句,输出一条信息。接着,catch 子句中又使用 throw 抛出了一个同样的异常对象 e,这时程序流程将返回到主程序,由 catch 子句再次捕获这个异常。

6.3.3 throws 子句

throws 用来声明一个方法中可能抛出的各种异常,并说明该方法会抛出异常但不捕获异常。

1. 抛出异常交其他方法处理

在抛出异常的方法中使用 throws 子句的语法格式如下：

<返回值类型><方法名><([参数])><throws><异常类型>{ }

下面的例子声明在 method 方法中抛出异常 IllegalAccessException，在调用 method 的 main 方法里捕获异常。

例 6.5　throws 语句的使用。程序运行结果如图 6.7 所示。

```
public class exp6_5{
    static void method() throws IllegalAccessException {
        System.out.println("\n在 method 中抛出一个异常");
        throw new IllegalAccessException();
    }
    public static void main(String args[]) {
        try {  method();  }
        catch (IllegalAccessException e) { System.out.println("在 main 中捕获异
            常："+e); }
    }
}
```

```
在 method 中抛出一个异常
在 main 中捕获异常：java.lang.IllegalAccessException
```

图 6.7　使用 throws 语句抛出异常

说明：程序在 main 方法中首先调用 method 方法，输出一条信息，并抛出 IllegalAccessException 异常对象，然后程序流程将转向 main 方法主程序中的 catch 子句，捕获这个异常。

2. 多个异常声明

一个方法可以声明抛出多个异常，在多个异常之间用逗号隔开。看下例。

例 6.6　throws 语句的多个异常抛出使用。程序运行结果如图 6.8 所示。

```
public class exp6_6 {
    public static void withdraw(double amount) throws ArrayIndexOutOfBounds_
        Exception,ArithmeticException{
        if(amount==0){
            int Array[]=new int[3];
            System.out.println("Access element three :"+Array [4]);}
        if(amount==1){int i=1/0;}
    }
    public static void main(String args[])  {
        try {withdraw(0);}
```

```
        catch(ArrayIndexOutOfBoundsException  e) {
            System.err.println("抛出第一个异常:数组越界");
            e.printStackTrace();}
        try{ withdraw(1); }
        catch(ArithmeticException e) {
            System.out.println("抛出第二个异常:算术异常");
            e.printStackTrace();}
    }
}
```

```
抛出第一个异常: 数组越界
java.lang.ArrayIndexOutOfBoundsException: 4
        at chapter6.exp6_6.withdraw(exp6_6.java:7)
        at chapter6.exp6_6.main(exp6_6.java:11)
抛出第二个异常: 算术异常
java.lang.ArithmeticException: / by zero
        at chapter6.exp6_6.withdraw(exp6_6.java:8)
        at chapter6.exp6_6.main(exp6_6.java:15)
```

图 6.8　多个异常声明

说明：程序在 main 方法中调用了 withdraw 方法,该方法声明了两个异常：ArrayIndexOutOfBoundException 和 ArithmeticException。方法在执行过程中依次触发了两个异常并抛出,由 main 方法中的 catch 语段捕获,并在控制台输出了两条异常信息。

3. 由方法抛出异常交系统处理

在程序中能够处理的异常,可设计为 try…catch…finally 语句捕获并处理。对于程序无法处理必须由系统处理的异常,可以使用 throws 语句在方法中抛出异常交由系统处理。如下面的程序代码,就是将捕获异常交由系统处理。编译没有问题,但执行程序时,如果该文件在当前目录中不存在,将由系统自动给出异常报告,如 test.txt 系统找不到指定文件。

例 6.7　throws 语句抛出异常交系统处理的例子。程序运行结果如图 6.9 所示。

```
import java.io.*;
public class exp6_7
{
    public static void main(String args[]) throws IOException
    {
        FileInputStream fis=new FileInputStream("test.txt");
    }
}
```

说明：main 方法在编译时没有出现问题,但在执行 main 方法时,由于 test.txt 文件

```
Exception in thread "main" java.io.FileNotFoundException: test.txt (系统找不到指定的文件。)
        at java.io.FileInputStream.open0(Native Method)
        at java.io.FileInputStream.open(FileInputStream.java:195)
        at java.io.FileInputStream.<init>(FileInputStream.java:138)
        at java.io.FileInputStream.<init>(FileInputStream.java:93)
        at chapter6.exp6_7.main(exp6_7.java:9)
```

图 6.9 抛出异常交系统处理

并没有给出相应的路径，会出现找不到指定文件的错误，并抛出 FileNotFoundException 异常，交给系统处理。

6.3.4 finally 语句

当一个异常被抛出时，程序的执行就不再是连续的了，会跳过某些语句，甚至会由于没有与之匹配的 catch 子句而过早地返回。有时要确保一段代码不管发生什么异常都能被执行是必要的，finally 子句就是用来标识这样一段代码的，无论是否发生异常，finally 代码块中的代码总会被执行。即使没有 catch 子句，finally 语句块也会在执行 try 语句块后立即被执行。每个 try 语句至少都要有一个与之相配的 catch 或 finally 子句。

从一个方法返回到调用它的另外一个方法，可通过 return 语句，或通过一个没有被捕获的异常，但 finally 子句总是在返回前执行。

例 6.8 finally 子句的使用。程序运行结果如图 6.10 所示。

```java
public class exp6_8 {
public static void main(String args[]){
    int arry[]=new int[5];
    try{ System.out.println("第六个元素为 :"+arry[6]); }
        catch(ArrayIndexOutOfBoundsException e) { System.out.println("异常抛出
        :"+e); }
        finally{
            arry[0]=2;
            System.out.println("第一个元素的值为: "+arry[0]);
            System.out.println("执行 finally 语句");
        }
    }
}
```

```
异常抛出:java.lang.ArrayIndexOutOfBoundsException: 6
第一个元素的值为: 2
执行finally语句
```

图 6.10 执行 finally 子句

说明：main 方法在执行时，访问了 arry[] 数组的非法索引，因此会抛出 ArrayIndexOutOfBoundsException 数组越界的异常，但仍然执行了 finally 语句块，输出了数组中的第一个元素并且打印出两条信息。

6.3.5 编译时对异常情况的检查

1. 可检测类和不可检测类

不可检测的异常类是 RuntimeException 及其子类、Error 及其子类,其他的异常类则是可检测的类。标准 Java API 定义了许多异常类,既包括可检测的,也包括不可检测的。由程序定义的异常类也可以包含可检测类和不可检测类。

2. 可检测异常的处理

在编译时,编译器分析哪些方法会产生可检测的异常,然后检查方法中的可检测异常的处理部分。如果方法中没有异常处理部分,就要在方法的 throws 子句中说明该方法会抛出但不捕获的异常,以告知调用它的其他方法,即将异常上交给调用者处理。throws 子句可以抛出多个异常,在 throws 后的各异常类型名间使用逗号(,)分隔即可。

3. 不可检测异常(运行时异常类)的处理

编译器对不可检测的异常类不进行检查。

为什么不检查它们?这是因为 Java 的设计者认为检测这些异常对 Java 程序的正确性方面帮助不大,而且这种情况发生的原因很多,如整数除以 0、数组越界等。如果对每一种情况都进行处理会很麻烦,所以这些异常在编译时不检查。编译器也不检测 Error 异常。因为这种错误可能发生在程序中的许多地方,并且这种异常恢复起来很困难或者根本不可能恢复,所以检测这类错误是不必要的。

解释器在执行程序时会对出现异常的程序给出异常报告。

6.4 创建自己的异常类

前面介绍了如何使用 Java 中的系统异常处理机制与异常类解决异常问题,那么,能否自定义异常类解决异常问题呢?

本节主要介绍如何创建自定义异常类处理异常问题。

6.4.1 创建自定义异常类

自定义异常类型是从 Exception 类中派生的,所以自定义异常类可以通过继承方式来创建。

声明自定义异常类的语句格式如下:

<class><自定义异常名><extends><Exception>{…}

在编写自定义异常类时要注意以下几点:
(1) 所有异常都必须是 Throwable 的子类。
(2) 如果是检查性异常类,则继承 Exception 类。

(3) 如果是一个运行时异常类,则继承 RuntimeException 类。

例 6.9 创建自定义异常对象。程序运行结果如图 6.11 所示。

```java
class MyException extends Exception {
  private int x;
  MyException(int a) {x=a;}
  public String toString() {return "MyException";}
}
public class exp6_9 {
  static void method(int a) throws MyException {     //声明方法会抛出 MyException
    System.out.println("\t 此处引用 method("+a+")");
    if (a>10) throw new MyException(a);              //主动抛出 MyException
    System.out.println("正常返回");
  }
  public static void main(String args[]) {
    try {
      System.out.println("\n 进入监控区,执行可能发生异常的程序段");
      method(8);      method(20);      method(6);
    }
    catch(MyException e) {
      System.out.println("\t 程序发生异常并在此处进行处理");
      System.out.println("\t 发生的异常为: "+e.toString());
    }
    System.out.println("这里可执行其他代码");
  }
}
```

```
进入监控区,执行可能发生异常的程序段
        此处引用 method (8)
正常返回
        此处引用 method (20)
        程序发生异常并在此处进行处理
        发生的异常为: MyException
这里可执行其他代码
```

图 6.11 自定义异常的使用

说明:程序中创建了自定义异常类 MyException,并且在类 exp6_9 中的 method 方法中通过 throws 子句声明抛出 MyException。执行 main 函数时,调用了 method 方法,并且传入了不同的参数,在第二次传入参数 20 时,由于比 8 大,抛出了自定义异常。

在声明自定义异常的方法中也要使用 throws 子句,如 static void method(int a) throws MyException。

6.4.2 异常的使用原则

Java 异常强制用户去考虑程序的健壮性和安全性。异常处理的主要作用是捕获程序在运行时发生的异常并进行相应的处理。编写代码时处理某个方法可能出现的异常,遵循以下几条原则:

(1) 在当前方法声明中使用 try…catch 语句捕获异常。

(2) 一个方法被覆盖时,覆盖它的方法必须抛出相同的异常或异常的子类。

（3）如果父类抛出多个异常，则覆盖方法必须抛出那些异常的一个子集，不能抛出新异常。

6.5 知识拓展——异常处理的新特性

6.5.1 try…with…resources 语句

try…with…resources 是 Java 7 中一个新的异常处理机制，它能够很容易地关闭在 try…catch 语句块中使用的资源。这里的"资源"是指在程序完成后，必须关闭的对象。try…with…resources 语句确保了每个资源在语句结束时关闭。

try…with…resources 语句格式如下：

try(Resource res=…){
　　…　　//使用资源对象 **res**
};

说明：

（1）其中的资源类必须实现了 java.lang.AutoCloseable 接口，该接口只有一个抽象方法：

```
void close() throws Exception
```

（2）try…with…resources 语句可以含有 catch 和 finally 子句。catch 和 finally 子句将会在 try…with…resources 子句中打开的资源被关闭之后得到调用。

例 6.10 使用 try…with…resources 语句读取文件中的所有数字。程序运行结果如图 6.12 所示。

```
import java.io.IOException;
import java.nio.file.Paths;
import java.util.Scanner;
public class exp6_10 {
    public static void main(String[] args) throws IOException {
        System.out.println("这是使用try…with…resources的例子\n");
        try (Scanner in=new Scanner(Paths.get("C:\\test\\number.txt"))) {
            while (in.hasNext())
                System.out.println(in.next());
        }
    }
}
```

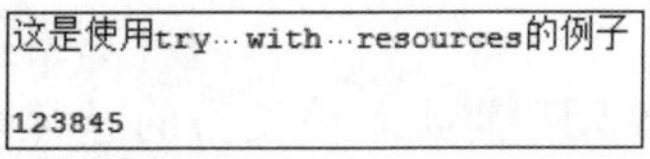

```
这是使用try…with…resources的例子
123845
```

图 6.12　使用 try…with…resources 语句

说明：

（1）Scanner 为文本扫描器类，在 java.util.Scanner 包中。本例用其构造方法扫描了指定的文本文件内容。Scanner 资源类是实现了 AutoCloseable 接口的类。

（2）当 try 语句块退出时，会自动调用 res.close() 方法。当代码块退出或发生异常时，都会调用 in.close() 方法，与 finally 用法相同。

（3）在 C:\test\ 目录下要事先保存一个 number.txt，内容为 123845。

（4）如果资源关闭时出现异常，那么 try 语句中其他异常会被忽略，可以在 catch 语句中使用 getSuppressed() 方法将"被忽略的异常"重新显示出来。

6.5.2 捕获多个异常

Java 7 中，如果多个异常类型都是以相同的方式进行处理的，可以在同一个 catch 子句中捕获多个异常类型，在多个异常类型之间用"|"隔开。

捕获多个异常语句格式如下：

try {…}   //被监视的代码段，出现问题系统抛出异常对象，交由其后的 **catch** 代码段处理
catch(异常类型|异常类型|…|异常类型 e) {…}   //对多个异常类型的相同处理方法
…
finally{…}   //最终系统处理方法

注意：只有当捕获的异常均不是其他异常的子类时，才能用这种方法。

例 6.11 在 catch 子句中捕获多个异常。程序运行结果如图 6.13 所示。

```java
public class exp6_11 {
    public static void main(String[] args) {
        exceptionTest(1); exceptionTest(2);
    }
    static void exceptionTest(int k){
        try{
            if(k==1){
                int a=1, b=0; int c=a/b;
            }
            if(k==2){
                String n[]={"a"};
                int a=Integer.parseInt(n[1]);
            }
        }catch(ArrayIndexOutOfBoundsException | ArithmeticException e) {
            System.out.println("程序发生了数组越界或算术异常");
            e.printStackTrace();
        }
    }
}
```

说明：捕获多种类型的异常时，异常变量由隐式的 final 修饰，因此程序不能对异常变量重新赋值。捕获多个异常不仅可以减少代码冗余，使代码更简洁，还可以提高效率。

```
程序发生了数组越界或算术异常
java.lang.ArithmeticException: / by zero
        at exp6_11.exceptionTest(exp6_11.java:10)
        at exp6_11.main(exp6_11.java:3)
程序发生了数组越界或算术异常
java.lang.ArrayIndexOutOfBoundsException: 1
        at exp6_11.exceptionTest(exp6_11.java:14)
        at exp6_11.main(exp6_11.java:4)
```

图 6.13 捕获多个异常

6.5.3 简单处理反射方法的异常类

Java 7 引入了一个新的父类 ReflectiveOperationException，用于通过一个异常来捕获其他所有子异常，为相关异常提供一个公共父类。

处理反射方法的异常语句格式如下：

catch(ReflectiveOperationException ex){…}

例 6.12 在 catch 子句中处理反射方法的异常。程序运行结果如图 6.14 所示。

```java
import java.lang.reflect.Method;
public class exp6_12 {
    public static void main(String[] args) throws Exception {
        try {
            Class clazz=Class.forName("chapter6.User");    //获取 User 类的对象
            Method method=clazz.getMethod("main");         //取得 main 方法
            method.invoke(clazz.newInstance());            //调用 main 方法
        } catch(ReflectiveOperationException ex) {System.out.println("程序发生
            了异常");
            ex.printStackTrace();
        }
    }
}
```

```
程序发生了异常
java.lang.NoSuchMethodException: chapter6.User.main()
        at java.lang.Class.getMethod(Class.java:1665)
        at chapter6.exp6_12.main(exp6_12.java:8)
```

图 6.14 处理反射方法的异常

说明：

（1）程序创建了一个 User 类，运用 Java 反射机制调用 User 类的 main 方法，catch 子句捕获到了 NoSuchMethodException 异常类型。

（2）程序中已知 User 类的全类名，且该类在类路径下，通过 Class 类的静态方法 forName()获取 User 类的对象。

（3）用 Class 类的 getMethod() 方法取得一个 Method 对象, 使用 method.invoke 进行 main 方法调用。

习题 6

6-1 什么是异常？为什么要进行异常处理？

6-2 如何创建一个自定义异常？

6-3 如何抛出自定义异常？

6-4 下面的程序有何错误？

```
public class Quiz1 {
    public static void main(String args[]) {myMethod();}
    myMethod() {throw new MyException();}
}
class MyException {
    public String toString() {return "自定义异常";}
}
```

6-5 下面程序的输出是(　　), 说出理由。

```
public class Q1 {
    public static void main(String args[]) {
        try {throw new MyException();}
        catch(Exception e) {
            System.out.println("It's caught!");
        }
        finally {
            System.out.println("It's finally caught!");}
        }
}
class MyException extends Exception{}
```

A. It's finally caught!

B. It's caught!

C. It's caught!

　It's finally caught!

D. 无输出

6-6 下面程序在 oneMethod() 方法运行正常的情况下将显示(　　), 说出理由。（多选）

```
public void test() {
    try { oneMethod();
        System.out.println("情况 1");
    } catch(ArrayIndexOutOfBoundsException e) {
        System.out.println("情况 2");
    } catch(Exception e) {
```

```
            System.out.println("情况 3");
        } finally {
            System.out.println("finally");
        }
    }
```

  A. 情况 1   B. 情况 2   C. 情况 3   D. finally

6-7 给出下面的不完整的方法：

  (1)　　_____

  (2)　　{ success＝connect()；

  (3)　　　if (success＝＝－1) {

  (4)　　　throw new TimedOutException()；

  (5)　　}

  (6)　　}

  TimedOutException 不是一个 RuntimeException 运行时异常类。下面(　　)可以被加入第一行完成此方法的声明，说明理由。（多选）

  A. public void method()

  B. public void method() throws Exception

  C. public void method() throws TimedOutException

  D. public void method() throw TimedOutException

  E. public throw TimedOutException void method()

第7章 Java 泛型与集合

泛型是 JDK 1.5 新添加的特性,泛型是指在创建类时不指定具体数据类型,在实例化对象时再指定具体的数据类型。

集合是由多个元素组成一个单元的对象,类似于数组,但集合的长度没有限制,可以存放数量不等的多个元素、临时数据、具有映射关系的关联数组,而且元素的数据类型可以不同。集合还提供一系列操纵数据的方法,如存储、获取、检索等。

本章将介绍 Java 泛型、集合、集合框架、函数式接口、Lambda 表达式与方法引用的概念,以及泛型类、泛型接口及泛型方法,Collection 接口、Set(集)、List(序列)与 Map(映射),函数式接口、Lambda 表达式与方法引用的使用方式。

本章的内容主要解决以下问题:

- 什么是泛型?
- 如何使用泛型类、泛型方法与泛型接口?
- 泛型有哪些限制和应用范围?
- 什么是集合?什么是集合框架?
- 集合框架中的主要接口有哪些?主要实现类有哪些?
- 如何使用 Collection 接口?其有哪些主要方法?
- 如何创建 Set(集)、List(序列)与 Map(映射)集合?它们有什么相同点与不同点?
- 什么是函数式接口?什么是 Lambda 表达式?什么是方法引用?
- FI 与 Lambda 表达式有什么关系?Lambda 表达式与方法引用有什么关系?

7.1 泛型

泛型是 Java 1.5 的新特性,泛型的本质是参数化类型,即所操作的数据类型被指定为一个参数。这种参数类型可以用在类、接口和方法的创建中,分别称为泛型类、泛型接口、泛型方法。Java 语言引入泛型的好处是安全简单。泛型的好处是在编译的时候检查类型安全,并且所有的强制转换都是自动和隐式的,以提高代码的重用率。JDK 1.5/1.6 必须显式地写出泛型的类型。JDK 1.7/1.8 不必显式地写出泛型的类型。

本节主要介绍泛型的概念、泛型类、泛型接口、泛型方法的使用方法。

7.1.1 泛型概述

1. 泛型的概念

泛型就是"宽泛的数据类型"，任意的数据类型。泛型的本质是"参数化类型"，就是将原来声明变量时具体的数据类型参数化，就是把变量的数据类型先定义成形式参数（类型形参），然后在实例化对象或调用方法时再传入具体的数据类型（类型实参），类型形参不用考虑变量的数据类型，但可以对变量定义操作。

2. 泛型类型参数

在定义泛型类、泛型接口与泛型方法时，常用到泛型类型参数（简称类型参数），其只是一个占位符，不占据任何空间。类型参数放在尖括号（<>）内。如同方法的形式参数是由小括号包围，如 get(int x, double y)，类型参数由尖括号包围，并在其中指定一个或多个类型参数名字，多个类型参数之间用逗号（,）分隔，例如：

<T>或<T, E>

类型参数一般用简练的单个字符命名，最好避免小写字母，以区别普通形式参数。例如，用 T 代表类型参数（Type 的缩写）。如果有多个类型参数，可以使用字母表中 T 邻近的字母，比如 S。

3. 泛型的作用

Java 语言中引入泛型是一个较大的功能增强。不仅语言、类型系统和编译器有了较大的变化，以支持泛型，而且类库也进行了大调整，许多重要的类，比如集合框架，都已经泛型化了。泛型的作用主要有：

（1）类型安全。泛型的主要目标是提高 Java 程序的类型安全。通过泛型定义的类型限制，编译器可以在一个高得多的程度上验证类型假设。

（2）消除强制类型转换。泛型的一个附带好处是，消除源代码中的许多强制类型转换。这使得代码更加可读，并且减少了出错机会。

（3）潜在的性能收益。泛型为较大的优化带来可能。在泛型的初始化中，编译器将强制类型转换插入生成的字节码中。而更多的类型信息用于编译器，为未来版本的 JVM 的优化带来可能。

4. 泛型的使用规则

（1）类型参数只能是类类型（包括自定义类），不能是基本数据类型。

（2）同一种类型参数可以对应多种版本（因为类型参数是不确定的），不同版本的泛型类实例是不兼容的。

（3）类型参数可以有多个。

（4）在代码中要避免泛型类和原始类型的混用。比如 List<String>和 List 不要共同使用。这样会产生一些编译器警告和潜在的运行时异常。

（5）泛型类最好不要同数组一起使用。

5. Java 类库中的泛型

目前为止，Java 类库中泛型支持存在最多的地方就是集合框架。所有的标准集合接口都是泛型化的，如 Collection<V>、List<V>、Set<V> 和 Map<K,V>。类似地，集合接口的实现类都是用相同类型参数泛型化的，如 HashMap<K,V> 实现 Map<K,V>。变量 K 和 V 分别表示关键字与值的类型。

另外，WeakReference、SoftReference、ThreadLocal 类、Comparable<T> 接口、Class<T> 类、Enum<E> 枚举类等也是泛型化的。E 表示集合的元素类型。

7.1.2 泛型类

泛型类就是具有一个或多个类型参数的类。

1. 声明泛型类

在声明泛型类时，在类名称之后添加尖括号(<>)，并在其中指定一个或多个类型参数名字，同时可以对类型参数的取值范围进行限定，多个类型参数之间用逗号分隔。其语法格式为：

`[修饰符] class 类名<泛型标识符>`

例如，public class Test<T>{}，就声明了一个泛型类 Test，定义类型参数后，可以在定义位置之后类的几乎任意地方(静态块、静态属性、静态方法除外)使用，就像使用普通参数一样。注意，父类定义的类型参数不能被子类继承。

泛型的声明表明，在类、接口、方法的创建中，要使用一个未知的数据类型，将来可能会用到的一种数据类型。它可以是 Integer 类型，也可以是 String 类型或其他类型。

2. 类型参数传值

类型参数只能被类或接口类型赋值，基本数据类型要使用对应的包装类。

泛型类在实例化时必须在类名后面指出类型参数的具体类型，也就是向类型参数传值，其语法格式为：

`类名<具体类型>对象实例名=new 类名<具体类型>();`

例如，Test<Object>t=new Test<Object>();表明传值 Object 给类型参数 T 了。

3. 泛型类的使用

定义泛型类，既可以不使用重载(有重复代码)，又能把风险降到最低。它可以接受任意类型的数据。这些特点可以在下面的例子中体现。

例 7.1 定义一个泛型类来输出坐标数据，且坐标数据的数据类型可以是整数、小数和字符串。在控制台输出的结果如图 7.1 所示。

```java
class Point<T1, T2>{                                //定义泛型类
    public void f(T1 x,T2 y) {
        System.out.println("T1类型："+x.getClass().getName()+"; T2类型："+
            y.getClass().getName());
        System.out.println("坐标点为："+x+", "+y);
        System.out.println("******************************************************");
    }
}
public class exp7_1 {
    public static void main(String[] args){
        Point<Integer, Integer>p1=new Point<Integer, Integer>();    //实例化泛型类
        p1.f(10,20);                             //按实例化类型传值
        Point<Double, String>p2=new Point<Double, String>();        //实例化对象
        p2.f(25.4, "东经 180°");                  //按实例化类型传值
    }
}
```

```
T1类型：java.lang.Integer; T2类型：java.lang.Integer
坐标点为：10, 20
******************************************************
T1类型：java.lang.Double; T2类型：java.lang.String
坐标点为：25.4, 东经180°
******************************************************
```

图 7.1 泛型类的使用

说明：

(1) 通过本例，可以看到通过类型参数传值 Point＜Double,String＞，直接限定了 Point 类中只能含有 Double 和 String 类型的元素，从而无须进行强制类型转换，因为此时，类能够记住元素的类型信息，编译器已经能够确认 Double 与 String 类型。

(2) 结合本例泛型类的定义，可以知道在 Point＜Double,String＞中，Double 与 String 是类型实参，Point＜T1,T2＞中，T1,T2 为类型形参。

(3) 通过本例，可以看到用来传递的不是数据的值，而是数据的类型，即类型实参。可见，泛型参数不但可以传递数据的值，也可以传递数据的类型。

(4) 类型参数 T1,T2 只是数据类型的占位符，运行时会被替换为真正的数据类型。

7.1.3 泛型接口

泛型接口是指具有一个或多个类型参数的接口。

1. 声明泛型接口

声明泛型接口与泛型类相同，在接口名称之后添加尖括号(＜＞)，并在其中指定一个或多个类型参数名字即可。

2. 泛型接口的使用

例 7.2 本例声明了一个带类型参数的接口 Info 与一个实现泛型接口的类

InfoImpl。在控制台输出的结果如图 7.2 所示。

```java
interface Info<T>{                                    //声明泛型接口
    public void get(T t);                             //抽象方法具有泛型变量
}
class InfoImpl<T> implements Info<T>{                 //实现带类型参数的接口的类
    public void get(T t) {                            //实现抽象方法
        System.out.println("泛型变量T的类型为: "+t.getClass().getName());
        System.out.println("传递给参数t的内容: "+t);
    }
}
public class exp7_2{
    public static void main(String args[]){
        Info<String> i=new InfoImpl<String>();        //创建接口实现类对象实例
        System.out.println("接口对象实例i的类型为: "+i.getClass().getName());
        i.get("使用Java泛型接口的例子。");              //接口回调
        //i.get(10000); 如果传值为整型会报错
    }
}
```

接口对象实例i的类型为: Chapter1.InfoImpl
泛型变量T的类型为: java.lang.String
传递给参数t的内容: 使用Java泛型接口的例子。

图 7.2 泛型接口的使用

说明：泛型的接口和类更像是一种通用的模型。在接口与实例化时确定泛型变量的数据类型，根据指定的数据类型传递参数的值。

7.1.4 泛型方法

除了定义泛型类、泛型接口，还可以定义泛型方法，不管包含方法的类或接口是不是泛型化的。

在声明泛型方法时，在修饰符（例如 public）之后添加尖括号（<>），并在其中指定一个或多个类型参数的名字，同时可以对类型参数的取值范围进行限定，多个类型参数之间用","号分隔。方法的返回值类型也可以为类型参数，一般使用的语法格式为：

[访问权限修饰符] <泛型标识> 返回值类型 方法名([泛型标识 参数名称])

例如，

public<T, S>T get(T t,S s){…}

注意：所有类型参数声明要放在修饰符和方法返回值类型之间；声明类型参数后，可以在其后方法的任意地方使用类型参数，如同使用普通参数一样，但只能在该方法里使用，而接口或类中定义的泛型形参可以在整个接口、类中使用；方法中的类型参数无须显式传入实际类型参数。

泛型方法基本原则：无论何时，只要能做到，应尽量使用泛型方法。也就是说，如果使用泛型方法可以取代将整个类泛化，那么应该优先采用泛型方法。因为，方法参数泛化，涉及编译器的类型推导和自动打包，这样在定义方法时可以不考虑参数的类型，可以

增加编程的灵活性。

例 7.3 定义一个泛型方法来输出坐标数据，且坐标数据的数据类型可以是整数、小数和字符串。在控制台输出的结果如图 7.3 所示。

```
class Point1{
    public<T1,T2>void f(T1 x,T2 y) {  //定义泛型方法
        System.out.println("T1 的类型为: "+x.getClass().getName());
        System.out.println("T2 的类型为: "+y.getClass().getName());
        System.out.println("这个坐标点为: "+x+", "+y);
        System.out.println("****************************");
    }
}
public class exp7_3 {
    public static void main(String[] args){
        Point1 p1=new Point1();
        p1.f(10,20);        //调用泛型方法时直接传值给类型参数
        p1.f(25.4, "东经 180°");
    }
}
```

```
T1的类型为: java.lang.Integer
T2的类型为: java.lang.Integer
这个坐标点为: 10, 20
****************************
T1的类型为: java.lang.Double
T2的类型为: java.lang.String
这个坐标点为: 25.4, 东经180°
****************************
```

图 7.3　打印坐标运行结果

说明：

(1) 与使用泛型类不同，使用泛型方法时不必指明参数类型，编译器会根据传递的参数自动查找出具体的类型。泛型方法除了定义不同，调用就像普通方法一样。

(2) 泛型方法与泛型类没有必然的联系，泛型方法有自己的类型参数，在普通类中也可以定义泛型方法。

7.1.5 有界类型

上面都是直接使用＜T＞形式来使用泛型类型参数的，泛型可以任意设置，只要是类就可以。泛型类型还可以限制，通过 extends 关键字可以限制泛型的类型，习惯上称为"有界类型"，extends 不代表继承，表示对泛型类型范围的限制，例如＜T extends Number＞，表示类型参数 T 只能是 Number 类及其子类，不能传入其他类型的数据。有界类型在泛型类、泛型接口和泛型方法中都可以使用。

有界类型有下面两种声明方式。

1. 单类型限制的声明

关键字 extends 后面紧跟一个类或接口称为单类型限制。其声明格式为：

<T extends 类名或接口名>

2. 多类型限制的声明

关键字 extends 后面紧跟一个类与多个接口称为多类型限制。其中，类写在第一位，

第二位后的接口使用 & 符号列在后面,其语法格式为:

<T extends 类名或接口名 0 & 接口 1 & 接口 2 & 接口 3>

虽然 Java 泛型简单地用 extends 关键字统一表示了原有的 extends 和 implements 的概念,但仍要遵循 Java 只能继承一个类可以实现多个接口的原则。

多类型限制表示传入的类型必须是指定类或其子类,且该类还要实现指定的多个接口的方法。例如,<T extends A & Serializable & Cloneable> 表示传入的参数类型必须是实现 Serializable、Cloneable 两个接口方法的类 A 或 A 的子类。

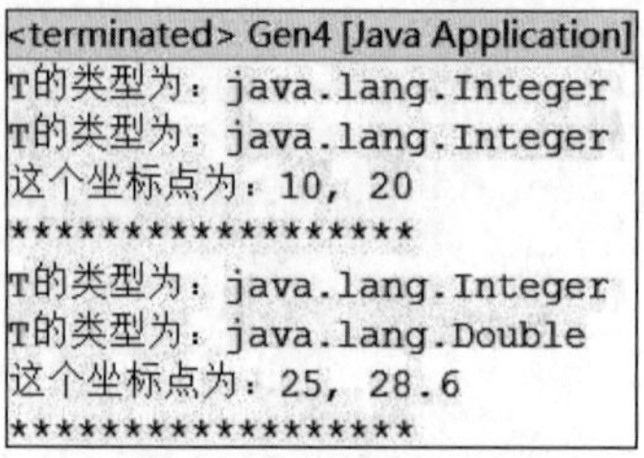

例 7.4 限制类型参数的使用。程序运行结果如图 7.4 所示。

图 7.4 使用限制类型参数的运行结果

```
class Point2{
    public<T extends Number>void f(T x,T y) {       //定义有限类型参数
        System.out.println("T 的类型为: "+x.getClass().getName());
        System.out.println("T 的类型为: "+y.getClass().getName());
        System.out.println("这个坐标点为: "+x+", "+y);
        System.out.println("******************");}
}
public class exp7_4{
    public static void main(String[] args){
        Point2 p1=new Point2();
        p1.f(10,20);           //调用泛型方法时给类型参数传值
        p1.f(25, 28.6);
        //p1.f("25.4", "东经 180°");运行将出错
    }
}
```

说明:本例通过 extends 关键字限制泛型类型参数 T 只能是 Number 及其子类,传入其他类型的数据会报错。例如传入字符串变量 p1.f("25.4","东经 180°")时,程序运行将会报如图 7.5 所示的编译错误。

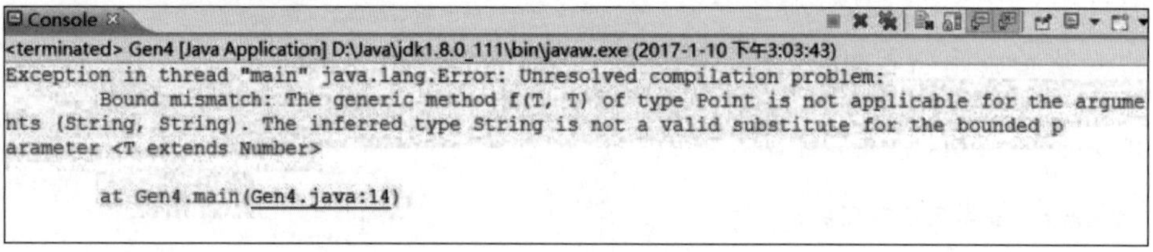

图 7.5 编译错误

7.1.6 通配符

在定义泛型对象的使用方法时或实例化泛型对象时,还不能确定泛型 T 的类型,可以使用通配符"?"代替确定的泛型数据类型。

通配符有 3 种形式。

1. 无限定通配符

类名<?>对象名,表示对象类型可以是任意类。

例如,List<?>,其是 List<String>、List<Object>等各种泛型 List 的父类。注意,List<Object>与 List<?>并不等同,List<Object>是 List<?>的子类。

2. 上限通配符

类名<? extends X>对象名称,表示对象类型只能是 X 或 X 的子类。本质上实现的是泛型的自动向上转型。例如,

List<? extends Number>x=new List<Integer>();实例对象 x 的类型为 Integer 是 Number 的子类。

3. 下限通配符

类名<? super X>对象名称,表示实例对象的类型只能是 X 或 X 的父类,直至 Object 类,本质上实现的是泛型的自动向下转型。例如,List<? super Integer>x=new List<Number>();对象 x 的类型为 Number,其是 Integer 的父类。

例 7.5 通配符的使用。程序运行结果如图 7.6 所示。

```
<terminated> Gen5 [Java Application]
x: 10, y: 20
坐标点为: 10, 20
GPS: 180, 北纬210°
坐标点为: 180, 北纬210°
```

图 7.6 使用通配符的运行结果

```
class Point3<T1, T2>{              //声明泛型类
    T1 x;T2 y;
    public T1 getX() {return x;}
    public T2 getY() {return y;}
    public void set(T1 x, T2 y) {this.x=x; this.y=y;}
}
public class exp7_5 {
    public static void f(Point3<?, ? >p) { }
        //使用通配符表示泛型类型参数是不确定的
        System.out.println("坐标点为: "+p.getX()+", "+p.getY());}
    public static void f1(Point3<? extends Number, ? extends Number>p) {
        //上限通配符表示泛型是 Number 类型
        System.out.println("x: "+p.getX()+", y: "+p.getY());}
    public static void f2(Point3<? extends Number,? extends String>p) {
        //上限通配符表示泛型是 Number 与 String 类型
        System.out.println("GPS: "+p.getX()+","+p.getY());}
```

```
public static void main(String[] args) {
    Point3<Integer, Integer>p1=new Point3<Integer, Integer>();
    p1.set(10, 20);f(p1);f(p1);
    Point3<Integer, String>p2=new Point3<Integer, String>();
    p2.set(180, "北纬 210°");f2(p2);f(p2);
}
}
```

说明：通过本例可以看出，方法中的泛型类型参数传递时，通配符可以表示不确定的有限制的参数类型。

7.2 Java 集合概述

本节主要介绍 Java 集合相关的基本概念、集合框架图中包含的接口与类。

7.2.1 集合的概念

1. 集合与 Java 集合

集合论是现代数学中重要的基础理论。它的概念和方法已经渗透到代数、拓扑和分析等许多数学分支以及物理学和质点力学等一些自然科学部门，为这些学科提供了基本的方法，改变了这些学科的面貌。计算机科学作为一门现代科学因其与数学的渊源，自然其中的许多概念也来自数学，集合是其中之一。很难给集合下一个精确的定义，通常情况下，把具有相同性质的一类东西，汇聚成一个整体，就可以称为集合。比如，用 Java 编程的所有程序员、全体中国人等。

通常集合有两种表示法，一种是列举法，例如集合 $A=\{1,2,3,4\}$，另一种是性质描述法，例如集合 $B=\{X|0<X<100$ 且 X 属于整数$\}$。

集合论的奠基人康托尔在创建集合理论时给出了许多公理和性质，这都成为后来集合在其他领域应用的基础集合。

Java 集合是指表示具有某种数据结构的 Java 接口或类。一般指集合框架中包含的接口与类。

2. 数据结构

数据结构是以某种形式将数据组织在一起的集合，它不仅存储数据，还支持访问和处理数据的操作，例如数组就是一种简单的数据结构。

3. Java 集合框架

Java 自 JDK 早期就引入了 Java 集合框架（Java Collection Framework），它是 Java 提供的对集合进行定义、操作和管理的包含一组接口、类的体系结构。集合框架主要包括：集合容器（接口与类），用于存储数据；迭代器类，用于获取数据；算法类与接口，用于操作数据。

4. Collection 接口与 Collections 工具类

Collection 指的是 java.util.Collection 接口,其是 Set、List 和 Queue 接口的超类接口,可用于存储任何对象或元素组,声明了所有集合都可拥有的核心方法。

Collections 指的是 java.util.Collections 集合工具类/帮助类,其中提供了一系列静态方法,用于对集合中的元素进行排序、搜索以及线程安全等各种操作,包括 sort 排序方法、Shuffling 混排方法等。

7.2.2 集合的框架

为了满足不同场合的需要,java.util 包中提供了一系列集合接口、抽象类与实现类,为数据结构中的各种类型提供一个方便操作的接口和类的 API,如 Collection 接口、Map 接口、Set 接口、List 接口、ArrayList 类、LinkedList 类、HashMap 类等,这些对集合进行定义、操作和管理的接口与类通常称为集合框架。图 7.7 称为集合框架图,描述了集合框架中包含的主要接口、抽象类与实现类。

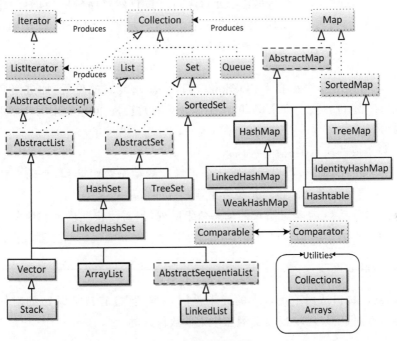

图 7.7 集合框架图

集合框架图 7.7 中主要包含:
(1) 6 个集合接口(短虚线表示),表示不同集合类型,是集合框架的基础。
(2) 5 个抽象类(长虚线表示),对集合接口的部分实现。可扩展为自定义集合类。
(3) 8 个实现类(实线表示),对接口的具体实现。

7.2.3 集合主要接口与实现类

1. Collection 接口

Collection 接口是最基本的集合容器,是 Set、List 和 Queue 接口的父接口,提供了多数集合常用的方法声明,包括 add()、addAll()、remove()、removeAll()、size()、contains()、retainAll()、size()、iterator()等,集合中的元素是一组无序允许重复的对象,以常规方式处理一组元素时,可以使用它。

2. Set 接口及实现类

按照定义,Set 接口继承自 Collection 接口,它不允许集合中存在重复项。所有原始方法都是现成的,没有引入新方法。Set 关心唯一性,它不允许重复。

Set 接口主要的实现类有:

(1) HashSet 实现类,特点是集合中元素无序无重复。

(2) LinkedHashset 实现类,特点是集合中元素有序无重复。

(3) TreeSet 实现类,特点是集合中元素无重复按自然顺序排序(自然顺序是指某种和插入顺序无关、与元素本身的内容和特质有关的排序方式,例如 abc 排在 abd 前面)。

3. List 接口及实现类

按照定义,List 接口继承自 Collection 接口,它注重元素的位置,加进集合的元素可以加在集合中特定位置或加到末尾,可以保存重复的元素,访问集合中的元素可以根据元素的索引来访问。

List 接口主要的实现类有:

(1) ArrayList 实现类,可以理解成一个可增长的动态数组队列,当需要快速随机访问、遍历元素时可采用此类。特点是集合中元素有序可重复。

(2) LinkedList 类,也是可增长的动态数组队列,当需要快速插入和删除元素时可采用此类。特点是集合中元素有序可重复双向链结构。但其随机访问速度较慢。

4. Comparable 接口

Comparable 接口适用于集合中的元素是同一类型,且有自然顺序的时候。它只有 compareTo()方法,用来比较当前实例和作为参数传入的元素。

5. Map 接口及实现类

Map 接口中保存的是 Key-value 对形式的元素,不能有重复的 key,访问时只能根据每项元素的 key 来访问其 value,按关键字存取数据。

Map 接口主要的实现类有:

(1) HashMap,当需要键值对表示,且不关心顺序时可采用此类。

(2) LinkedHashMap,当需要键值对,并且关心插入顺序时可采用此类。

(3) TreeMap,当需要键值对,并关心元素的自然排序时可采用此类。

6. Iterator 接口

Iterator 接口提供了遍历各种数据集合的统一接口。如果集合中的元素没有排序,Iterator 遍历集合中元素的顺序是任意的,并不一定与集合中加入元素的顺序一致。Collection 接口的 iterator()方法可以创建一个 Iterator 接口对象。

7.2.4 Collection 接口的应用

Collection 接口是继承自 Iterator 接口的子接口。

例 7.6 创建 Collection 接口类型集合对象 mount1 和 mount2,调用其 addAll()、removeAll()、size()、retainAll()等方法对集合中的元素进行操作,并返回集合元素信息与使用操作方法后的变化信息,程序运行结果如图 7.8 所示。

```java
import java.util.*;
public class exp7_6 {
    public static void main(String[] args) {
        String a="华山", b="黄山", c="泰山";
        Collection<String>mount1=new ArrayList<String>();
                            //用 ArrayList 类实例化 Collection 接口的集合对象
        Collection<String>mount2=new ArrayList<String>();
        mount1.add(a); mount1.add(b); mount1.add(c);
        Iterator<String>it1=mount1.iterator();
                            //通过 iterator()方法创建获取集合元素的 Iterator 对象 it1
        System.out.print("使用 iterator()方法获取的 Iterator 对象 it1: ");
        while(it1.hasNext()) System.out.print(it1.next()+" ");
        System.out.println("\n 此时 mount1 集合中元素个数是: "+mount1.size());
        System.out.println("*******************************************************");

        mount2.addAll(mount1);
                            //调用 addAll()方法将 mount1 集合元素添加到 mount2 集合中
        mount2.add("嵩山");
        System.out.println("使用 addAll()与 add(\"嵩山\")方法后 mount2:"
                +mount2);
        System.out.println("*******************************************************");

        mount1.remove(c);              //mount1 调用 remove()方法删除字符串对象 c
        System.out.println("使用 remove()方法后 mount1: "+mount1);
        System.out.println("此时 mount1 集合中元素个数是: "+mount1.size());
        System.out.println("*******************************************************");

        mount2.removeAll(mount1);
                            //mount2 调用 removeAll()方法删除包含有指定集合的所有对象
        System.out.println("使用 removeAll()方法后 mount2: "+mount2);
```

```
        System.out.println("***********************************************");
        
        mount1.retainAll(mount2);
                            //调用 retainAll()方法保留包含有指定集合的所有对象
        System.out.println("使用 retainAll()方法后 mount1: "+mount1);
        System.out.println("执行 retainAll()方法后 mount1 集合中元素个数为: "
            +mount1.size());
        System.out.println("***********************************************");
    }
}
```

```
Console ⊠
<terminated> Collection集合 [Java Application] G:\JAVA\jdk1.8.0_60\bin\javaw.exe
使用iterator()方法获取的Iterator对象it1：华山 黄山 泰山
此时mount1集合中元素个数是：3
***********************************************
使用addAll()与add("高山")方法后mount2: [华山, 黄山, 泰山, 高山]
***********************************************
使用remove()方法后mount1: [华山, 黄山]
此时mount1集合中元素个数是：2
***********************************************
使用removeAll()方法后mount2: [泰山, 高山]
***********************************************
使用retainAll()方法后mount1: []
执行retainAll()方法后mount1集合中元素个数为：0
***********************************************
```

图 7.8 Collection 接口类型集合常用方法运行结果

说明：

（1）本例中创建了两个用 ArrayList 类实现的 Collection 接口类型集合对象 mount1 和 mount2。mount1 对象调用了 add()，remove()方法实现对单个字符串对象的添加和删除，使用 size()方法返回其中元素的个数。mount2 对象调用了 addAll()，removeAll() 方法实现对指定集合所有对象的添加和删除。

（2）可以看到 retainAll()方法的效果与 removeAll()方法正好相反，其仅保留指定集合中的对象。

7.3 三种典型集合

集合的三大典型集合为 Set(集)、List(序列)与 Map(映射)。Set 集合是无序集合，集合中的元素不可以重复，访问集合中的元素只能根据元素本身来访问；List 集合是有序集合，集合中的元素可以重复，访问集合中的元素可以根据元素的索引来访问，其数据结构为数组形式；Map 集合中保存 Key-value 对形式的元素，访问时只能根据每项元素的 key 来访问其 value。三种集合的数据结构如图 7.9 所示。

本节将介绍 Set(集)、List(序列)与 Map(映射)集合的使用方法。

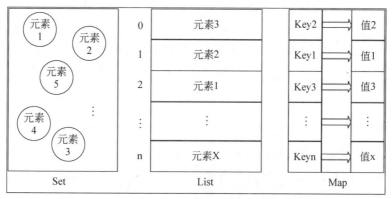

图 7.9 三种类型集合的结构

7.3.1 Set 集

Set 集是最简单的一种集合,存放于集合中的对象不按特定方式排序,只是简单地把对象加入集合中,类似于向口袋里放东西。对集合中存放的对象的访问和操作是通过对象的引用进行的,所以在集合中不能存放重复对象。

Set 集合的实现类主要有 HashSet 类、LinkedHashset 类和 TreeSet 类。

1. HashSet 类

HashSet 是 Set 接口的典型实现,大多数时候使用 Set 集合时都使用这个实现类。HashSet 按哈希算法来存储集合中的元素,因此具有很好的存取和查找性能,当集合中加入一个对象时,HashSet 会调用对象的 hashCode() 方法来获得哈希码,然后根据哈希码进一步计算出对象在集合中的位置。

Set 集合中的对象是无序的,这里所谓的无序,并不是完全无序,只是不像 List 集合那样按对象的插入顺序保存对象。HashSet 集合元素可以是 null。

2. LinkedHashset 类

LinkedHashSet 也是接口 Set 的实现类,其区别为:HashSet 不保证集合中元素的顺序,即不能保证迭代的顺序与插入的顺序一致,而 LinkedHashSet 可以按照元素插入的顺序进行迭代,即迭代输出的顺序与插入的顺序保持一致。另外,LinkedHashSet 集合删除元素之后会去掉那个位置,新增的数据将添加在集合的末尾。

3. TreeSet 类

TreeSet 是 SortedSet 接口的实现类,TreeSet 可以确保集合元素处于排序状态。SortedSet 是 Set 的一个子接口,它可以确保规则集中的元素是有序的。另外,它还提供方法 first() 和 last() 以返回规则集中的第一个元素和最后一个元素,以及方法 headSet(toElement) 和 tailSet(fromElement) 以返回规则集中元素小于 toElement 和大于或等于 fromElement 的那一部分。

TreeSet 类可以在遍历集合时按照递增的顺序获得对象。遍历对象时可能是按照自然顺序递增排列，所以存入由 TreeSet 类实现的 Set 集合的对象时必须实现 Comparable 接口；也可能是按照指定比较器递增排列，即可以通过比较器对由 TreeSet 类实现的 Set 集合中的对象进行排序。TreeSet 支持两种排序方法：自然排序和定制排序，默认采用自然排序。

4. Set 集的使用

例 7.7 本例通过 Set 接口的三个实现类 HashSet 类、LinkedHashset 类和 TreeSet 类创建了三个 Set 集合对象，并向其中添加了相同的元素，显示了按不同实现类创建的集合在保存元素时的不同特点，程序运行结果如图 7.10 所示。

```
Console ⊠
<terminated> Set集合 [Java Application] G:\JAVA\jdk1.8.0_60\bin\javaw.exe (2017-1-12
java.util.HashSet类创建的set集合中的元素
[100, 101, 102, 103, 104, 105, 106, 107, 108, 109, 110]
[100, 102, 103, 104, 105, 106, 107, 108, 109, 110]
[98, 100, 102, 118, 103, 104, 105, 106, 107, 108, 109, 110]
java.util.LinkedHashSet类创建的set集合中的元素
[100, 101, 102, 103, 104, 105, 106, 107, 108, 109, 110]
[100, 102, 103, 104, 105, 106, 107, 108, 109, 110]
[100, 102, 103, 104, 105, 106, 107, 108, 109, 110, 98, 118]
java.util.TreeSet类创建的set集合中的元素
[100, 101, 102, 103, 104, 105, 106, 107, 108, 109, 110]
[100, 102, 103, 104, 105, 106, 107, 108, 109, 110]
[98, 100, 102, 103, 104, 105, 106, 107, 108, 109, 110, 118]
```

图 7.10 排序遍历输出运行结果

```java
import java.util.*;                    //引入 Arrays、HashSet、LinkedHashSet、Set 类或接口
public class exp7_7 {
    public static void main(String[] args) {
        test(new HashSet<Integer>());
        test(new LinkedHashSet<Integer>());
        test(new TreeSet<Integer>());
    }
    public static void test(Set<Integer> set) {
        for (int i=100; i<=110; i++) {      //向 set 集合对象添加 10 个数据
            set.add(i);
        }
        System.out.println(set.getClass().getName()+"类创建的 set 集合中的元素");
        System.out.println(set);
        set.remove(101);                    //删除一个元素
        System.out.println(set);            //看看删除一个数据后的结果
        set.add(98);
        set.add(118);
        set.add(108);
```

```
            System.out.println(set);           //看看增加三个数据的结果
        }
    }
```

说明：从图 7.10 中可以看到,向 HashSet 类型的集合插入元素时,排序是无序的;向 LinkedHashset 类型集合插入元素时,会在后面添加元素,并按前面的顺序添加元素。向 TreeSet 类型集合插入元素时,会按递增的顺序插入。

7.3.2 List 序列

Java 中数组用来存储数据有很大的局限性,而 List 集合中的元素具有数组结构,有序,可增长,可重复,集合中的每个元素都有其对应的顺序索引,可以根据索引号存取集合中的元素。也就是说,不仅可以存储重复的元素,而且允许指定元素存储的位置。

(1) ArrayList 类继承于 AbstractList 类,实现了 List、RandomAccess、Cloneable、Serializable、RandmoAccess 这些接口,因此,支持序列化,可以被克隆。ArrayList 类实现的 List 集合,优点是便于对集合进行快速的随机访问,如果经常需要根据索引位置访问集合中的对象,用其较好。但其插入与删除元素速度较慢。ArrayList 创建的 List 集合具有 Vector 的所有性能,Vector 性能比 ArrayList 要低,现在已经很少使用。

(2) LinkedList 类中元素之间是双向链接的,当需要快速插入和删除元素时可采用此类。但其随机访问速度较慢。其单独具有 addFirst()、addLast()、getFirst()、getLast()、removeFirst()、removeLast()方法。与 ArrayList 相比,如果需要频繁地添加和删除元素,其性能更加优越。其继承了 AbstractSequentialList 类并实现了 List 接口。

例 7.8 本例创建了 ArrayList 类、LinkedList 类实现的 List 集合对象,并向其中添加元素,并通过索引位置显示集合中的元素。程序运行结果如图 7.11 所示。

```
import java.util.*;
public class exp7_8 {
enum Em {春,夏,秋,冬,梅,兰,竹,菊;}
    public static void main(String[] args) {
        List<String>list1=new ArrayList<String>();
        List<String>list2=new LinkedList<String>();
        for (Em e : Em.values()) {         //枚举.values()表示得到全部枚举值
            list1.add(e.toString());
        }
        System.out.println("list1集合中的元素:"+list1);
        list1.add(0,"虎");                  //添加一个元素
        System.out.println("0 索引存放的是:"+list1.get(0));
        System.out.println("1 索引存放的是:"+list1.get(1));
        list1.set(0,"牛");                  //替换一个元素
        System.out.println("0 索引存放的是:"+list1.get(0));
        System.out.println("春的索引是:"+list1.indexOf("春"));
        list1.remove(3);
        list2.addAll(list1);
```

```
        System.out.println("获取 list2 的第 1 个元素:" + ((LinkedList<String>)
        list2).getFirst());
        ((LinkedList<String>) list2).removeFirst();        //删除 list2 的第一个元素
        System.out.println("list2集合中的元素:"+list2);
    }
}
```

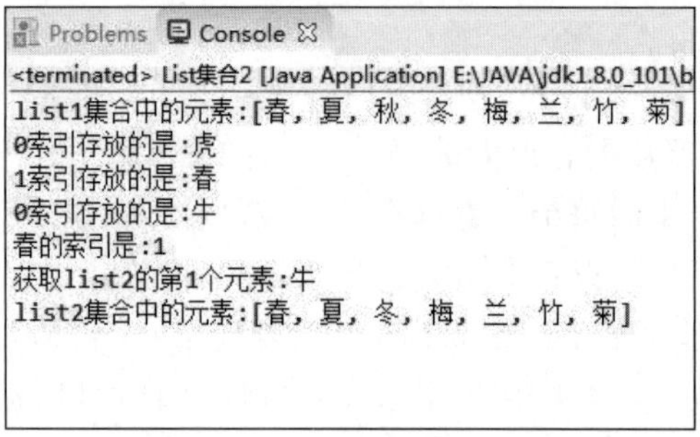

```
Problems  Console
<terminated> List集合2 [Java Application] E:\JAVA\jdk1.8.0_101\b
list1集合中的元素:[春，夏，秋，冬，梅，兰，竹，菊]
0索引存放的是:虎
1索引存放的是:春
0索引存放的是:牛
春的索引是:1
获取list2的第1个元素:牛
list2集合中的元素:[春，夏，冬，梅，兰，竹，菊]
```

图 7.11 List 集合运行结果

说明：本例使用了 List 集合的一些方法，其常用方法如表 7.1 所示。

表 7.1 List 集合常用方法

方 法 名 称	功 能 简 介
add(int index，Object obj)	向集合的指定索引位置添加对象，其他对象的索引位置相对后移一位。索引位置从 0 开始
addAll(int，Collection coll)	向集合的指定索引位置添加指定集合中的所有对象
remove(int index)	清除集合中指定索引位置的对象
set(int index，Object obj)	将集合中指定索引位置的对象修改为指定的对象
get(int index)	获得指定索引位置的对象
indexOf(Object obj)	获得指定对象的索引位置。当存在多个时，返回第一个的索引位置；当不存在时，返回－1
lastIndexOf(Object obj)	获得指定对象的索引位置。当存在多个时，返回最后一个的索引位置；当不存在时，返回－1
listIterator()	获得一个包含所有对象的 ListIterator 型实例
listIterator(int index)	获得一个包含从指定索引位置到最后的 ListIterator 型实例
subList(int fromIndex，int toIndex)	通过截取从起始索引位置 fromIndex(包含)到终止索引位置 toIndex(不包含)的对象，重新生成一个 List 集合并返回

7.3.3 Map 映射

Map 映射集合保存的是"键值对"对象，类似字典的功能，检索元素时，只要给出键对象,就会返回值对象。Map 接口的常用实现类有 HashMap 和 TreeMap。

1. HashMap 类

HashMap 类实现了 Map 接口,中文叫散列表,基于哈希表实现,特点就是键值对的映射关系。一个 key 对应一个 Value,其中元素的排列顺序是不固定,适合于对元素进行插入、删除和定位,在遍历集合时,得到的映射关系是无序的,集合不存在索引,可以快速检索元素。

2. TreeMap 类

TreeMap 类不仅实现了 Map 接口,还实现了 Map 接口的子接口 SortedMap,TreeMap 中的元素保持着某种固定的顺序(默认为升序),如果希望顺序遍历元素,可以用此类,实现快速检索。但在添加、删除和定位映射关系上,TreeMap 类要比 HashMap 类的性能差一些。

例 7.9 通过 HashMap 类、TreeMap 类创建 Map 集合。程序运行结果如图 7.12 所示。

```java
import java.util.*;
public class exp7_9 {
    public static void main(String[] args) {
        Map<String,Student>map=new HashMap<String, Student>();
        Student s1=new Student("张驰","男");
        map.put("02",(new Student("庆阳","男")));
        map.put("03", new Student("心怡","女"));
        map.put("01", s1);
        System.out.println("map 集合中的元素:"+map);

        map.put("01", new Student("马瑞","女"));
                            //添加元素用相同键,后添加值会覆盖原有键对应值
        System.out.println("修改集合中元素值:"+map);
        map.remove("02");
        System.out.println("删除集合中一个元素:"+map);
        System.out.println("containsKey(\"022\"):"+map.containsKey("022"));
        System.out.println("获取(\"022\")的值:"+map.get("022"));
        map.put("04", null);
        System.out.println("获取 04 的值:"+map.get("04"));
        Collection<Student>coll=map.values();       //将值传入 Collection 集合中
        System.out.println("用 coll 集合保存 map 集合中的值:"+coll);

        //创建实例对象 map1 时通过调用 Collections 的 reverseOrder()方法反转排序
        TreeMap<String, Student>tm=new TreeMap<String, Student>(Collections
        .reverseOrder());
```

```java
            tm.putAll(map);
            System.out.println("tm集合中的元素:"+tm);

            HashMap hm=new HashMap();                    //创建一个没有指定类型的Map集合
            hm.putAll(map);
            hm.put("05", "年龄18");
            hm.put("06", 50);
            //查找学生编号1的学生
            Student s=(Student) hm.get("01");
                                            //因为hm.get("01")返回的是Object所以加上强转
            System.out.println(s.toString());
            System.out.println("放入不同数据类型的hm集合的元素:");
            System.out.println(hm);
        }
    }
    class Student {              //自定义类
        String name;    String sex;
        public Student(String n, String s) {name=n;   sex=s; }
        public String toString() {return ("姓名:"+name+" "+"性别:"+sex+" ");
    }
}
```

```
■ Console ⊠
<terminated> Map集合 [Java Application] G:\JAVA\jdk1.8.0_60\bin\javaw.exe (2017-1-13 下午5:46:54)
map集合中的元素:{01=姓名:张驰 性别:男, 02=姓名:庆阳 性别:男, 03=姓名:心怡 性别:女}
修改集合中元素值:{01=姓名:马瑞 性别:女, 02=姓名:庆阳 性别:男, 03=姓名:心怡 性别:女}
删除集合中一个元素:{01=姓名:马瑞 性别:女, 03=姓名:心怡 性别:女}
containsKey("022"):false
获取("022")的值:null
获取04的值:null
用coll集合保存map集合中的值:[姓名:马瑞 性别:女, 姓名:心怡 性别:女, null]
tm集合中的元素:{04=null, 03=姓名:心怡 性别:女, 01=姓名:马瑞 性别:女}
姓名:马瑞 性别:女
放入不同数据类型的hm集合的元素:
{01=姓名:马瑞 性别:女, 03=姓名:心怡 性别:女, 04=null, 05=年龄18, 06=50}
```

图7.12 Map集合运行结果

说明:

(1) 通过HashMap、TreeMap创建了保存自定义类对象的集合map与tm,展示了方法的使用方式。

(2) 通过HashMap创建了保存不同类型元素的集合hm,存放有自定义类对象、字符串对象、整型数据,展示了其方法的使用方式。这种方式获取保存元素时要注意确定其数据类型。

(3) 本例使用了Map集合的一些方法,其常用方法如表7.2所示。

表 7.2 Map 集合的常用方法

方 法 名 称	功 能 简 介
put(K key, V value)	向集合中添加指定的键-值映射关系
putAll(Map<? extends K,? extends V>t)	将指定集合中的所有键-值映射关系添加到该集合中
containsKey(Object key)	如果存在指定键映射关系,则返回 true;否则返回 false
containsValue(Object value)	如果存在指定值映射关系,则返回 true;否则返回 false
get(Object key)	如果存在指定的键对象,则返回与该键对象对应的值对象;否则返回 null
keySet()	将该集合中的所有键对象以 Set 集合的形式返回
values()	将该集合中的所有值对象以 Collection 集合的形式返回
remove(Object key)	如果存在指定的键对象,则移除该键对象的映射关系,并返回与该键对象对应的值对象;否则返回 null
clear()	移除集合中所有的映射关系
isEmpty()	查看集合中是否包含键-值映射关系,如果包含则返回 true;否则返回 false
size()	查看集合中包含键-值映射关系的个数,返回值为 int 型
equals(Object obj)	用来查看指定的对象与该对象是否为同一个对象。返回值为 boolean 型,如果为同一个对象则返回 true,否则返回 false

7.4 知识拓展——函数式接口与 Lambda 表达式

7.4.1 函数式接口

函数式接口(Functional Interface,FI)是 Java 8 新引入的概念。FI 是指只包含唯一一个抽象方法(只有方法名或参数,没有花括号的空方法)的接口。

为了让编译器能确保一个接口满足 FI 的要求(也就是说有且仅有一个抽象方法),Java 8 提供了@FunctionalInterface 注解。例如,Runnable 接口就是一个 FI,下面是它的源代码:

```
@FunctionalInterface
public interface Runnable { void run(); }
```

注意:

FI 只能有一个抽象方法需要被实现,但是有如下特殊情况:

(1) FI 可以有 Object 中覆盖的方法,也就是 equals,toString,hashcode 等方法。例如,Comparator 接口也是一个 FI,下面是它的源代码:

```
public interface Comparator<T>{
    int compare(T o1, T o2);
    boolean equals(Object obj);
}
```

它里面声明了两个方法,但 equals 方法是 Object 的方法。

(2) FI 可以有一个或者多个由 static 声明的静态方法,还可以有 default 修饰的默认方法。

7.4.2 Lambda 表达式

Lambda 表达式(λ 表达式)是基于数学中的 λ 演算得名,其是一种匿名方法(或称匿名函数),即没有方法名的方法。使用它可以简化 FI 的编写,使代码更简洁。

Java 中任何 Lambda 表达式必定有对应的 FI,FI 是 Lambda 的类型,Lambda 是 FI 的实例,因此,使用需要提前声明好 FI。JDK 提供了几个常用的 FI,在 java.util.function 包,如 Predicate,Consumer 等。

Lambda 表达式由三部分构成:参数列表,箭头符号"->",方法体。其语法格式如下:

([参数 1,参数 2,…]) ->表达式或{语句块}

其中,参数放在->的左边,参数个数可以为 0,1 或者多个。参数数量大于或者等于 2 时,参数之间用逗号(,)分隔。只有一个参数时圆括号也可省略;

方法体放在->的右边,方法体可以是表达式或{语句块},一个表达式或者一条语句,return 语句不必写表达式会有一个计算结果。语句块用花括号括起来(可以写多条语句),只有一条语句并且 FI 的抽象方法的返回值为 void 时,花括号可省略。

下面是 Lambda 表达式的简单例子:

```
() ->5                                  //无参数,返回值为 5
() ->System.out.println("你好!Lambda!")   //无参数,一条语句,无返回值
x->2 * x                                //一个参数(数字类型),返回其 2 倍的值
(x, y) ->x+y                            //2 个参数,返回值为一个表达式 x+y
s ->System.out.print(s)                 //一个参数,一条语句,无返回值
```

例 7.10 对于三个系统提供的函数接口参数,使用 Lambda 表达式,程序运行结果如图 7.13 所示。

```
import java.util.*;
import java.util.function.*;
public class exp7_10 {
    public static void main(String[] args){
        List<String>list=Arrays.asList("吕庆阳", "常广平", "丛心怡", "马瑞", "张驰");
        String n="",n1="lp",n2="lpshao";
        list.forEach(l->System.out.print(l+";")); //应用 Lambda 表达式
```

```java
            System.out.println();
            System.out.println(Input(n1,s->!s.isEmpty() && s.length()<=3));
            System.out.println(Input1(n2,s->s.length()>3 ? "名字过长":s));
            c(n,s->System.out.println(s.isEmpty()? "名字不能为空":"名字正常"));
    }
    public static boolean Input(String n,Predicate<String>function) {
                                                        //Predicate 是 FI
        return function.test(n);
    }
    public static String Input1(String n,Function<String,String>function) {
                                                        //Function 是 FI
        return function.apply(n);
    }
    public static void c(String name,Consumer<String>function) {
                                                        //Consumer 是 FI
        function.accept(name);
    }
}
```

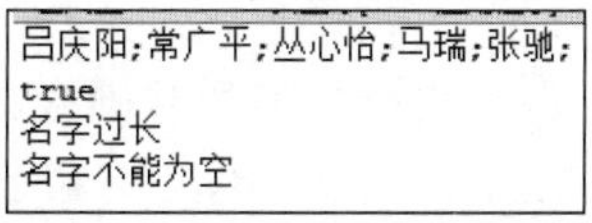

说明：

（1）由本例可以看到，使用 Lambda 表达式可以简化代码。

（2）集合类（包括 List）现在都有 forEach 方法，对元素进行迭代（遍历）。本例中 forEach 方法参数为 Consumer 函数接口，所以可以使用 Lambda 表达式替换 FI 型接口参数。

图 7.13　Lambda 表达式输出结果

（3）本例中还定义了三个带有 JDK 提供的 FI 类型参数的方法 Input、Input1 与 c，在执行这些方法中都使用了 Lambda 表达式，这三个常用的函数接口为 Predicate（该接口表示判断输入的对象是否符合某个条件方法为 test）、Function（该接口表示接受一个输入参数有返回值，方法为 apply）与 Consumer（该接口表示接受一个输入参数没有返回值的操作，方法为 accept）。

7.4.3　方法引用

如果 Lambda 表达式里面仅仅是执行一个方法调用，可以使用双冒号（::）简写 lambda 表达式中存在的方法，这种形式称为方法引用，其是一种更简洁易懂的 Lambda 表达式。

方法引用的标准形式是：

类名::方法名

例如，Lambda 表达式 1—>System.out.println(1)，用方法引用可以写为：System.out::println。

例 7.11　方法引用应用实例，运行结果如图 7.14 所示。

```
import java.util.Arrays;
import java.util.List;
public class exp7_11 {
    public static void main(String[] args)   {
        List <String>list=Arrays.asList("吕庆阳","常广平","丛心恰","马瑞",
            "张驰");
        list.forEach(l->System.out.print(l+" "));
        System.out.println();
        list.forEach(System.out::print);
    }
}
```

说明：
(1) 方法引用中方法名不需要写括号。
(2) 方法引用代码比 Lambda 表达式还简洁。

图 7.14 方法引用实例运行结果

习题 7

7-1   Java 集合框架的基础接口有哪些？

7-2   List＜? extends T＞和 List＜? super T＞之间有什么区别？

7-3   ArrayList 和 LinkedList 有何区别？

7-4   简述 Set 集合的一般用法。

7-5   定义一个 ArrayList 集合对象往其中添加随机产生的 0～10 的 float 类型数据并打印输出每个元素。

7-6   使用 ArrayList 对大小写字母的随机打印。（从 a～z 以及 A～Z 随机生成一个字母并打印；打印全部的字母）

7-7   使用 TreeSet 类，实现按照英语成绩高低存放 4 个 student 对象。

7-8   有 10 个硬盘，有两个重要的属性：价格和容量。编写一个应用程序，使用 TreeMap＜K,V＞类，分别按照价格和容量排序并输出 10 个硬盘的详细信息。

7-9   如何决定选用 HashMap 还是 TreeMap？

7-10 定义一个泛型方法对数组进行插入排序。

7-11 使用泛型得到数组的最大和最小值。

7-12 什么是 Lambda 表达式？何时可以使用它？

7-13 对 list 进行排序，Java 7 的代码如下，要求使用 Lambda 表达式来实现。

```
Collections.sort(list, new Comparator<String>() {
    @Override
    public int compare(String p1, String p2) {
        return p1.compareTo(p2);
    }
});
```

第8章 常用系统类

Java 常用的系统类包括字符串类、输入输出流类、数学函数类、日期类、随机数类、向量类以及包装类等,它们是进行 Java 程序设计的基础,编写 Java 程序时可以直接引用。

本章的内容主要解决以下问题:
- 什么是字符串类?它有什么特点?
- 字符串类有哪些构造方法与基本方法?
- 什么是流?输入输出流类有什么特点?
- 什么是包装类?

8.1 字符串类

字符串是一个完整的字符序列,可以包含字母、数字和其他符号。它是程序设计中经常用到的数据结构,很多编程语言将字符串定义为基本数据类型。但在 Java 语言中,字符串被定义为一个类,无论是字符串常量还是变量,都必须先生成 String 类的实例对象后才能使用。

java.lang 包含两个字符串类 String 和 StringBuffer,封装了字符串的全部操作。其中 String 用来处理字符串常量,StringBuffer 用来处理字符串变量。字符串常量是用双引号括起来的字符串,在创建实例对象时需要指定字符串的内容,创建后其字符串长度与内容不可改变。字符串变量在字符串对象创建后允许改变字符串的内容。

本节主要介绍字符串类的特点、字符串类的构造方法和字符串类的应用方式。

8.1.1 字符串类的特点

1. 一致性

无论何时,Java 中的字符串都是以对象的面孔出现的,在运行时要为它分配内存空间,创建对象引用。

在任何系统平台上都能保证字符串本身以及对字符串的操作是一致的。对于网络环境,这一点是至关重要的。

2. 不可派生性

String 和 StringBuffer 经过了精心设计,其功能可以预见。为此,二者都被声明为最终类,不能派生子类,以防用户修改其功能。

3. 健壮性

String 和 StringBuffer 类在运行时要经历严格的边界条件检验,它们可以自动捕获异常,有效提高程序的健壮性。

下面通过一个程序说明 String 和 StringBuffer 类的不同创建方式。

例 8.1 字符串的翻转,程序运行结果如图 8.1 所示。

```
public class exp8_1 {
    public static void main(String[] args) {
        String str="This is a test string"; //直接赋值方式,简化了初始化过程
        StringBuffer stringBuffer=new StringBuffer(str);
        System.out.println("正常字符串: "+str);
        System.out.println("翻转字符串: "+stringBuffer.reverse());
    }
}
```

正常字符串: This is a test string
翻转字符串: gnirts tset a si sihT

图 8.1 字符串的翻转结果

说明：从本例可以看到,创建 String 类对象 str 比较简单,因为其为字符串常量 str,可以将"This is a test string"字符串直接赋值给它,如同基本数据类型变量赋值方式一样。而 stringBuffer 为字符串变量,需要 new 进行初始化。

8.1.2 字符串类的应用

例 8.2 通过本例可以看到字符串变量与常量的创建方法,以及 String 类的 9 个构造方法、StringBuffer 的 3 个构造方法的应用方式,程序运行结果如图 8.2 所示。

```
import java.io.UnsupportedEncodingException;
public class exp8_2{
    public static void main(String[] args) {
        byte b[]={ 'A', ' ', 'b', 'y', 't', 'e', ' ', 'a', 'r', 'r', 'a', 'y' };
        char c[]={ 'A', ' ', 'c', 'h', 'a', 'r', ' ', 'a', 'r', 'r', 'a', 'y' };
        String s1, s2, s3, s4, s5, s6=null, s7=null, s8, s9;
        StringBuffer b1, b2, b3;
        b1=new StringBuffer();          //创建一个空 StringBuffer 对象
        b2=new StringBuffer(10);        //创建长度为 10 的空 StringBuffer 对象
        b3=new StringBuffer("A string buffer");
                                        //以字符串为参数创建 StringBuffer 对象
        s1=new String();                //创建一个空 String 对象
```

```
        s2=new String("A string");     //以字符串为参数创建 String 对象
        s3=new String(b3);             //以 StringBuffer 对象为参数创建 String 对象
        s4=new String(b);
                  //以字节数组 b 为参数创建 String 对象,8 位字节自动转为 16 位字符
        s5=new String(b,2,4);   //从 b 的第 3 位,取 4 个元素为参数创建 String 对象
        try {                   //如果下面的字符集编码不存在将抛出异常
            s6=new String(b,2,10,"GBK");  //同 s5,最后的字符串参数为字符集编码
            s7=new String(b,"GBK");       //同 s4,最后的字符串参数为字符集编码
        } catch(UnsupportedEncodingException e) {}    //捕获异常
        s8=new String(c);              //以字符数组 c 为参数创建 String 对象
        s9=new String(c,2,4);   //从 c 的第 3 位,取 4 个元素为参数创建 String 对象
        System.out.println("s1="+s1);System.out.println("s2="+s2);System
        .out.println("s3="+s3);
        System.out.println("s4="+s4);System.out.println("s5="+s5);System
        .out.println("s6="+s6);
        System.out.println("s7="+s7);System.out.println("s8="+s8);System
        .out.println("s9="+s9);
        System.out.println("b1="+b1.toString());System.out.println("b2="+
        b2.toString());
        System.out.println("b3="+b3.toString());
    }
}
```

说明：例 8.2 中定义了一个字节型数组 b 和一个字符型数组 c，并分别赋值。main()方法中首先调用 StringBuffer 类的 3 个构造方法创建了 3 个对象，然后调用 String 类的 9 个构造方法创建了 9 个对象。System.out.println()方法显示了这些字符串对象的内容。可见，为 String 类创建对象与直接赋值的结果是相同的。

```
s1 =
s2 = A string
s3 = A string buffer
s4 = A byte array
s5 = byte
s6 = byte array
s7 = A byte array
s8 = A char array
s9 = char
b1 =
b2 =
b3 = A string buffer
```

图 8.2　显示的不同字符串

注意：StringBuffer 类的 3 个构造方法与 String 类的 9 个构造方法的含义参见程序注释，其中用到的 GBK 是中文版 Windows 的默认字符集编码，另一个常用的字符集编码是 ASCII。

8.1.3　String 类的常用方法

String 类提供了很多方法，可对字符串进行各种处理。限于篇幅，下面只介绍其中的常用方法。其他方法可参见 API 说明文档。

1. 求字符串长度

public int length()可返回字符串长度。例如：

```
String s="欢迎使用 Java 语言";
int len=s.length();
```

len 的值为 10。

注意：Java 采用 Unicode 编码，每个字符为 16 位长，因此汉字和其他符号一样只占用一个字符。另外，字符串的 length 方法和表示一个数组长度的 length 是不一样的，后者是一个实例变量。

2. 字符串连接

public String concat(String str) 可返回一个字符串，它将把参数 str 添加在原字符串的后边。例如："to".concat("get").concat("her") 的返回值为"together"。

但在 Java 中，更多的是用"＋"来连接字符串。例如：String str＝"hello"；而 str＝str＋" world!"；为 hello world!

这里你可能会迷惑，String 对象不是不能改变吗？实际上字符串连接是由编译器利用 StringBuffer 来完成的，上例相当于：

String str="hello";
str=new StringBuffer().append(str).append(" world!").toString();

另外，"＋"还可以把一个非字符串的数值连接到字符串尾部，编译器将自动把非字符串转换为字符串再进行连接。例如：String str＝"hello"；而 str＝str＋2；的结果为 hello2。

3. 字符串截取

字符串截取有两个途径：一次截取一个字符或一次截取一个子串。前者可通过 charAt 方法，后者使用 substring 方法。它有两种形式：

String substring(int start)
String substring(int start, int end)

其中，start 代表起始位置，end 代表结束位置。例如：

String str="a short string";
String s1=str.substring(2);   //结果为 short string，截取第 2 个字符位置后字符
String s2=str.substring(8,14);   //结果为 string，截取第 8 个位置字符到第 14 个位置字符

注意：Java 中字符串的起始位置从 0 开始，即第一个字符的位置是 0，最后一个字符的位置是字符串长度减 1。

4. 字符串比较

有两组方法用于字符串比较，一组是 equals，用于比较两个字符串是否相等，返回值为布尔值。一组是 compareTo，用于按字符顺序比较两个字符串，返回值为整型数。共有 5 个方法。

boolean equals(Objectobject)
boolean equalsIgnoreCase(Stringstr)   //忽略字符大小写

```
int compareTo(Object object)
int compareTo(String str)
int compareToIgnoreCase(String str)        //忽略字符大小写
```

例如：

```
String s1="This";
String s2="That";
System.out.println("结果 1:"+s1.equals("this")+","+s1
.equalsIgnoreCase("this"));
System.out.println("结果 2:"+s2.compareTo("that")+","+s2
.compareToIgnoreCase("that"));
```

屏幕输出为：

结果 1: false, true
结果 2: -32, 0

其中，s2.compareTo("that")的返回值为-32，说明"That"小于"that"（按字母序 T 小于 t）。如果一个字符串某位置上的字符大于另一个字符串对应位置上的字符，则比较结果为大于 0 的整数。只有当两个字符串完全相等即长度一致、位置一致、大小写一致，比较结果才为 0。

5. 数组复制到字符串

一个字符数组的内容可以全部或部分地复制到一个字符串中。有两个静态方法用于这种复制：

```
static String copyValueOf(char[] data)
static String copyValueOf(char[] data, int offset, int count)
```

例如：

```
char c[]={'A', ' ', 'c', 'h', 'a', 'r', ' ', 'a', 'r', 'r', 'a', 'y'};
String s1=new String(), s2=new String();
s1=s1.copyValueOf(c);          //结果是 A char array
s2=s2.copyValueOf(c, 2, 4);
                //结果是 char,2 指字符串中被复制的起始位置,4 是指复制的字符个数
```

6. 字符串大小写转换

一个字符串可以整体转换为大写或小写字符，例如：

```
String s1="all is lowercase";
String s2="Some Is Uppercase";
s1=s1.toUpperCase();           //结果是 s1 的字符全部为大写
s2=s2.toLowerCase();           //结果是 s2 的字符全部为小写
```

7. 字符串检索

可以在一个字符串中检索指定字符或子串的位置，如果检索到将返回一个代表位置的整数，否则返回值为 -1。有两组方法实现这种操作，indexOf() 方法返回字符或子串首次出现的位置，lastIndexOf() 方法返回字符或子串最后一次出现的位置。下面各选择两个典型的方法来说明这种检索操作：

```
int indexOf(int ch)
int indexOf(String str)
int lastIndexOf(int ch)
int lastIndexOf(String str)
```

例如：

```
String str="This is a test string";
int i=str.indexOf('i');   int j=str.lastIndexOf('i');
int k=str.indexOf("is");  int l=str.lastIndexOf("is");
```

最后的结果是：

i 为 2、j 为 18、k 为 2、l 为 5

8. 字符串转换为数组

字符串可以转换为字节数组或字符数组，这种转换在 Java 流处理中十分有用。字符串转为字节数组将进行特别处理，因为字符是 16 位长，而字节为 8 位长，所以要将字符的高 8 位去掉，只保留低 8 位成为 1 字节。有 3 个方法：

```
byte[] getBytes()                   //按系统默认字符集编码转换为字节数组
byte[] getBytes(String enc)         //其中 enc 为字符集编码
char[] toCharArray()                //转换为字符数组
```

例如：

```
byte byteArr[];
char charArr[];
String str="This is a test string";
byteArr=str.getBytes();
charArr=str.toCharArray();
```

注意：可以只声明数组而不创建，在转换过程中由系统自动创建。也可以直接创建数组，数组长度可以是 0 或大于 0 的整数。

9. 转换为字符串

String 类提供了一组 valueOf() 方法用来将其他数据类型转换成字符串，其参数可以是任何数据类型(byte 类型除外)。它们都是静态的，也就是说不必创建实例化对象即可

直接调用这些方法,其基本用法为:valueOf(数据类型)。例如:

```
char data[]={'a', 'b', 'c', 'd', 'e'};
System.Out.println(String.valueOf(12D));              //输出 12.0
System.Out.println(String.valueOf(3<2));              //输出 false
System.Out.println(String.valueOf(data,1,3));         //输出 bcd
```

8.1.4 StringBuffer 类的常用方法

StringBuffer 提供的方法有一些与 String 相同,有一些不同。最主要的方法有两组,一组是 append,另一组是 insert,每组各有 10 个方法。

1. append 方法

append 的 10 个方法主要在参数上有所不同,它可以把各种数据类型转换成字符串后添加进来(byte 类型除外),其基本用法为:append(数据类型)。例如:

```
char data[]={'a', 'b', 'c', 'd', 'e'};
StringBuffer buffer=new StringBuffer();
buffer.append(100);buffer.append('*');buffer.append(2.5F);
buffer.append(" is equal to ");buffer.append(250.0D);buffer.append(' ');
buffer.append(data);buffer.append(' ');buffer.append(data, 2, 3);
```

最后,buffer 的内容为"100 * 2.5 is equal to 250.0 abcde cde"。
注意:输出 buffer 时可调用 toString 方法将其转换为字符串。

2. insert 方法

insert 方法和 append 方法在使用上非常类似,唯一的不同是多了一个位置参数,该参数必须大于或等于 0。其基本用法为:insert(插入位置,数据类型)。例如:

```
char data[]={'a', 'b', 'c', 'd', 'e'};
StringBuffer buffer=new StringBuffer();
buffer.insert(0, 100);buffer.insert(0, 2.5F);buffer.insert(3, '*');buffer
.insert(0, 250.0D);buffer.insert(5, " is equal to ");
```

最后,buffer 的内容为"250.0 is equal to 2.5 * 100"。

3. 删除、替换与翻转方法

```
public StringBuffer delete(int start, int end)          //删除子串
public StringBuffer deleteCharAt(int index)             //删除指定位置上的字符
public StringBuffer replace(int start, int end, String str)     //替换子串
StringBuffer reverse()                                  //翻转字符串
```

例如:

```
StringBuffer buffer=new StringBuffer("This is a test string");
```

```
buffer=buffer.delete(0, 8);              //结果为 a test string
buffer=buffer.deleteCharAt(0);           //结果为 test string
buffer=buffer.replace(0, 1, "This is a");//结果为 This is a test string
buffer=buffer.reverse();                 //结果为 gnirts tset a si si hT
```

8.2 Java 输入输出流类

Java 语言的输入输出功能是十分强大而灵活的，对于数据的输入和输出操作以"流"（stream）的方式进行。JDK 提供了各种各样的"流"类，用以获取不同种类的数据，它们都定义在 java.io 包中。程序中通过标准的方法输入或输出数据。

本节主要介绍 Java 的标准输入输出、流的概念以及 Java 提供的输入输出流类及使用方式。

8.2.1 Java 的标准输入输出

Java 的标准输入输出是指在字符方式（如"命令提示符"窗口或控制台）下程序与输入输出设备进行交互的方式，键盘和显示器屏幕是标准的输入输出设备，数据输入的起点为键盘，数据输出的终点是屏幕，输出的数据可以在屏幕上显示出来。

标准输入输出的功能是通过 Java 的 System 系统类实现的。System 类在 java.lang 包中是一个最终类，可以在程序中直接调用它们。

1. 标准输入 System.in

System.in 作为 InputStream 类的对象实现标准输入，可以调用它的 read 方法来读取键盘数据。read 方法有如下 3 种格式：

① **public abstract int read()**
② **public int read(byte[] b)**
③ **public int read(byte[] b, int off, int len)**

如果输入流结束，返回 −1。发生 I/O 错时，会抛出 IOException 异常。

2. 标准输出 System.out

System.out 作为 PrintStream 打印流类的对象实现标准输出，可以调用它的 print、println 或 write 方法来输出各种类型的数据。标准输出方法和标准输入方法不同，它们不产生输出异常。另外，在输出的过程中，所有数据都按照系统字符集编码转换成字节。

print 和 println 方法的参数完全一样，不同之处在于 println 输出后换行而 print 不换行，在前面各章的例子中，已经多次使用 System.out.println 方法输出数据。

write 方法用来输出字节数组，在输出时不换行。注意 write 方法在输出单个字节时，并不能立即显示出来，必须调用 flush 方法或 close 方法强制回显。

例 8.3 从键盘输入字符,在屏幕上显示输出数据。程序运行结果如图 8.3 所示。

```
class exp8_3{
    public static void main(String[] args) throws java.io.IOException {
        byte buffer[]=new byte[40];
        System.out.println("从键盘输入不超过 40 个字符,按回车键结束输入: ");
        int count=System.in.read(buffer);          //读取标准输入流
        System.out.println("保存在缓冲区的元素个数为"+count);
        System.out.println("输出 buffer 元素值: ");
        for (int i=0;i<count;i++){
        System.out.print("  "+buffer[i]);}System.out.println();System.out
        .println("输出 buffer 字符元素: ");
        System.out.write(buffer, 0, buffer.length);
    }
}
```

说明:

(1) 程序运行时,从键盘输入 7 个字符"abcdefg"并按回车键结束输入。

(2) 注意到保存在缓冲区 Buffer 中的元素个数为 9,这里除了 7 个字符元素,还有回车符"\r"占用了两个元素。元素值为 ASCII 码值。

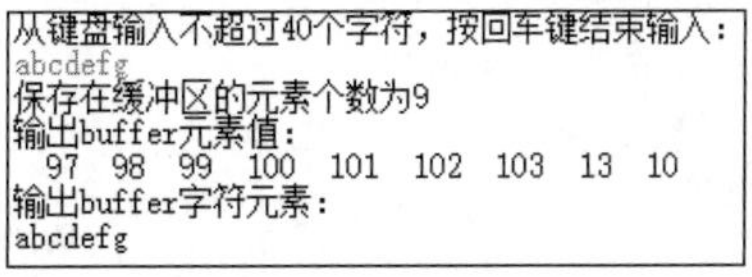

图 8.3 程序显示通过键盘输入的数据

(3) 本例用到了 read(byte[] b)方法,因其会产生输入异常,可以放在 try…catch 块中执行,或令 main 方法将异常上交(即在声明语句中加入 throws java.io.IOException),这样才能通过编译。

(4) 本例使用了 write 方法直接输出了字节数组的内容。如果使用 println 方法可先将字节数组的内容转换为字符串,否则不能正常显示。

8.2.2 输入输出流框架

1. 数据与流

数据是指一组有顺序的、有起点和终点的字节集合,数据具有发送者与接收者(统称设备),设备可以是文件、磁盘、内存、缓存或网络端点等,数据可以具有不同的格式:字符串、图像、声音或对象等。

流(Stream)是一串连续不断的数据的集合,就像水管里的水流,在水管的入口一点一点地供水,在水管的出口看到的是一股连续不断的水流。流是传递数据的载体,通过流,程序可以把数据从一个地方送到另一个地方,流是程序与设备之间的一个数据通道。

流的设计使 Java 程序在处理不同设备的 I/O 时非常方便。Java 程序不直接操纵 I/O 设备,而是在程序和设备之间加入了一个中间介质流。采用流的目的就是使程序的输入输出操作独立于具体设备,程序一旦建立了流,就可以不用理会起点或终点是何种设备了。

2. 输入输出流框架图

java.io 包中的流分为字符流与字节流,各自分为 InputStream(字节输入流类),OutputStream(字节输出流类),Reader(字符输入流类),Writer(字符输出流类)4 种基本类,每个基本类又分有更具体的子类,输入输出流框架如图 8.4 所示,它们都分别有特定的功能或用来操作特定的数据,具体方法属性可以在 Java 的 API 文档中查看。

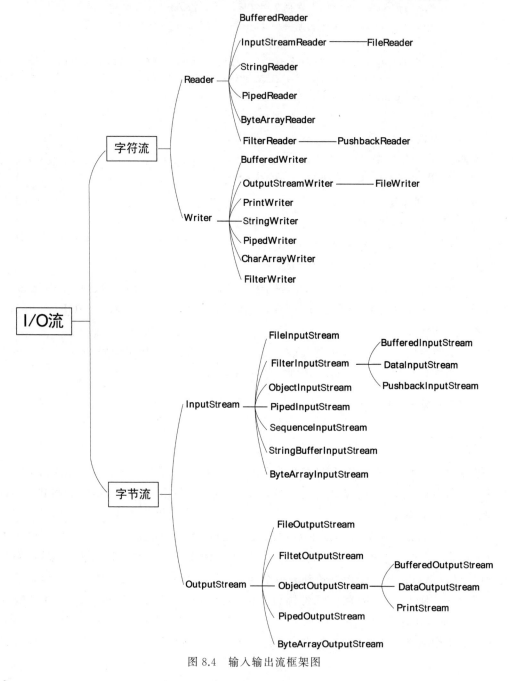

图 8.4 输入输出流框架图

在整个 Java.io 包中最重要的就是 6 个类和一个接口。6 个类指的是 File、Random_AccessFile、OutputStream、InputStream、Writer、Reader；一个接口是 Serializable。

其中，File 与 RandomAccessFile 属于非流类，File 文件类用于管理与操作文件与目录，例如生成新目录、生成新文件、修改文件名、删除文件、判断文件所在路径等。

RandomAccessFile 随机存取文件类可以有选择地管理与操作文件与目录。

3. 输入输出流分类

可以从不同的角度对输入输出流进行分类：

(1) 依据处理的数据单位不同，可分为字节流(8 位)和字符流(16 位)。

字节流：后缀是 Stream 的类，一次读入或读出是 8 位二进制数据，处理所有类型数据(如图片、avi 等)的读取和写入。

字符流：后缀是 Reader、Writer 的类，一次读入或读出是 16 位二进制数据，处理字符数据的读取和写入。

处理纯文本数据，优先考虑使用字符流。除此之外都使用字节流。

(2) 依据数据流方向不同，可分为输入流、输出流。

输入流：用于从键盘或文件(数据源)获得数据传递给程序，只能读不能写。

输出流：用于将数据从程序传递给数据接收者(宿点)，如内存、显示器屏幕、打印机或文件，只能写不能读。

(3) 依据实现功能不同，可分为节点流、处理流。

节点流：可以从一个特定的数据源(节点)读写数据的流，例如文件、内存，就像是一条单一的管子接到水龙头上开始放水。

处理流：与节点流一块使用，在节点流的基础上，再套接一层，套接在节点流上的就是处理流，可以简化和标准化某一类功能，例如缓冲、压缩、加密、摘要等。就像在已经接了一条管子(节点流)的基础上，又套上几个更粗、具有特殊功能的管子(处理流)对流出的水进一步地处理。

(4) 依据类的作用，可分为文件流、缓冲流、数据流、数组流、管道流、转换流、打印流、对象流等。

文件流：FileInputStream，FileOutputStream，FileReader，FileWriter，用于对文件进行读写操作。

管道流：PipedInputStream，PipedOutStream，PipedReader，PipedWriter，管道流要共同使用，一同完成管道的读取写入操作。主要用于线程操作。

数组流：ByteArrayInputStream，ByteArrayOutputStream，CharArrayReader，CharArrayWriter，用于操作字节或字符数组数据的读取与输出。

缓冲流：BufferedInputStream，BufferedOutputStream，BufferedReader，BufferedWriter，是带缓冲区的处理流，写入数据时，程序将数据发送到缓冲区，而不是直接发送到数据终点，缓冲区自动记录数据，当缓冲区满时，系统将数据全部发送到数据终点。读取数据时，程序实际是从缓冲区中读取数据。当缓冲区空时，系统将从数据源点自动读取数据，并读取尽可能多的数据充满缓冲区。

转换流：InputStreamReader/OutputStreamWriter，把字节转换成字符。

数据流：DataInputStream，DataOutputStream，用于直接输出 float 类型或 long 类型数据。

打印流：printStream，printWriter，可以控制打印的地方。

对象流：ObjectInputStream，ObjectOutputStream，把封装的对象直接输出，而不是一个个转换成字符串再输出。

8.2.3 输入输出流类的应用

例 8.4 创建两个 File 类的对象，分别判断两个文件是否存在；如果不存在，则新建。然后从键盘输入字符数据存入数组 b 里，通过文件输出流，把数组里的字符写入到 hello1.txt 文件，再从 hello1.txt 中读取数据，写到文件 hello2.txt 中，在 C 盘建立 Java 文件夹，然后运行程序，程序执行过程及结果如图 8.5 所示。

```java
import java.io.*;
public class exp8_4 {
    public static void main(String[] args) {
        int len;byte b[]=new byte[20];
        File file1=new File("C:\\java\\hello1.txt");        //创建文件对象
        File file2=new File("C:\\java\\hello2.txt");
        FileOutputStream fos=null;

        try {if (!file1.exists())file1.createNewFile();
        //如果文件不存在创建 file1 对象
            if (!file2.exists())file2.createNewFile();
            //字节流应用
            System.out.println("请输入你想存入 file1 文件的内容:");
            len=System.in.read(b);        //从键盘输入的字符存入内存的 b 数组里的个数
            fos=new FileOutputStream(file1, true);        //创建文件输出流到 file1
            fos.write(b, 0, len);
                            //通过文件输出流 fos 把 b 中数据写入到 file1 文件尾部
            //字符流与缓冲流应用
            FileReader in=new FileReader(file1);        //打开字符文件输入流
            BufferedReader bin=new BufferedReader(in);        //传送数据到缓冲区
            FileWriter out=new FileWriter(file2,true);        //打开字符文件输出流
            String str;
            while((str=bin.readLine())!=null) {
                            //将缓冲区中数据送到字符串变量 str 中
                System.out.println(str);        //输出 str 中数据到控制台
                out.write(str+"\n");}        //将 str 中数据写入文件

            out.close();in.close();fos.close();        //关闭流资源
        }
```

```
            catch(IOException e) {e.printStackTrace();}
        }
    }
```

说明:

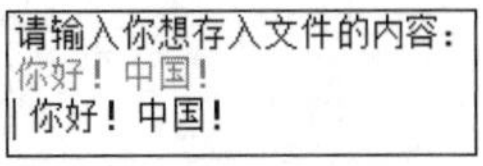

(1) 本例使用了 File 类,其是流的源点与终点。所以,本例首先创建了两个文件对象 file1 与 file2,如果 C 盘 Java 文件夹下没有 hello1.txt 与 hello1.txt 文件,会使用 createNewFile()方法创建文件。File 类具有获取文件名称 getName()、获取文件保存路径 getPath()、文件长度 length()、文件是否存在 exists()等方法。

(2) 因为 createNewFile()、System.in.read()、输入输出流对象、write()方法会有异常抛出,所以将它们放到 try{}…catch{}里边。

(3) 本例应用了字节流,使用 System.in.read(b)方法将键盘输入内容,按字节数据存入数组 byte b[]里,通过字节输出流 fos 调用 fos.write(b,0,len)方法把数组 b 里的数据写入到 file1 文件。

(4) 本例应用了字符流与缓冲流,通过字符输入流 FileReader 对象 in 建立连接 file1 的通道,并将文件数据保存到缓冲流 BufferedReader 对象 bin 中。

(5) 用循环通过缓冲流的逐行读取方法 bin.readLine()将缓冲区中的数据传递给 str,当缓冲区没有字符时结束循环。通过字符文件输出流 FileWriter 使用 out.write(str+"\n")方法将 str 中数据写入 file2 的尾部。

(6) 因为流是珍贵资源,所以每次用完了必须得关闭,关闭的方法放在 finally{}里边。

图 8.5 程序运行结果

8.2.4 RandomAccessFile 类

RandomAccessFile 类可以有选择地读写文件中的数据,例如读写一行或几行,可以从文件的不同位置读写不同长度的数据。RandomAccessFile 类既不是输入流类的子类,也不是输出流类的子类。该类并不是流体系中的一员,其封装了字节流,同时还封装了一个缓冲区(字符数组),通过内部的指针来操作字符数组中的数据。其对象既可以对文件进行读操作,也能进行写操作,在进行对象实例化时可指定操作模式(r,rw)。对象实例化时,如果要操作的文件不存在,会自动创建;如果文件存在,写数据未指定位置,会从头开始写,即覆盖原有的内容。

例 8.5 通过 RandomAccessFile 类从文件的不同位置读写不同长度的数据,将字符串数据添加在文件尾部。程序运行结果如图 8.6 所示。

```
import java.io.*;
class exp8_5 {
    public static void main(String args[]) {
        String str[]={"First line\n","Second line\n","Last line\n"};
        try {
            RandomAccessFile rf=new RandomAccessFile("demo.txt", "rw");
```

```
            System.out.println("\n 文件指针位置为: "+rf.getFilePointer());
            System.out.println("文件的长度为: "+rf.length());
            rf.seek(rf.length());
            System.out.println("文件指针现在的位置为: "+rf.getFilePointer());
            for (int i=0; i<3; i++)
                rf.writeBytes(str[i]);          //将字符串转为字节串添加到文件末尾
            rf.seek(0); System.out.println("\n 文件现在内容: ");
            String s;
            while ((s=rf.readLine())!=null)
                System.out.println(s);
            rf.close();
        }
        catch(FileNotFoundException fnoe) {}
        catch(IOException ioe) {}
    }
}
```

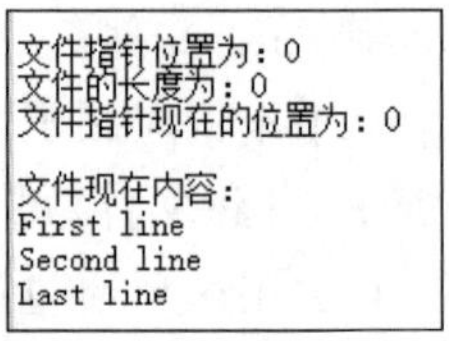

说明:

(1) 从本例可看出,随机存取文件类的使用方法,也是先建立文件流通道,打开文件,然后进行读写操作,最后关闭文件通道。只是不用分输入流和输出流。

(2) 可以用于多线程下载或多个线程同时写数据到文件。

图 8.6 RandomAccessFile 类的应用

8.2.5 对象序列化与对象流类

Java 对象序列化是指把 Java 对象转换为字节序列的过程;而 Java 对象反序列化是指把字节序列恢复为 Java 对象的过程。序列化有什么作用呢?

当两个进程进行远程通信时,可以相互发送各种类型的数据,包括文本、图片、音频、视频等,而这些数据都会以二进制序列的形式在网络上传送。那么当两个 Java 进程进行通信时,如何实现进程间的对象传送呢?这就需要 Java 序列化与反序列化了。换句话说,一方面,发送方需要把这个 Java 对象转换为字节序列,然后在网络上传送;另一方面,接收方需要从字节序列中恢复出 Java 对象。

Java 提供了 ObjectInput 接口与 ObjectOutput 接口分别继承了 DataInput 接口和 DataOutput 接口,实现了基本数据类型和对象序列化的方法。Java 还提供了 ObjectInputStream 对象输入流和 ObjectOutputStream 对象输出流类用来读取和保存对象。ObjectInputStream 类和 ObjectOutputStream 类是 InputStream 类和 OutputStream 类的子类,继承了它们所有的方法。

下面通过两个相关的类来说明如何实现对象序列化。

例 8.6 创建一个实现 Serializable 接口的 Student 类,包含姓名、学校、年龄 3 个属性。

```
import java.io.Serializable;
```

```
public class Student implements Serializable{          //学生 Student 类
    private static final long serialVersionUID=42L;
    String name, school; int age;
    Student(String name,String school,int age){
        this.name=name; this.school=school; this.age=age; }
    public void setSchool(String school){this.school=school;}
}
```

说明：Student 类实现 Serializable 接口非常简单，只要显式声明 serialVersionUID 的值即可，无须实现任何方法。Serializable 是 Java 提供的通用数据保存和读取的接口。任何类只要实现了 Serializable 接口，就可以被保存到文件中，或者作为数据流通过网络发送到别的地方。也可以用管道来传输到系统的其他程序中。

例 8.7 创建 exp8_7 类，将 Student 类的实例对象写入 Student.txt 文件中，再从文件之中读出 Student 类的对象，并修改学校信息。程序运行结果如图 8.7 所示。（运行程序之前，先在 C 盘根目录创建一个空文件 Student.txt，用来保存学生信息。）

```
import java.io.*;
public class exp8_7 {
    public static void main(String[] args) {
        Student student1=new Student("彭冲","山东师范大学",21);
                                                    //创建 Student 类的对象
        Student student2=new Student("李小梅","河南师范大学",25);
                                                    //创建 Student 类的对象
        ObjectOutputStream obs=null; ObjectInputStream ois=null;
        try {
            FileOutputStream fos=new FileOutputStream("C:\\java\\Student.txt");
                                                    //创建文件流
            obs=new ObjectOutputStream(fos);        //创建对象输出流
            obs.writeObject(student1);              //将学生对象实例1写入对象输出流中
            obs.writeObject(student2);              //将学生对象实例2写入对象输出流中

            System.out.println("初始时写入文件中的学生信息");
            System.out.println("学生名："+student2.name);        //打印文件中的信息
            System.out.println("初始学校名："+student2.school);
            System.out.println("年龄："+student2.age);

            FileInputStream fis=new FileInputStream("C:\\java\\Student.txt");
            //创建对象输入流，从文件输入流中读取数据
            ois=new ObjectInputStream(fis);
            student1=(Student)ois.readObject();
                                            //从对象输入流中读取数据并转换为学生类型
            student1.setSchool("北京交通大学");     //修改学校属性
            System.out.println("修改之后文件中的学生信息");
            //打印修改后的文件信息
```

```
        System.out.println("学生名："+student1.name); System.out.println("修改
        后学校："+student1.school);
        System.out.println("年龄："+student1.age);
    } catch(Exception e) {e.printStackTrace();}
    finally{
        if (ois! = null) {try {ois. close ( );} catch (IOException e) {e.
        printStackTrace();}}
        if (obs! = null) { try {obs. close ( );} catch (IOException e) {e.
        printStackTrace();}}
        }
    }
}
```

说明：本例将序列化对象保存到 Student.txt 文件中,又从其中取出修改了 student1 对象中的学校名,实现了实例对象属性值的保存与修改。

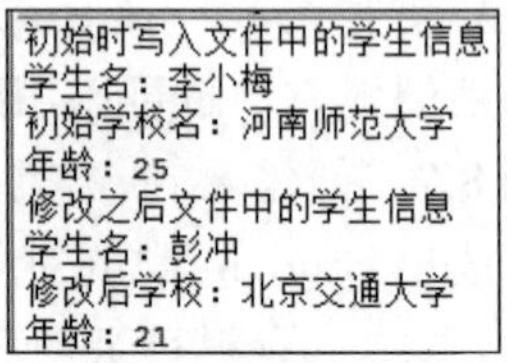

图 8.7 RandomAccessFile 类的应用

8.2.6 使用输入输出流小结

1. 使用输入输出流

使用输入输出流的参考步骤如下。

(1) 明确数据源点与数据终点设备：文件用 File 类或 RandomAccessFile 类；内存用数组；缓存用 Buffered,网络用 Socket 流,源点为键盘输入用 System.in 对象；终点为控制台用 System.out 对象。

(2) 明确输入输出流类型：数据源是纯文本数据选 Reader,否则选择 InputStream；数据终点是纯文本数据选择 Writer；否则选择 OutputStream。

(3) 明确是否还需要其他额外功能,如果需要较高的效率,可以使用缓冲区,使用 Buffered；如果需要转换,使用转换流 InputStreamReader 和 OutputStreamWriter。

2. 使用输入流

使用输入流的流程如下。
(1) 指定数据源点。
(2) 打开输入流通道。
(3) 读取数据到程序,存放在内存数组、缓存流、字符串对象。
(4) 关闭流通道。

3. 使用输出流

使用输出流的流程如下。
(1) 打开输出流通道。
(2) 写数据到终点。

（3）关闭流通道。

8.3 其他常用类

本节主要介绍 Java 语言的 7 个常用类，它们是：数学函数类 Math，提供了基本数学运算；日期类 Date、Calendar 和 DateFormat，提供了日期和时间操作；随机数类 Random，提供了随机数生成器；向量类 Vector，提供了类似于可变长数组的操作；Class 类与 Runtime 类，提供了获得运行时的信息的操作；Scanner 类，该类实现了只要有控制台就能实现输入操作；包装类，能将基本类型视为对象进行处理，并能连接相关的方法。

8.3.1 数学函数类 Math

Math 是一个最终类，含有基本数学运算函数，如指数运算、对数运算、求平方根和三角函数等，可以直接在程序中加 Math 前缀调用。下面是其成员变量和常用成员方法：

```
static double E                              //数学常量 e
static double PI                             //圆周率常量 π
static double sin(double a)                  //正弦函数,参数为弧度
static double cos(double a)                  //余弦函数,参数为弧度
static double tan(double a)                  //正切函数,参数为弧度
static double toDegrees(double angrad)       //弧度转换为角度
static double toRadians(double angdeg)       //角度转换为弧度
static double exp(double a)                  //常数 e 的 a 次幂
static double log(double a)                  //自然对数
static double sqrt(double a)                 //平方根
static double pow(double a, double b)        //数 a 的 b 次方
static int round(float a)                    //四舍五入
static long round(double a)                  //四舍五入
static double random()                       //大于或等于 0.0 小于 1.0 的随机数
static double abs(double a)                  //绝对值,参数还可以是 float、int、long
static double max(double a, double b)        //最大值,参数还可以是 float、int、long
static double min(double a, double b)        //最小值,参数还可以是 float、int、long
```

这些方法的使用都比较简单，只要传递正确的参数就可得到正确的返回值。例如下面这段程序：

```
double d1=Math.sin(Math.toRadians(30.0));
double d2=Math.log(Math.E);
double d3=Math.pow(2.0, 3.0);
int r=Math.round(33.6F);
```

结果是：

```
d1 为 0.49999999999999994;
d2 为 1.0;
```

d3 为 8.0;
r 为 34

8.3.2 新日期类

JDK 早期提供的时间、日期类，API 一直未能给开发者提供良好的支持。为了解决这些问题，Java SE 8 设计了新的时间、日期类 LocalDate 和 LocalTime。

原来的 java.util.Date 类月份从 0 开始，一月是 0，十二月是 11，特别容易出错，java.time.LocalDate 月份和星期都改成了 enum，就不可能再用错了。LocalDate 类用来创建日期类，比如 2014-01-14，提供年月日的使用方法。LocalTime 类用来创建时间类，提供时分秒的使用方法。LocalDate 和 LocalTime 更好用的原因是还提供了日期的操作方法，可以计算往前推或往后推几天的情况。

```
2014-12-25
当前日期：2021-01-23
年：2021 月：1 日：23
1 年前：2020-01-23
1 年后：2022-01-23
1 周后：2021-01-30
当前时间：21；55；58.832
2 个小时后：23；55；58.832
2021 年不是闰年
```

图 8.8 日期与时间类的应用

例 8.8 使用 LocalDate 和 LocalTime 创建日期与时间，程序运行结果如图 8.8 所示。

```
import java.time.*;
import java.time.temporal.*;
public class exp8_8 {
    public static void main(String[] args) {
        LocalDate ld=LocalDate.of(2014, 12, 25);      //根据年月日取日期,12月就是 12
        System.out.println(ld);
        LocalDate today=LocalDate.now();              //获取当前日期(不包含时间)
        System.out.println("当前日期:"+today);
        int year=today.getYear();                     //根据当前日期,获取当前年
        int month=today.getMonthValue();              //根据当前日期,获取当前月
        int day=today.getDayOfMonth();                //根据当前日期,获取当前日
        System.out.println("年:"+year+" 月:"+month+" 日:"+day);
        LocalDate nextWeek=today.plus(1, ChronoUnit.WEEKS);    //获取 1 周后的日期
        LocalDate previousYear=today.minus(1, ChronoUnit.YEARS);
        System.out.println("1 年前 : "+previousYear);
        LocalDate nextYear=today.plus(1, ChronoUnit.YEARS);
        System.out.println("1 年后 : "+nextYear);
        System.out.println("1 周后 : "+nextWeek);
        LocalTime time=LocalTime.now();               //只获取当前时间
        System.out.println("当前时间 : "+time);        //时、分、秒、毫秒
        LocalTime newTime=time.plusHours(2);          //获取两个小时后的时间
        System.out.println("2 个小时后 : "+newTime);
        if(today.isLeapYear()){                       //判断是不是闰年
            System.out.println(today.getYear()+"年是闰年");
        }else { System.out.println(today.getYear()+"年不是闰年"); }
    }
}
```

8.3.3 随机数类 Random

使用 Math 中的 random 方法可产生一个 0～1 的随机数,这种方式比较简单。为了适应网络时代编程对随机数的需要,Java 在 Random 类中提供了更多的功能,Random 的实例化对象可使用一个 48 位长的种子数来生成随机数。如果两个 Random 对象使用同样的种子数,并以同样的顺序调用生成方法,仍然可以保证得到两个不同的 32 位随机数。为了使 Java 程序有良好的可移植性,应该尽可能使用 Random 类来生成随机数。

Random 有两个构造方法:Random()、Random(long seed)。前者使用系统时间作为种子数,后者使用指定的种子数。构造方法只是创建了随机数生成器,必须调用生成器的方法才能产生随机数。Random 具有 nextBoolean、nextInt 等方法,具体使用方式看例 8.9。

例 8.9 本例使用 random 类的对象生成各种类型的随机数,程序运行结果如图 8.9 所示。

```
import java.util.*;
class exp8_9 {
    public static void main(String args[]) {
        Random r1=new Random(1234567890L);
        Random r2=new Random(1234567890L);

        boolean b=r1.nextBoolean();         //随机数不为 0 时取真值
        int i1=r1.nextInt(100);             //产生大于或等于 0 小于 100 的随机数
        int i2=r2.nextInt(100);             //同上
        double d1=r1.nextDouble();          //产生大于或等于 0.0 小于 1.0 的随机数
        double d2=r2.nextDouble();          //同上
        System.out.println(b);System.out.println(i1);
        System.out.println(i2); System.out.println(d1); System.out
        .println(d2);
    }
}
```

说明:例 8.9 创建了两个随机数生成器,使用的种子数相同,从图 8.9 可以看出由这两个生成器产生的随机数是不同的。程序中生成了 boolean、int 和 double 型随机数,Random 类还可以生成其他类型的随机数,如 long、float 等。注意,Random 包含在 java.util 包中,程序需要引入该包。

图 8.9 Random 类生成的随机数

8.3.4 运行时 Runtime 类

Runtime 类代表 Java 程序的运行时环境,每一个 Java 程序都有一个与之对应的 Runtime 实例,应用程序通过该对象与运行时环境相连,应用程序不能创建自己的

Runtime 实例,但可以通过 getRuntime()方法获得与之关联的 Runtime 对象。通过 Runtime 类可以访问 JVM 的相关信息,如处理器数量、内存信息,另外,Runtime 类也可以直接单独启动一个进程来运行操作系统的命令。

例 8.10　获得程序运行时的信息,程序运行结果如图 8.10 所示。

```
public class exp8_10 {
    public static void main(String[] args) throws Exception {
        Runtime runtime=Runtime.getRuntime();
        System.out.println("JVM 当前可以使用的总内存是: "+runtime.totalMemory()
        +"byte");                    //获取当前总内存空间
        System.out.println("JVM 可以使用的最大内存是: "+runtime.maxMemory()+
        "byte");                    //获取最大内存空间
        System.out.println("JVM 当前的空闲内存是: "+runtime.freeMemory()+
        "byte");                    //获取剩余内存空间
        runtime.exec("notepad.exe");//使用 Rumtime 类启动 Windows 记事本程序
    }
}
```

图 8.10　获得程序运行时的信息

8.3.5　控制台输入 Scanner 类

Scanner 是 java.util 包中的类。该类用来实现用户的输入,是一种只要有控制台就能实现输入操作的类。创建 Scanner 类常见的构造方法有两个:Scanner(InputStream in)与 Scanner(File file)。

通过控制台进行输入,首先要创建一个 Scanner 对象。

例 8.11　实砚在控制台上输入学校、专业、年龄并把这些信息输出到控制台上。程序运行结果如图 8.11 所示。

```
import java.io.File;
import java.io.FileNotFoundException;
import java.util.Scanner;
public class exp8_11 {
    public static void main(String s[]){
        String school; String major; int age;
        //创建 Scanner 对象 接受控制台输入的信息
        Scanner scanner=new Scanner(System.in);
        System.out.println("请输入你的学校: ");     //输入字符
        school=scanner.nextLine();                  //读取输入的一行字符串
        System.out.println("请输入你的专业: ");
```

```
        major=scanner.nextLine();
        System.out.println("年龄: ");                    //输入整型数据
        age=scanner.nextInt();                           //读取整型数据
        System.out.println("学校: "+school); System.out.println("专业: "+
        major); System.out.println("年龄: "+age);
        try {
            //创建 Scanner 对象 读 D 盘根目录的 HelloWorld1.txt 文件并输出
            Scanner scanner2=new Scanner(new File("D:\\HelloWorld.txt"));
            System.out.println("HelloWorld.txt 文件中的信息为: ");
            while (scanner2.hasNextLine()) {System.out.println(scanner2
            .nextLine());}
        } catch(FileNotFoundException e) {e.printStackTrace();}
    }
}
```

说明：

（1）通过本例看到，要通过控制台进行输入或者读一个文件，首先要创建一个 Scanner 对象。然后可以调用其方法进行不同的操作。

（2）本程序依据输入不同，可以看到不同的输入结果。

8.3.6　拆箱装箱的包装类

图 8.11　程序运行结果

Java 语言是一种面向对象的语言，但是 Java 中的基本数据类型却是不面向对象的，这在实际使用时存在很多的不便，为了解决这个不足，JDK 自从 1.5(5.0)版本以后设计了 8 个和基本数据类型对应的类，统称为包装类（Wrapper Class），也称外覆类、数据类型类。包装类均位于 Java.lang 包，在这 8 个类名中，除了 int 对应 Integer 类、char 对应 Character 类以外，其他 6 个类的类名和基本数据类型一致，只是类名的第一个字母为大写，例如 byte 对应 Byte 类。

包装类提供了基本数据类型自动装箱、拆箱功能。自动装箱是指系统自动将基本数据类型转换成包装类对象，自动拆箱是系统自动将包装类对象转换为基本数据类型。

包装类的主要用途就是将基本数据类型的值包装在一个对象中，方便使用对象进行操作。

图 8.12　程序运行结果

例 8.12　通过本例可以看到包装类的使用，程序运行结果如图 8.12 所示。

```
public class exp8_12 {
    public static void main(String[] args) {Character c1='B';
                                             //声明 Character 对象,自动装箱
        char c2=c1;                          //声明 char 类型变量,自动拆箱
        Boolean b1=true;                     //创建 Boolean 对象,自动装箱
        boolean b2=b1;                       //声明 boolean 类型变量,自动拆箱
        Integer integer=1;                   //创建 Integer 对象,自动装箱
```

```java
        int i=integer;                          //声明 int 类型变量,自动拆箱
        Short short1=2;                         //创建 Short 对象,自动装箱
        short short2=short1;                    //声明 short 类型变量,自动拆箱
        Double double1=3.0;                     //创建 Double 对象,自动装箱
        double double2=double1;                 //声明 double 类型变量,自动拆箱
        Float float1=4f;                        //创建 Float 对象,自动装箱
        float float2=float1;                    //声明 float 类型变量,自动拆箱
        System.out.println(c2+"是大写字母吗? "+Character.isUpperCase(c2));
                                                //c1 由 Character 自动拆装变为 char 类型
        System.out.println("b1: "+b1.booleanValue()+"; b2: "+b2);
        System.out.println("integer: "+integer.intValue()+"; i: "+i);
        System.out.println("short1: "+short1.shortValue()+"; short2: "+short2);
        System.out.println("double1: "+double1.doubleValue()+"; double2: "+double2);
        System.out.println("float1: "+float1.floatValue()+"; float2: "+float2);
    }
}
```

说明:其他包装类的用法与例 8.12 类似,在这里不再赘述。

8.3.7 定时器 Timer 类和定时任务 TimerTask 类

Timer 是 util 包中的类,用于安排在后台线程中执行的任务。可在指定时间安排执行一次任务,或定时重复执行任务,因此,可以将 Timer 看成一个定时器,通过调度 TimerTask 类执行任务。

TimerTask 是一个实现了 Runnable 接口的抽象类,代表一个可以被 Timer 执行的任务。因为 TimerTask 是一个实现了 Runnable 接口的抽象类,所以具备了多线程的能力(本书第 9 章将详细介绍多线程)。

例 8.13 本例介绍如何使用 Timer 与 TimerTask 类来实现等待 3s 后执行的一个"爆炸"任务和一个等待 3s 后,每隔 5s 重复执行"爆炸"任务。程序运行结果如图 8.13 所示。

```java
import java.util.Timer;
import java.util.TimerTask;
public class exp8_13 {
public static void main(String args[]) {
    Timer timer=new Timer();
    TimerTask task=new SynchroTimerTask();          //task 执行一次任务的对象
    timer.schedule(task,3000);                  //定时 3000ms 即 3s 后执行一次 task 任务
    TimerTask task2=new SynchroTimerTask();         //task 执行重复任务的对象
    timer.schedule(task2,3000,5000);
                        //定时 3000ms 即 3s 后每隔 5000 毫秒重复执行 task2 任务
}}
class SynchroTimerTask extends TimerTask {
    public void run() {
    System.out.println("爆炸!!!");              //"爆炸"任务
```

}}

说明：

(1) 本例通过创建 TimerTask 的子类 SynchroTimerTask，实现其 run()方法，定义要定时执行的具体任务。

(2) 本例通过 Timer 类的 schedule(TimerTask task, long delay)方法，timer.schedule(task，3000)实现了 3s 后执行一次的定时任务。

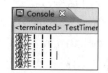

图 8.13　定时器执行结果

(3) 使用 Timer 类的 schedule(TimerTask task, long delay, long period)方法，timer.schedule(task2，3000，5000)实现了从指定的延迟时间(3s)后开始每隔指定时间(5s)重复执行的任务。

(4) 定时任务是由后台线程控制执行的。

在 http://docs.oracle.com/javase/8/docs/api 中打开 Java 的 API，可以根据需要了解每个类的接口、父类、方法与属性数据，使用它们提供的方法来编写应用程序。

8.4　知识拓展——反射机制相关的类

Java 反射机制是指在运行状态中，可以构造任意一个类的对象，可以了解任意一个对象所属的类，可以了解任意一个类的所有成员变量和方法，可以调用任意一个对象的方法和属性。这种动态获取信息以及动态调用对象方法的功能称为 Java 语言的反射机制。

本节主要介绍 Java 反射机制涉及的类，并通过实例介绍如何应用反射机制。

8.4.1　Class 类

Class 类是一个比较特殊的类，属于 Java.lang.Class 包，它是 Java 反射机制的基础，它用于封装被装入到 JVM 中的类与接口的信息。当一个类或接口被装入到 JVM 时便会产生一个与之关联的 Class 对象，可以通过这个 Class 对象对被装入类的详细信息进行访问，可以获取对象所属的类，获取一个类所具有的方法、成员变量等。

Java 的 Object 类是所有 Java 类的继承根源，其内声明了数个基本方法：hashCode()、equals()、clone()、toString()、getClass()等。其中 getClass()用来返回一个 Class 对象。

Class 对象常用方法有：forName(String name)、getName()、getSuperClass()、getInterfaces()、getConstructors()、getDeclaredFields()、getMethod(String name, Class … paramTypes)。

8.4.2　java.lang.reflect 包中的重要类

java.lang.reflect 包中含有实现反射机制的所有类，其中有三个常用的类。

(1) Field 类：成员变量(类的属性)类。通过 Class 类可以在运行时获取类的成员变量，然后再使用 Field 类设置它们的值。其常用方法有：getName、getType、Field.get 和 Field.set。

（2）Method 类：方法类。通过 Class 类可以得到某个类的某个方法，通过 Method 类可以对这些方法进行调用。其常用方法有：getParameterTypes 和 getReturnType。

（3）Constructor 类：构造方法类。通过 Class 类可以在运行时获取类的构造方法，通过 Constructor 类可以实例化对象。其常用方法有：getParameterTypes 获取构造方法、获取构造方法参数、Constructor.newInstance 实例化对象。

8.4.3 反射机制的应用

例 8.14 创建一个自定义类，用反射机制了解这个类的信息。运行结果如图 8.14 所示。

```
c1: Chapter5.Person, c2类: chapter8.Person
c2所属的类 java.lang.Class
p1的父类 java.lang.Object
p1的包 chapter8
方法: public java.lang.String Chapter5.Person.toString()
方法: public void Chapter5.Person.prin(java.lang.String)
方法返回值的类型: void
prin方法的参数类型有: java.lang.String
prin方法输出的参数: 张驰
成员变量有: name age
构造方法0: public chapter8.Person()
构造方法1: public chapter8.Person(java.lang.String,int)
用两个参数的构造函数创建的p5对象为: [名字: 丛心怡, 年龄: 23]
用无参构造函数创建的p1对象为: [名字: null, 年龄: 0]
用一般方式创建的P6对象为: [名字: 张洁, 年龄: 25]
```

图 8.14　反射机制的应用

```java
import java.lang.reflect.*;
public class exp8_11{
public static void main(String[] args)   {
    try{
        Class<?>c1=null, c2=null;
        //调用 Class 的静态方法,将包名下的类 Person 加载到 JVM(虚拟机)的方法区中
        c1=Class.forName("Chapter8.Person");
        c2=Person.class;
        System.out.println("c1: "+c1.getName()+",c2: "+c2.getName());
        System.out.println("c2所属的类  "+c2.getClass().getName());

        Person p1=(Person)c2.newInstance();//通过 c2 创建的 Person 类对象
        System.out.println("p1 的父类   " + p1.getClass().getSuperclass().
        getName());
        System.out.println("p1的包   "+p1.getClass().getPackage().getName());

        //获取 Person 类中定义的所有方法,getMethods()可以获取带继承的方法
        Method m[]=c1.getDeclaredMethods();
        for (int i=0; i<m.length; i++) {System.out.println("方法：  "+m[i]);}

        Method ff1=c2.getMethod("prin", String.class);      //获取一个指定的方法
        System.out.println("方法返回值的类型:"+ff1.getReturnType().getName());
```

```java
            Class<?>[] parameterTypes=ff1.getParameterTypes();
                                            //prin()方法的所有参数
            System.out.print("prin方法的参数类型有: ");
            for (Class<?>p : parameterTypes) {System.out.print(" "+
            p.getName());}System.out.println();
            ff1.invoke(p1,"张驰");           //调用 prin()方法

            Field[] field=c2.getDeclaredFields();
                                            //获取 Person 类中的所有 field 对象
            System.out.print("成员变量有: ");
            for (Field f:field) {System.out.print(" "+f.getName());}
                                            //输出 field 对象名字
            System.out.println();

            Constructor<?>cons[]=c2.getConstructors();
                                            //获取 Person 类的所有构造方法
            for(int j=0;j<cons.length;j++) {System.out.println("构造方法"+j+": "
            +cons[j]);}
            System.out.println();
            Person p2=(Person)cons[1].newInstance("丛心怡",23);
            System.out.println("用两个参数的构造函数创建的 p5 对象为: "+p2);
            System.out.println("用无参构造函数创建的 p1 对象为: "+p1);
            Person p3=new Person("张洁", 25);
            System.out.println("用一般方式创建的 P6 对象为: "+p3);
        } catch(ReflectiveOperationException ex) {System.out.println("程序发生
        了异常");
        }
    }
}
class Person {                              //自定义类
    String name;                            //成员变量
    int age;                                //成员变量
    public Person() {}                      //无参构造函数
    public Person(String name, int age) {   //有两个参数的构造函数
        this.name=name;    this.age=age;
    }
    public void prin(String name) {         //prin()方法
        System.out.println("prin方法输出的参数: "+name);
    }
    @Override
    public String toString() {              //覆盖父类的 toString()方法
        return "[名字: "+name+", 年龄: "+age+"]";}
}
```

说明:

(1) 本程序是针对自定义 Person 类来反射的。

(2) 首先提供了两种加载 Person 类的方法,c1 与 c2 都是 Class 类的实例对象。

(3) 通过(Person)c2.newInstance()方式,调用 Class 的 newInstance()方法,创建了 Person 类对象 p1。

(4) 通过 getClass().getName()方法获取对象的类名,通过 getClass().getSuperclass().getName()方法获取对象的父类名称,通过 getClass().getPackage().getName()方法获取对象所在包的名称。

(5) 运用 Class 的方法 c1.getDeclaredMethods()获取 Person 类中定义的方法,通过 getMethods()可以获取所有包括从父类继承的方法。

(6) 通过 c2.getMethod("prin", String.class)获取指定的 prin 方法 ff1,调用 Method 对象 getParameterTypes()得到了 prin()方法的所有参数,调用 Method 对象的 getReturnType()得到了 prin()方法的返回值类型,调用 Method 对象的 invoke(person, "张驰")方法,使得 person 对象的 prin()方法得以执行。

(7) 使用 Class 类对象的 getDeclaredFields()获取 Person 类中的 field 对象(成员变量),调用 Field 对象的 getName()方法输出 field 对象的名字。

(8) 使用 Class 类对象的 getConstructor(String.class, int.class)获取 Person 类中有两个参数的构造函数,调用 Constructor 对象的 newInstance("李梅", 20)的方法,实现用两个参数实例化 Person 类对象。

习题 8

8-1 Java 为什么把字符串定义为类?为什么定义了两个字符串类?

8-2 如何将字符串转换成数组?如何将其他数据类型转换成字符串?如何将字符串数字转换为十进制数(即将字符串数字转为整数)?

8-3 什么是 Java 流?

8-4 下列哪个类不属于字节流?(　　)
    A. InputStreamReader   B. BufferedInputStream
    C. FileInputStream   D. OutputStream

8-5 以下关于流的说法不正确的是(　　)。
    A. 流就像一个管道,连通了信息的源及其目的地
    B. 流就是以另一个对象为源或目的地传送信息的对象
    C. 流传输的是二进制数据,以 bit 为单位进行传输和处理
    D. System.out 是连接程序和标准输出设备的一个输出流

8-6 什么是标准输入输出方法?什么是标准输入输出设备?标准输入方法 read 在使用中需要注意哪些问题?它输入的数据是何种类型?

8-7 标准输出方法 println 能输出字节数据吗?有哪些替代方法?

8-8 利用标准输入方法从键盘输入字符,并将输入的字符写到文本文件中。

8-9 编一应用程序,利用缓冲输入流从键盘输入字符,并将输入的字符显示在屏幕上。编一应用程序,打开一文本文件,并将其内容输出到屏幕上。

8-10 下面哪些表达式是声明一个含有 10 个 String 对象的数组？说明理由。（　　）
　　A. char str[];　　　　　　　　　　B. char str[][];
　　C. String str[]=new String[10];　　D. String str[10];

8-11 根据下列语句判断,(　　)表达式返回 true。说明理由。（多选）
```
String s="hello ";
String t="hello";
char c[]={'h','e','l','l','o'};
```
　　A. s.equals(t);　　　　　　　　　B. t.equals(c);
　　C. s==t;　　　　　　　　　　　　D. t.equals(new String("hello"));
　　E. t==c.

8-12 下面的(　　)程序片段可能导致错误？说明理由。（多选）
　　A. String s="Gone with the wind";
　　　 String t="good";
　　　 String k=s+t;
　　B. String s="Gone with the wind";
　　　 String t;
　　　 t=s[3]+"one";
　　C. String s="Gone with the wind";
　　　 String standard=s.toUpperCase();
　　D. String s="home directory";
　　　 String t=s－"directory";

8-13 下面给出的代码片段陈述为 true(真)的是(　　)。（多选）
(1) public void create() {
(2) Vector myVect;
(3) myVect=new Vector();
(4) }
　　A. 第二行的声明不会为变量 myVect 分配内存空间
　　B. 第二行的声明分配一个到 Vector 对象的引用的内存空间
　　C. 第二行语句创建一个 Vector 类对象
　　D. 第三行语句创建一个 Vector 类对象
　　E. 第三行语句为一个 Vector 类对象分配内存空间

8-14 创建 Integer 类对象,并以 int 类型将 Integer 的值返回。

8-15 创建两个 Character 对象,通过 equals() 比较它们是否相等;之后将这两个对象分别转换成小写形式,再通过 equals() 方法比较两个 Character 对象是否相等。

8-16 编写程序,实现通过字符型变量创建 boolean 值,再将其转换成字符串输出,观察输出后的字符串与创建 Boolean 对象时给定的参数是否相同。

8-17 编写程序,实现根据年月日取日期创建 LocalDate 对象并输出,再根据创建的日期得到一年零一个星期之后的日期并输出。

第9章 多线程机制

前面所编写的应用程序都是单线程的程序,也就是说,一个程序,从头到尾都是按顺序执行语句的,在程序开始至结束的这一段时间内只做一件事情,从而使高效的 CPU 很多时间都被闲置。为了更好地利用 CPU 的资源,Java 语言提供了多线程机制,可以在设计一个程序时考虑在一段时间内同时做多件事情。

本章的内容主要解决以下问题:

- 什么是进程?什么是多线程?
- 多线程与多任务有什么区别?
- 什么是 Java 的多线程机制?
- 如何编写多线程的程序?
- 为什么要建立线程的同步机制?
- 什么是同步方法?什么是同步对象?
- 多线程程序有哪些需要注意的问题?

9.1 多线程的概念

本节主要介绍程序、进程、多任务、线程与多线程的概念。

9.1.1 程序、进程和多任务

1. 程序

程序(program)是数据描述与操作代码的集合,是应用程序执行的脚本。

2. 进程

进程(process)是程序的一次执行过程,是操作系统运行程序的基本单位。程序是静态的,进程是动态的。系统运行一个程序是一个进程从创建、运行到消亡的过程。

操作系统可以为一个程序同时创建多个进程。例如,同时打开两个记事本文件。操作系统为每一个进程分配有自己独立的一块内存空间和一组系统资源,即使同类进程之间也不会共享系统资源。

3. 多任务

多任务是指在一个系统中可以同时运行多个程序,即有多个独立运行的任务,每一个任务对应一个进程。例如,一边使用 Word 编写文档,一边听计算机播放音乐。

由于一个 CPU 在同一时刻只能执行一个程序中的一条指令。实际上,多任务运行的并发机制使这些任务交替运行,因间隔时间短,所以我们感觉就是多个程序在同时运行。如果是多个 CPU,可以同时执行多个任务。

9.1.2 线程

运行一个程序时,程序内部的代码都是按顺序先后执行的。如果能够将一个进程划分为更小的运行单位,则程序中一些彼此相对独立的代码段可以重叠运行,将会获得更高的执行效率。线程就是解决这个问题的。

线程是比进程更小的运行单位,是程序中单个顺序的流控制。一个进程可以包含多个线程。

线程是一种特殊的多任务方式。当一个程序执行多线程时,可以运行两个或更多的由同一个程序启动的任务。这样,一个程序可以使得多个活动任务同时发生。例如 Java 推出的 HotJava 浏览器,用户可以一边浏览网页一边下载新网页,可以同时显示动画和播放音乐。

线程与任何一个程序一样有一个开始、一系列可执行的命令序列、一个结束。在执行的任何时刻,只有一个执行点。线程与程序不同的是线程本身不能运行,它只能包含在程序中,只能在程序中执行。一个线程在程序运行时,必须争取到为自己分配的系统资源,如执行堆栈、程序计数器等。

9.1.3 多线程

单个线程没有什么特别的意义。真正有用的是具有多线程的程序。

多线程是相对于单线程而言的,指的是在一个程序中可以定义多个线程并同时运行它们,每个线程可以执行不同的任务。与进程不同的是,同类多线程共享一块内存空间和一组系统资源,所以,系统创建多线程花费单价较小。因此,也称线程为轻负荷进程。

多线程和多任务是两个既有联系又有区别的概念,多任务是针对操作系统而言的,代表着操作系统可以同时执行的程序个数;多线程是针对一个程序而言的,代表着一个程序内部可以同时执行的线程个数,而每个线程可以完成不同的任务。

9.1.4 线程的生命周期与 Java 的多线程机制

1. 线程的生命周期与状态

同进程一样,一个线程也有从创建、运行到消亡的过程,称为线程的生命周期。线程在使用过程中有创建（New）、可运行（Runnable）、在运行（Running）、挂起（Not Runnable）、死亡（Dead）五种状态，称为线程生命周期的五个阶段。

(1) 创建阶段：在使用 new 操作符创建并初始化线程对象后，此时线程已经分配到内存空间和所需要的资源。

(2) 可运行阶段：在使用线程对象的 start 方法后，进入线程队列，排队等待 CPU 的使用权，一旦获得 CPU 的使用权，就开始独立运行。

(3) 在运行阶段：获得 CPU 使用权后，正在执行线程对象的 run() 方法。

(4) 挂起阶段：一个正在执行的线程对象，因为某种特殊原因或需要执行输入输出操作时，将让出 CPU 的使用权，线程进入挂起状态。挂起状态的线程不能加入 CPU 使用权的等候队列，必须等到挂起原因消除后，才可以去排队。

(5) 死亡阶段：线程执行 run() 方法最后一句并退出。或线程被强制死亡，即使用 stop() 方法与 destroy() 方法。

2. Java 的多线程机制

很多计算机编程语言需要利用外部软件包来实现多线程，而 Java 语言则内在支持多线程，所有的类都是在多线程思想下定义的。Java 的每个程序自动拥有一个线程，称为主线程。当程序加载到内存时，启动主线程。要加载其他线程，程序就要使用 Thread 类（专门用来创建和控制线程的类）和 Runnable 接口。

java.lang 中的线程类 Thread 封装了所有需要的线程操作控制，有很多方法用来控制一个线程的运行、休眠、挂起或停止。这就是 Java 的多线程机制。

使用 Java 的多线程机制编程可将程序的任务分解为几个并行的子任务，通过线程的并发执行来加速程序运行，提高 CPU 的利用率。例如，在网络编程中，有很多功能可以并发执行。网络传输速度一般较慢，用户输入速度也较慢，因此可以设计两个独立线程分别完成这两个任务而不影响正常的显示或其他功能。在编写动画程序时，可以用一个线程进行延时，让另一个线程在延时中准备要显示的画面，以实现完美的动画显示。

9.2 创建线程对象

如何创建一个线程对象呢？

有两种方法可以创建线程对象。一种方法是通过继承线程类 Thread 来创建线程对象；另一个方法是通过实现 Runnable 接口来创建线程对象。

本节主要介绍编写一个带有多线程对象的应用程序。

9.2.1 通过继承 Thread 类创建线程对象

例 9.1 在程序中通过继承 Thread 类创建一个内部线程子类 TestThread，在 exp9_1 主类中创建两个线程对象 t1 和 t2，它们的任务是输出线程的状态，程序运行结果如图 9.1 所示。

```java
class TestThread extends Thread {
    public TestThread(String str){super(str);}
    public void run(){    //覆盖 Thread 类的 run()方法
        for(int i=0;i<2;i++){
            System.out.println(getName()+"在运行阶段");
            try{   sleep(1000);
                System.out.println(getName()+"在休眠阶段");
            }catch(InterruptedException e){ }
        System.out.println(getName()+"已结束"); }
    }
}
class exp9_1 {
    public static void main(String[] args){
        TestThread t1=new TestThread("线程 1");
        TestThread t2=new TestThread("线程 2");
        t1.start();   t2.start();
    }
}
```

说明：

（1）main 本身也是一个线程，是程序自动拥有的一个线程，称为主线程。本程序在 main 方法中创建了两个 TestThread 线程对象 t1 与 t2，并在创建后马上调用 Thread 类的 start()方法启动这两个线程。

（2）从输出的结果可以看出两个线程的名字是交替显示的，这是因为两个线程是同步的，故两个 run()方法也同时被执行。每一个线程运行到输出语句时将在屏幕上显示自己的名字，执行到 sleep 语句时将休眠 1000ms(1s)。线

```
线程2在运行阶段
线程1在运行阶段
线程2在休眠阶段
线程2已结束
线程2在运行阶段
线程1在休眠阶段
线程1已结束
线程2在运行阶段
线程1在休眠阶段
线程2在休眠阶段
线程2已结束
线程1已结束
```

图 9.1　通过继承 Thread 类创建线程对象

程休眠时并不占用 CPU，其他线程可以继续运行。一旦延迟完毕，线程将被唤醒，继续执行下面的语句。这样，它们就实现了交替显示。由此可以看出，线程语句的顺序只是决定了线程产生的顺序，线程的执行顺序是由操作系统调度和控制的。因此，每次运行程序其中线程的顺序是不同的，参见图 9.1 所示的两次程序运行结果。

（3）继承 Thread 的子类必须覆盖 Thread 类的 run()方法(其是空方法)。run 是线程类的关键方法，线程的所有活动都是通过它来实现的。当调用线程对象时通过 start()方法自动调用 Thread 类 run()方法，通过 run()方法实现线程的目的。run()方法的作用如同 Application 应用程序的 main 方法一样。

由例 9.1 可以看出，创建线程类的主要任务是设计 run()方法。一旦创建线程对象，由 start()方法开始一个线程，然后调用 run()方法执行其中所有语句，执行完毕这个线程也就结束了。

9.2.2 通过 Runnable 接口创建线程对象

接口 Runnable 中只声明了一个空的 run()方法,是专门用来创建线程对象的接口,特别的是当一个类是从其他类继承时,用 Runnable 创建线程对象比继承 Thread 更适合。

1. 通过实现接口 Runnable 创建线程对象的应用程序

例 9.2 通过实现接口 Runnable 创建进程类 TestRunnable。

```
class TestRunnable implements Runnable {
    public void run(){
        int i=15;
        while(i-->=1){
            try{System.out.print(i+" * ");  Thread.sleep(500); }
            catch(Exception e){e.printStackTrace();}
         }
    }
}
public class exp9_2 {
    public static void main(String[] args) {
        TestRunnable   tr=new TestRunnable();
        Thread t1=new Thread(tr,"线程 1");
        t1.start();
    }
}
```

说明:本例创建了实现接口 Runnable 的进程类 TestRunnable 类,重写了接口的 run()方法。在主方法中,用进程类 TestRunnable 的对象 tr,实例化 Thread 对象,由其调用 start()开始进程。运行结果如图 9.2 所示。

```
14*13*12*11*10*9*8*7*6*5*4*3*2*1*0*
```

图 9.2 通过 Runnable 接口创建线程对象

2. 两种创建线程对象方法的比较

(1)由继承 Thread 类创建线程对象简单方便,可以直接操作线程,但不能再继承其他类。

(2)用 Runnable 接口创建线程对象,需要实例化为 Thread 对象,可以再继承其他类。

9.3 线程的优先级与状态

由于在程序中使用多线程,如何合理地安排线程的执行顺序呢?

本节主要介绍如何通过线程的方法控制线程的优先级,控制线程的启动、挂起、让步、插入以及结束等状态。

9.3.1 线程类的方法

1. 线程的构造方法

public Thread()、public Thread(String name)、public Thread(Runnable target)、public Thread(Runnable target, String name)等。

2. 线程的类方法

以下是 Thread 类的主要静态方法，即可以直接从 Thread 类调用。

CurrentThread()　返回正在运行的 Thread 对象名称。

sleep(long n)　让当前线程休眠 n 毫秒。

sleep(long,int)　使一个线程休眠 long 毫秒 int 纳秒。

yield()　挂起当前线程，使其他处于等待状态的线程运行。

3. 实例方法

以下是 Thread 类的对象方法，即必须用 Thread 的对象实例来调用。

activeCount()　返回该线程组中当前激活的线程的数目。

checkAccess()　检测当前线程是否可以被修改。

destroy()　终止一个线程，不清除其他相关内容。

getName()　返回线程的名称。

getPriority()　返回线程的优先级。

interrupt()　向一个线程发送一个中断信息。

interrupted()　检查该线程是否被中断。

isAlive()　检查线程是否处于激活状态。

isDaemon()　检查该线程是否常驻内存。

isInterrupted()　检查另一个线程是否被中断。

join(long)　中止当前线程，等待 long 毫秒，插入调用该方法的线程，其完成后再继续原线程。

join(long,int)　中止当前线程，等待 long 毫秒，int 纳秒，插入调用该方法的线程，其完成后再继续原线程。

join()　中止当前线程，等待调用该方法的线程完成后再继续原线程。

run()　整个线程的入口。

setDaemon()　将该线程设置为 Daemon(常驻内存)。

setName(String)　设置线程的名称。

setPriority(int)　设置线程的优先级。

start()　启动一个线程，这个线程将自动调用 run()方法。同时，在新的线程开始执行时，调用 start()的那个线程将立即返回执行主程序。

stop()　　终止一个线程。

stop(Throwable)　　终止一个线程,该线程是由 Throwable 类继承过来的。

toString()　　返回一个字符串。

9.3.2　控制线程的优先级

尽管从概念上说线程能同步运行,但事实上存在着差别。如果计算机有多个 CPU 则没有问题,但大部分计算机都是一个 CPU,一个时刻只能运行一个线程。如果有多个线程处于可运行状态,需要排队等待 CPU 资源,此时线程将进队等候,CPU 资源分配是根据"先到先服务"的原则确定线程排队顺序的。

Java 为了使有些线程可以提前得到服务,给线程设置了优先级。在单个 CPU 上运行多线程时采用线程队列技术,Java 虚拟机支持固定优先级队列,一个线程的执行顺序取决于线程的优先级。

线程在创建时,继承了父类的优先级。线程创建后,还可以在任何时刻调用 setPriority 方法改变线程的优先级。优先级为 1~10,Thread 定义了其中 3 个常数:

（1）MAX_PRIORITY,最大优先级(值为 10)。

（2）MIN_PRIORITY,最小优先级(值为 1)。

（3）NORM_PRIORITY,默认优先级(值为 5)。

例 9.3　创建 4 个线程,通过设置不同的优先级,使线程有不同的执行顺序。程序运行结果如图 9.3 所示。

```
class Thread2 extends Thread {
    public void run(){
        for(int i=0; i<1000000; i++);
        System.out.println(getName()+"线程的优先级是 "+getPriority()+" 已计算
完毕!");
    }
}
public class exp9_3 {
    public static void main(String args[]){
        Thread2[] t=new Thread2[4];
        for(int i=0;i<4;i++){
            t[i]=new Thread2();
        }
            t[3].setPriority(10);
            t[1].setPriority(1);
        for(int i=0;i<4;i++){
            t[i].start();
        }
    }
}
```

说明:程序创建了 4 个线程,其中第 2 个线程 t[1]

```
Thread-3线程的优先级是 10 已计算完毕!
Thread-2线程的优先级是 5 已计算完毕!
Thread-0线程的优先级是 5 已计算完毕!
Thread-1线程的优先级是 1 已计算完毕!
```

图 9.3　设置优先级的输出结果

的优先级设为最小,第 4 个线程 t[3]的优先级设为最大,其他两个为默认优先级。这些线程各自进行 1 000 000 次加法运算,循环结束后输出有关信息。每次执行的结果可能不相同,但第 4 个线程总是被最先执行。

9.3.3 控制线程的状态

通过线程的方法可以控制线程的状态。

1. 线程的启动——"可执行"状态

一个新的线程被创建后处于初始状态,实际上并没有立刻进入运行状态,而是处理就绪状态,当轮到这个线程执行时,即进入"可执行"状态,开始执行线程 run()方法中的代码。

执行 run()方法是通过调用 Thread 类中的 start()方法来实现的。

调用 start()方法启动线程的 run()方法不同于一般的调用方法,一般方法必须等到方法执行完毕才能够返回,调用 start()方法告诉系统该线程准备就绪并可以启动 run()方法后,就返回,并继续执行调用 start()方法下面的语句,这时 run()方法可能还在运行,这样,就实现了多任务操作。

2. 线程的挂起——"非可执行"状态

线程挂起就是使线程进入"非可执行"状态,线程挂起后 CPU 不会分给线程时间段,线程暂停运行,通过重新唤醒线程可以使之恢复运行。这个过程在外表看来好像什么也没有发生过,只是线程很慢地执行一条指令。

线程进入"非可执行"状态即挂起的原因如下:

(1) 线程休眠。通过调用 sleep()方法使线程进入休眠状态,线程在指定时间内暂停运行,暂停的时间由 sleep()给定的毫秒数决定。执行休眠方法后,如果任何一个线程中断了当前线程的休眠,sleep()将抛出 InterruptedException 异常对象,所以在使用 sleep()方法时,必须捕获该异常。

例如:想让线程休眠 1.5s,即 1500ms,可以使用如下代码:

```
try {
    Thread.sleep(1500);            //使线程休眠 1500ms
} catch(InterruptedException e) {  //捕获异常
    e.printStackTrace();           //输出异常信息
}
```

(2) 线程插入。通过调用 join()方法使当前线程挂起,如果线程 A 调用线程 B 的 join()方法,那么线程 A 将被挂起,直到线程 B 执行完毕为止。

例如,有一个线程 A 正在运行,用户希望插入一个线程 B,并且要求线程 B 执行完毕,然后再继续线程 A 的运行,可以使用的"B.join();"代码。

(3) 线程等待。通过调用 wait()方法使线程挂起,直到线程得到了 notify()和 notifyAll()消息,线程才会进入"可执行"状态。

调用 wait()方法的线程将进入"非可执行"状态有两种方式。

方法 1：通过 thread.wait(1000)；给定线程挂起等待的时间。

方法 2：通过 thread.wait()实现挂起，通过 thread.notify()或 notifyAll()唤醒执行。

注意：wait()、notify()、notifyAll()不同于其他线程方法，这 3 个方法是 java.lang.Object 类的一部分，而 Object 类是所有类的父类，所以这 3 个方法会自动被所有类继承下来，wait()、notify()、notifyAll()都被声明为 final 类，所以无法重新定义。

3. 确定线程的状态

一般情况下无法确定一个线程的运行状态，对于这些处于未知状态的线程，可以通过 isAlive()方法来确定一个线程是否仍处在活动状态，对于一个已开始运行但还没有完成任务的线程，这个方法返回值为 true。但处于活动状态的线程不一定正在运行。

4. 结束线程

结束线程有两种情况：

（1）自然消亡：一个线程从 run()方法的结尾处返回，自然消亡且不能再被运行。

（2）强制死亡：调用 Thread 类中 stop()方法强制停止，不过该方法已经被废弃。

虽然这两种情况都可以停止一个线程，但最好的方式是自然消亡，简单地说，如果要停止一个线程的执行，最好提供一个方式让线程可以完成 run()的流程。

5. 后台线程

后台线程，即 Daemon 线程，它是一个在后台执行服务的线程。

例如操作系统中的隐藏线程和 Java 语言中的垃圾自动回收线程等。如果所有的非后台线程都结束了，则后台线程也会自动终止。

可以使用 thread.setDaemon(boolean on)方法来设置一个后台线程。参数 on 为 true，则将该线程标记为后台线程。

但是有一点值得注意：必须在线程启动之前调用 setDaemon()方法，这样才能将这个线程设置为后台线程。

设置一个后台线程后，可以使用 thread.isDaemon()方法来判断线程是否是后台线程。

9.4　Java 的线程同步机制与应用模型

前面的线程例子都是独立的，而且异步执行，也就是说每个线程都包含了运行时所需要的数据和方法，不需要外部资源，也不用关心其他线程的状态和行为。但有时一些同时运行的线程需要共享数据，例如两个线程同时存取一个数据，其中一个对数据进行了修改，而另一个线程使用的仍是原来的数据，这就带来了数据不一致问题。因此，编程时必须考虑其他线程的状态和行为，以解决资源共享问题。

Java 提供了同步机制来解决这个问题。

本节主要介绍了生产消费模型、公司银行账户模型及水塘模型,以说明Java线程同步机制的应用。

9.4.1 线程的同步机制

共享资源一般是文件、输入输出端口或打印机。为了避免多线程共享资源发生冲突的情况,只要在线程使用资源时给该资源上一把锁就可以了,访问资源的第一个线程为资源上锁,其他线程若想使用这个资源必须等到锁解除为止,锁解开的同时另一个线程使用该资源并为这个资源上锁。

如果将银行中的某个窗口看作一个公共资源,每个客户需要办理的业务为一个线程,那么排号系统就相当于给每个窗口上了锁,保证每个窗口只有一个客户在办理业务。一个客户办完业务后,工作人员启动排号机,通知下一个排号的客户来办理业务,这正是线程A将锁打开,通知第二个线程来使用资源的过程。

为了处理这种共享资源竞争,Java设计了线程的同步机制。所谓同步机制指的是两个线程同时操作一个对象时为保持对象数据的统一性和整体性,通过添加synchronized(同步化)关键字来锁定对象,执行单一线程,使其他线程不能同时调用同一个对象。

同步有两种形式,即同步方法和同步代码块。

1. 同步方法

同步方法将访问这个资源的方法都标记为synchronized,这样在需要调用这个方法的线程执行完之前,其他调用该方法的线程都会被阻塞。可以使用如下代码声明一个同步方法。

```
synchronized void sum(){…}          //定义取和的同步方法
synchronized void max(){…}          //定义取最大值的同步方法
```

2. 同步代码块

Java语言中同步的设定不只应用于同步方法,也可以设置程序的某个代码段块为同步区域。可以使用如下代码声明一个同步代码块。

```
synchronized(someobject){
    …//省略代码
}
```

其中someobject代表当前对象,同步的作用区域是synchronized关键字后花括号以内的部分。在程序执行到synchronized设定的同步化区块时锁定当前对象,这样就没有其他线程可以执行这个被同步化的区块了。

9.4.2 生产消费模型

1. 未同步的生产消费模型

例9.4 本例提供一个未同步的生产消费模型。使用某种资源的线程称为消费者,产生或释放这个资源的线程称为生产者。生产者生成 10 个整数(0~9),存储到一个共享对象 Share 中,并把它们分别打印出来。每生成一个数就随机休眠 0~100ms,然后重复这个过程。一旦这 10 个数可以从共享对象中得到,消费者将尽可能快地消费这 10 个数,即把它们取出后打印出来。这个模型由 3 个不可执行类与一个可执行类组成。未同步与同步的数据分别如图 9.4 和图 9.5 所示。

1) 共享资源类 Share

```java
public class Share {
    private int u;
    public int get(){
        return u;
    }
    public void put(int value){
        u=value;
    }
}
```

2) 生产者类 Producer

```java
public class Producer extends Thread {
    private Share shared;
    public Producer(Share s){
        shared=s;
    }
    public void run(){
        for (int i=0; i<10; i++){
            shared.put(i);
            System.out.println("生产者"+" 的生产数据为: "+i);
            try{
                sleep((int)(Math.random() * 100));
            }catch(InterruptedException e){
            }
        }
    }
}
```

3) 消费者类 Consumer

```java
public class Consumer extends Thread {
    private Share shared;
    public Consumer(Share s){shared=s;}
    public void run(){
        int value=0;
        for (int i=0; i<10; i++){
            value=shared.get();
```

```
            System.out.println("消费者"+"拿到的生产数据为: "+value);}
    }
}
```

4) 运行模型的类 exp9_4

```
public class exp9_4 {
    public static void main(String[] args){
        Share s=new Share();
        Producer p=new Producer(s);
        Consumer c=new Consumer(s);
        p.start();c.start();
    }
}
```

```
消费者拿到的生产数据为: 0
消费者拿到的生产数据为: 0
生产者 的生产数据为: 0
消费者拿到的生产数据为: 0
消费者拿到的生产数据为: 0
消费者拿到的生产数据为: 0
消费者拿到的生产数据为: 0
消费者拿到的生产数据为: 0
消费者拿到的生产数据为: 0
消费者拿到的生产数据为: 0
生产者 的生产数据为: 1
生产者 的生产数据为: 2
生产者 的生产数据为: 3
生产者 的生产数据为: 4
生产者 的生产数据为: 5
生产者 的生产数据为: 6
生产者 的生产数据为: 7
生产者 的生产数据为: 8
生产者 的生产数据为: 9
```

图 9.4 未同步模型运行结果

```
消费者拿到的生产数据为: 0
生产者 的生产数据为: 0
生产者 的生产数据为: 1
消费者拿到的生产数据为: 1
生产者 的生产数据为: 2
消费者拿到的生产数据为: 2
生产者 的生产数据为: 3
消费者拿到的生产数据为: 3
生产者 的生产数据为: 4
消费者拿到的生产数据为: 4
生产者 的生产数据为: 5
消费者拿到的生产数据为: 5
生产者 的生产数据为: 6
消费者拿到的生产数据为: 6
生产者 的生产数据为: 7
消费者拿到的生产数据为: 7
生产者 的生产数据为: 8
消费者拿到的生产数据为: 8
生产者 的生产数据为: 9
消费者拿到的生产数据为: 9
```

图 9.5 同步后模型运行结果

说明：

(1) 分别按顺序编译以上 4 个程序，保证它们在一个文件夹下，即可运行 exp9_4 类，其运行结果如图 9.4 所示。

(2) 在生产消费模型中，生产者向共享对象 Share 存入数据，消费者从 Share 中取出数据。但从运行结果图 9.4 中可以看出，消费者拿到的生产数据都是 0。程序无法保证生产者线程存入一个数据，消费者线程就取出这个数据。

分析一下可能发生的情况：一种情况是生产者比消费者速度快，那么在消费者还没有取出上一个数据之前，生产者又存入了新数据，于是，消费者很可能会跳过上一个数据。另一种情况则相反，当消费者比生产者速度快，消费者可能两次取出同一个数据，如图 9.4 就是这种情况。

这两种情况都不是程序所希望的。程序希望生产者存入一个数，消费者取出的就是这个数。为了避免上述情况发生，就必须锁定生产者线程，当它向共享对象中存储数据时禁止消费者线程从中取出数据，反之也一样。将共享对象 Share 中的 put 和 get 分别定义为同步化方法就可达到这个目的。

2. 同步化的生产消费模型

1) 通过 synchronized 锁定的方法

改写共享资源类 Share，通过 synchronized 锁定其 get()与 put(int value)方法，运行 exp9_4 结果如图 9.5 所示，可见实现了程序的设计目标。改写的 Share 类如下所示：

```
public class Share {
    private int u;
    private boolean available=false;
    public synchronized int get(){                 //锁定 get()方法
        while (available==false){
            try{ wait();
            }catch(InterruptedException e){}
        }
        available=false;
        notifyAll();
        return u;
    }
    public synchronized void put(int value){       //锁定 put(int value)方法
        while (available==true){
            try{
                wait();
            }catch(InterruptedException e){ }
        }
        u=value;
        available=true;
        notifyAll();
    }
}
```

2) 锁定与解锁的过程

修改后的 Share 仍利用 put()和 get()方法来写入和读取数据，但通过关键字 synchronized 锁定了方法。它是如何保证方法被锁与解锁的呢？

① wait()和 notifyAll()方法。

在 put()和 get()方法中使用了 wait()和 notifyAll()方法。wait 和 notifyAll 是 Object 类的方法，可以直接引用。wait()方法用来使线程进入短暂休眠，notifyAll()方法用来叫醒线程。

② available 变量的信号作用。

available 变量初始值为 false。

当消费者线程调用共享对象的 get()方法时，如果 available 变量为 false,表明生产者没有写入新数据，线程进入循环并调用 wait 方法进行等待。一旦生产者写入了新数据，available 的值变为 true,同时叫醒消费者线程退出等待循环体，此时,消费者线程将把

available 变量重新改为 false,然后叫醒等待的线程。最后,返回 u,它包含最新写入的数据。

当生产者线程第一次调用共享对象的 put()方法时,available 变量为 false,线程将跳过循环并将第一个数据写入 u 变量,然后将 available 变量值改为 true,并通过 notifyAll 方法通知消费者线程可以取数据了。再次调用 put()方法时,如果 available 变量值为 true,表明消费者没有取走数据,线程将进入循环并调用 wait()方法等待。一旦消费者取走上一个数据,available 的值变为 false,线程也会被唤醒并退出循环,继续后面的工作。

可见 available 变量如同一个信号灯,available 的值为 false 生产者运行,available 的值为 true 消费者运行。

3) 关键字 synchronized 的作用

关键字 synchronized 用于声明在任何时候都只能有一个线程可以执行的一段代码或一个方法。它有两种用法:锁定一个对象变量,或者锁定一个方法。生产消费模型是通过锁定方法实现同步化过程的。

9.4.3　共用公司银行账户模型

例 9.5　共用公司银行账户模型。假设有一个 100 名雇员的公司,该公司在银行设立了一个公共的账号,每个雇员都可以在任何时间在账号中存钱和取款。如果不进行同步可能会使得账号上的资金数目弄错。所以本程序要使用锁定对象的方式使线程同步。

本例设计了 3 个独立类:银行账户类、存款线程类、取款线程类。存款线程类为可执行类,运行 exp9_5,可创建存入 1000 元、200 元存款对象和一个取出 500 元的取款对象,运行结果如图 9.6 所示。

```
当前存款额为0,存入1000,余额1000
当前存款额为1000,存入200,余额1200
当前存款额为1200,取走500,余额700
```

图 9.6　银行账户模型运行结果

1. 银行账户类

```
class Account1{
    private int value;
    void put(int i){value=value+i;}
    int get(int i){
        if(value>i){value=value-i;}
        else{i=value;value=0;}
        return i;
    }
    int howmatch(){return value;}
}
```

2. 取款线程类

```
class Fetch extends Thread {
    private Account1 a1;   private int amount;
    public Fetch(Account1 a1,int amount){this.a1=a1; this.amount=amount;}
```

```
    public void run(){
        synchronized (a1){
            int k=a1.howmatch();
            try{sleep(1); }
            catch(InterruptedException e){System.out.println(e);}
            System.out.println("当前存款额为"+k+",取走"+a1.get(amount)+",余
                额"+a1.howmatch());
        }
    }
}
```

3. 存款线程与执行线程类

```
class exp9_5 extends Thread {
    private Account1 a1;private int amount;
    public exp9_5(Account1 a1,int amount){this.a1=a1;this.amount=amount;}
    public void run(){
        synchronized(a1){           //锁定了账户对象 a1
            int k=a1.howmatch();
            try{sleep(1);}
            catch(InterruptedException e){System.out.println(e);}
            a1.put(amount);
            System.out.println("当前存款额为"+k+",存入"+amount+",余额"+
                a1.howmatch());
        }
    }
    public static void main(String args[]){
        Account1 a1=new Account1();
        (new exp9_5(a1,1000)).start();
        (new exp9_5(a1,200)).start();
        (new Fetch(a1,500)).start();
    }
}
```

说明：本模型使用 synchronized 关键字在线程类的 run()方法中锁定了账户对象 a1,保证同一时间内只有一个线程可以获取这个对象变量。

使用 synchronized 关键字锁定对象变量后,只有在该线程获得共享资源对象后,方可运行。任何时刻都只有一个获得共享资源对象的程序在运行,其他线程在获得共享资源对象前处于等待状态。这种方式称为"同步对象"。当第一个线程执行带有同步对象的代码时,获得该对象的使用权,或称拥有该对象的锁。当线程执行完代码时,自动释放锁,等待的第二个线程获得锁并开始运行。

9.4.4 线程通信——水塘模型

在程序开发中,经常创建多个不相同的线程来完成不相关的任务,然而,有时执行的

任务可能有一定联系,这样就需要使这些线程进行交互。比如有一个水塘,对水塘操作无非包括"进水"和"排水",这两个行为各自代表一个线程,当水塘中没有水时,"排水"行为不能再进行,当水塘水满时,"进水"行为不能再进行。

在 Java 语言中用于线程间通信的方法是前文中提到过的 wait()与 notify()方法,拿水塘的例子来说明,线程 A 代表"进水",线程 B 代表"排水",这两个线程对水塘都具有访问权限。假设线程 B 试图做"排水"行为,然而水塘中却没有水。这时候线程 B 只好等待一会。线程 B 可以使用如下代码:

```
if(water.isEmpty()){           //如果水塘没有水
    water.wait();              //线程等待
}
```

在由线程 A 往水塘注水之前,线程 B 不能从这个队列中释放,它不能再次运行。当线程 A 将水注入水塘中后,应该由线程 A 来通知线程 B 水塘中已经被注入水了,线程 B 才可以运行。此时,水塘对象将等待队列中第一个被阻塞的线程在队列中释放出来,并且重新加入程序运行。水塘对象可以使用如下代码:

```
water.notify();
```

将"进水"与"排水"抽象为线程 A 和线程 B。"水塘"抽象 A 与 B 的共享对象 water,上述情况即可看作线程通信,线程通信可以使用 wait()与 notify()方法。

notify()方法最多只能释放等待队列中的第一个线程,如果有多个线程在等待,可以使用 notifyAll()方法,释放所有线程。

另外,wait()方法除了可以被 notify()调用终止以外,还可以通过调用线程的 interrupt()方法来中断,wait()方法会抛出一个异常。因此,如同 sleep()方法,也需要将 wait()方法放在 try…catch 语句块中。

在实际应用中,wait()与 notify()方法必须在同步方法或同步块中调用,因为只有获得这个共享对象,才可能释放它。为了使线程对一个对象调用 wait()或 notify()方法,线程必须锁定那个特定的对象,这个时候就需要同步机制进行保护。

例如,当"排水"线程得到对水塘的控制权时,也就是拥有了 water 这个对象,但水塘中却没有水,此时,water.isEmpty()条件满足,water 对象被释放,所以"排水"线程在等待。可以使用如下代码在同步机制保护下调用 wait()方法:

```
synchronized(water){
    ...                        //省略部分代码
    try{
        if(water.isEmpty()){
            water.wait();      //线程调用 wait()方法
        }
    }catch(InterruptException e){
        ...                    //省略异常处理代码
    }
}
```

当"进水"线程将水注入水塘后,再通知等待的"排水"线程,告诉它可以排水了,"排水"线程被唤醒后继续做排水工作。

notify()方法通知"排水"线程,并将其唤醒,notify()方法与wait()方法相同,都需要在同步方法或同步块中才能被调用。

下面是在同步机制下调用notify()方法的代码:

```
synchronized(water){
    water.notify();                    //线程调用notify()方法
}
```

例 9.6 利用两个线程,对整型变量water进行变化,一个对其增加,一个对其减少,利用线程间的通信,实现该整型变量0、1、0、1这样交替的变更,运行结果如图9.7所示。

```
public class Water {
    private int volume;
    public synchronized void increase(){
        if (volume!=0){
            try{wait();}
            catch(InterruptedException e){e.printStackTrace();}
        }
        volume++;
        System.out.print(volume+"、");
        notify();
    }
    public synchronized void decrease(){
        if (volume==0){try{wait();}
            catch(InterruptedException e){e.printStackTrace();}
        }
        volume--;
        System.out.print(volume+"。");
        notify();
    }
}
public class WaterInThread extends Thread {
    private Water water;
    public WaterInThread(Water water){ this.water=water;}
    public void run(){
        for (int i=0; i<10; i++){
            try{Thread.sleep(1000);}
            catch(InterruptedException e){e.printStackTrace();}
            water.increase();
        }
    }
}
```

```
public class WaterOutThread extends Thread {
    private Water water;
    public WaterOutThread(Water water){   this.water=water;   }
    public void run(){
        for (int i=0; i<10;++i){
            try{ Thread.sleep(1000);}
            catch(InterruptedException e){e.printStackTrace();}
            water.decrease();
        }
    }
}
public class exp9_6 {
    public static void main(String[] args){
        Water water=new Water();
        Thread t1=new WaterOutThread(water);
        Thread t2=new WaterInThread(water);
        t1.start();
        t2.start();
    }
}
```

> 1、0。1、0。1、0。1、0。1、0。1、0。1、0。1、0。1、0。1、0。

图 9.7　水塘模型运行结果

说明：在 Water 类中定义了加水和排水的同步方法，在方法中设置了判断语句，如果变量 volume 此时为 0，则排水方法中调用 wait()方法，如果变量 volume 不为 0，则加水方法调用 wait()方法。在方法执行完成后调用 notify()方法唤醒线程。之后分别定义两个线程类，分别为加水线程和排水线程，并在它们的 run()方法中循环调用加水/排水方法，由于 wait()和 notify()方法的使用，两个线程运行过程中始终保持增加→减少→增加→减少的顺序。

9.5　使用多线程应注意的问题

本节主要介绍多线程产生死锁情况与使用多线程的代价。

9.5.1　防止线程死锁

因为线程可以阻塞，并且具有同步控制机制可以防止其他线程在锁还没有释放的情况下访问这个对象，这时就产生了矛盾。比如，线程 A 在等待线程 B，而线程 B 又在等待线程 A，这样就造成了死锁。

一般造成死锁必须同时满足如下 4 个条件。

(1) 互斥条件：线程使用的资源必须至少有一个是不能共享的。

(2) 请求与保持条件：至少有一个线程必须持有一个资源并且正在等待获取一个当前被其他线程持有的资源。

(3) 非剥夺条件：分配的资源不能从相应的线程中被强制剥夺。

(4) 循环等待条件：第一个线程等待其他线程，后者又在等待第一个线程。

因为要发生死锁，这 4 个条件必须同时满足，所以要防止死锁的话，只需要破坏其中一个条件即可。

9.5.2 使用多线程的代价

不是所有的任务都需要多线程，某些任务可以使用多线程，例如数据计算、数据查询以及输入的获得。因为这些任务通常都被认为是后台任务，不直接与用户打交道。在 Java 语言程序设计中，动态效果的程序会使用多线程，例如动画的播放、动态的字幕等。

任何事情都不是完美的，多线程也不例外，在程序中使用多线程是有代价的。它会对系统产生以下影响：

(1) 线程需要占用内存。

(2) 线程过多，会消耗大量 CPU 时间来跟踪线程。

(3) 必须考虑多线程同时访问共享资源的问题，如果没有协调好，就会产生令人意想不到的问题，例如可怕的死锁和资源竞争。

(4) 因为同一个任务的所有线程都共享相同的地址空间，并共享任务的全局变量，所以程序也必须考虑多线程同时访问全局变量的问题。

9.6 知识拓展——多线程的新特性

Java 5 中，对 Java 线程的类库做了大量的扩展，为多线程的编程带来了极大的便利。为了编写高效稳定可靠的多线程程序，线程部分的新增内容显得尤为重要。有关 Java 5 线程新特征的内容全部在 java.util.concurrent 下面，里面包含数目众多的接口和类。

本节主要介绍多线程新特性中的线程池和有返回值的线程两大特性。

9.6.1 线程池

线程池是一种多线程处理形式，处理过程中将任务添加到队列，然后在创建线程后自动启动这些任务。线程池的基本思想是开辟一块内存空间，里面存放了众多（未死亡）的线程，池中线程执行调度由池管理器来处理。当有线程任务时，从池中取一个，执行完成后线程对象归池，这样可以避免反复创建线程对象所带来的性能开销，节省了系统的资源。

Java 提供 4 种类型的线程池，分别如下。

1. newCachedThreadPool——可变尺寸的线程池（缓存线程池）

创建一个可缓存的线程池。这种类型的线程池特点是：

(1) 工作线程的创建数量几乎没有限制，这样可灵活地往线程池中添加线程。

（2）如果长时间没有往线程池中提交任务，即如果工作线程空闲了指定的时间（默认为1分钟），则该工作线程将自动终止。终止后，如果你又提交了新的任务，则线程池重新创建一个工作线程。

2. newFixedThreadPool——固定大小的线程池

创建一个指定工作线程数量的线程池。每当提交一个任务就创建一个工作线程，如果工作线程数量达到线程池初始的最大数，则将提交的任务存入池队列中。

3. ScheduledThreadPool——调度线程池

创建一个定长的线程池，而且支持定时的以及周期性的任务执行。

4. SingleThreadExecutor——单例线程池

创建一个单线程化的线程池，即只创建唯一的工作者线程来执行任务，如果这个线程异常结束，会有另一个取代它，保证顺序执行。单工作线程最大的特点是可保证顺序地执行各个任务，并且在任意给定的时间不会有多个线程是活动的。

例 9.7 以第一种线程池——可变尺寸的线程池为例，创建一个缓存线程池。

```java
import java.util.concurrent.ExecutorService;
import java.util.concurrent.Executors;
public class exp9_7 {
    public static void main(String[] args) {
        ExecutorService cachedThreadPool=Executors.newCachedThreadPool();
        for (int i=0; i<10; i++) {
            final int index=i;
            try {   Thread.sleep(1000);   }
            catch(InterruptedException e) {   e.printStackTrace();   }
            cachedThreadPool.execute(new Runnable() {public void run()
                {System.out.print(index+"");   } });
        }
    }
}
```

运行结果为：

0。1。2。3。4。5。6。7。8。9。

说明：

（1）本例通过 Executors 类的 newCachedThreadPool（）方法创建了一个 ExecutorService 类型的可缓存线程池对象 cachedThreadPool。Executors 类是线程池工具，具有多个创建线程池的静态方法。可缓存线程池为无限大，当执行第二个任务时第一个任务已经完成，会复用执行第一个任务的线程，而不用每次新建线程。当线程池大小超过了处理任务所需的线程，那么就会回收部分空闲（一般是60s无执行）的线程，当有任务来时,又智能地添加新线程来执行。

(2) 通过调用 execute(Runnable command)方法执行线程对象(匿名类创建的)的任务。

(3) 本例中使用了 ExecutorService 接口,它提供了管理终止线程的方法,一个 submit 方法,用来创建 Future 对象(跟踪一个或多个异步任务执行状况)。

9.6.2 通过 Callable 接口创建有返回值的线程

在 Java 5 之后,通过 Callable 泛型接口可以创建有返回值的线程,其有一个带有返回值的 call()方法。

获取 call()方法的返回值,要通过 Future 接口实例对象,调用其 get()方法。

例 9.8 创建一个实现 Callable 接口的线程类,在主类中创建一个线程池和两个有返回值的任务,从 Future 对象上获取任务的返回值并输出。

```java
import java.util.concurrent.*;
public class exp9_8 {
    //内部类实现Callable接口
    class MyCallable implements Callable<String>{
        private String name;
        MyCallable(String name) { this.name=name; }
        public String call() throws Exception {      //带有返回值的call()方法
            return name+"任务返回的内容";
        }
    }
     public static void main (String [] args) throws ExecutionException,
         InterruptedException {
    exp9_8 test=new exp9_8();
        ExecutorService pool=Executors.newFixedThreadPool(2);     //创建线程池

        Callable<String>c1=test.new MyCallable("A");     //创建有返回值的任务
        Callable<String>c2=test.new MyCallable("B");

        //执行任务并获取Future对象
        Future<String>f1=pool.submit(c1);
        Future<String>f2=pool.submit(c2);

        //从Future对象上获取任务的返回值,并输出到控制台
        System.out.println(">>>"+f1.get().toString());
        System.out.println(">>>"+f2.get().toString());

        //关闭线程池
        pool.shutdown();
    }
}
```

输出结果：

>>>A 任务返回的内容
>>>B 任务返回的内容

说明：

（1）本例创建了一个内部类 MyCallable 类来实现 Callable 接口，call()方法的返回值类型为 String 类型。

（2）Future 接口是 Java 线程 Future 模式的实现，可以进行异步计算。Future 模式可以这样来描述：将一个任务交给 Future 完成。一段时间之后，可以从 Future 那儿取出任务结果。就相当于下了一张订货单，一段时间后可以拿着提订单来提货。其中 Future 接口就是订货单，真正处理订单的是 Executor 类，它根据 Future 接口的要求来生产产品。通过 get(long timeout, TimeUnit unit)方法可以确定获取任务结果（返回值）的时间，超时可以取消任务。

（3）通过本例可以看出，Future 接口实例对象由线程池 pool 的 submit 方法创建。

本节只是简单介绍创建线程池与具有返回值线程的方法，深入了解线程框架的相关内容可参看 java.util.concurrent 的 API 文档。

习题 9

9-1 Java 语言中的线程和多线程指的是什么？
9-2 在 Java 程序中如何创建一个线程？
9-3 用继承的方法创建一个多线程程序。
9-4 使用接口 Runnable 创建一个多线程程序。
9-5 指出以下程序段的错误，并改正：

```
class WhatHappens implements Runnable {
    public static void main(String[] args) {
        Thread t=new Thread(this);
        t.start();
    }
    public void run() {
        System.out.println("hi");
    )
}
```

9-6 Java 的同步机制有什么作用？
9-7 能否在生产消费模型中使用 synchronized 关键词锁定资源对象达到同步的目的，请重写程序，并在机上进行试验。
9-8 下面有关线程的叙述（　　）是对的。

A. 一旦一个线程被创建，它就立即开始运行
B. 使用 start()方法可以使一个线程成为可运行的，但是它不一定立即开始运行

C. 当一个线程因为抢先机制而停止运行,它被放在可运行队列的前面
D. 一个线程可能因为不同的原因停止运行并进入就绪状态

9-9 方法 notify() 通知恢复(　　)的执行。
A. 通过调用 stop() 方法而停止的线程
B. 通过调用 sleep() 方法而停止运行的线程
C. 通过调用 wait() 方法而停止运行的线程
D. 通过调用 join() 方法而停止运行的线程

第10章

图形用户界面

GUI(Graphic User Interface)的中文意思是图形用户界面,如今这个词频繁地出现在各种计算机语言教科书中。Windows 操作系统就是典型的图形用户界面。在 GUI 中,用户可以看到什么就操作什么,取代了以往字符方式下知道是什么后才能操作什么的方式,极大地方便了用户对计算机的操作,GUI 现在已经成为当前的编程标准。

本章的内容主要解决以下问题:

- 什么是容器?什么是基本组件?
- 什么是菜单组件?什么是表格组件?
- 如何创建与使用容器?如何使用组件?
- 如何使用布局管理器对组件进行管理?
- 如何使用 Java 的事件处理机制控制组件?

10.1 图形用户界面概述

Java 语言可以编写出良好的图形用户界面,其由容器与组件构成,如窗体、按钮、文本框、选择框、滚动条、菜单栏、菜单等,Java 类库 javax.swing 包含了所有这些基本组件。

本节主要介绍 Swing 组件与 AWT 组件的关系,Swing 类的层次结构,管理容器与组件存放位置与大小布局管理器,实现用户交互的事件处理机制。

10.1.1 Swing 与 AWT 组件

在 Java 1.0 版本的时候,Java 语言提供的 GUI 编程类库只有抽象窗口工具箱(Abstract Window Toolkit,AWT),也就是只有 AWT 组件。使用 AWT 组件在创建用户界面时,把组件的创建和行为都委托给本地计算机的 GUI 工具处理,因此,使用 AWT 库在处理复杂图形时,在不同平台会有差别。

为了解决这个问题,Netscape 开发了另一个工作方式完全不同的 GUI 库——因特网基础类集(Internet Foundation Classes,IFC),这就是 Swing 的前身。Swing 不需要使用本地计算机提供的 GUI 功能,Swing 可以编写 Java 程序实现图形用户界面,可以接收来自键盘、鼠标和其他输入设备的数据输入。Swing 的所有成员都是 javax.swing 包中的一部分,使用 Swing 组件可以创建丰富多彩的图形用户界面。

读者如果使用过 AWT 组件,可以发现 Swing 组件与其属性、方法基本相同。

10.1.2 Swing 类的层次结构

Swing 类之间的继承层次关系如图 10.1 所示,从中可以看到,Swing 组件都是 AWT 的 Container 类的直接子类和间接子类,Container 类是用来管理相关组件的类。

```
java.lang.Object
    -java.awt.Component
        -java.awt.Container
            -javax.swing.JComponent
            -java.awt.Window
                -java.awt.Frame-javax.swing.JFrame
                -javax.Dialog-javax.swing.JDialog
                -javax.swing.JWindow
            -java.awt.Applet-javax.swing.JApplet
            -javax.swing.Box
```

图 10.1 组件类的继承关系

Swing 组件包含了两种类型的组件类:①顶层容器类,包含 JFrame、JApplet、JDialog 和 JWindow;②轻量级组件类 JComponent,它是一个抽象类,用于定义所有子类组件的一般方法,所有的 Swing 组件都是 JComponent 抽象类的子类,例如,按钮(JButton)、标签(JLabel)、复选框(JCheckBox)、菜单(JMenu)等基本组件类。

组件必须添加到容器中才可以显示在用户界面中。组件都具有 setEnable(boolean b)方法,当组件对象调用该方法并且参数值为 true 时组件被启用,参数值为 false 时组件被禁用,外观也会发生变化。

10.1.3 布局管理器

图形用户界面上,可以在窗体容器中存放许多不同容器与组件,这些组件在容器中如何存放? 怎样才能确定容器中组件的位置呢? Java 提供了多个布局管理器来指定容器与组件的存放位置,通过调用容器的 setLayout()方法可以设置不同的布局管理器来确定容器或组件的存放位置。布局管理器负责管理组件在容器中的排列方式。主要的布局管理器有 5 种。

1. 顺序布局管理器

顺序布局管理器(FlowLayout,简称顺序管理器)是容器(Container)与面板(JPanel)默认的布局管理器,可以视为不指定布局管理器。它只是把容器中的组件一个接一个从左到右顺序排列,一行排满后就转到下一行继续排列,直到把所有组件都显示出来。它会根据容器的大小随时调整组件的大小,包括高度和宽度。顺序管理器功能有限,常用在组件较少的情况下。

2. 边界布局管理器

边界布局管理器(BorderLayout,简称边界管理器)把容器空间分为 5 个区:北区、南区、东区、西区和中区。这几个区的分布规律是"上北下南,左西右东",与地图的方位相同。在添加组件对象到容器时可以直接指定存放的位置。因为边界管理器把容器分为 5 个区,所以使用边界管理器的容器最多只能容纳 5 个组件。通过 setLayout(new

BorderLayout())方法可以调用一个边界布局管理器,通过 add(位置名称,组件名)方法指定组件存放位置,位置名称必须是 North、South、East、West、Center 中的一个,第 2 个参数是组件对象名。例如"c.add("North", bN);"将名称为 bN 的组件对象存放在容器 c 的北部。

边界管理器为 JFrame 窗体的默认布局管理器,其布局格式如图 10.2 所示。

3. 网格布局管理器

网格布局管理器(GridLayout,简称网格管理器)把容器空间按照用户的设置平均划分分成不同行与列的网格,每个网格可以放置一个组件,这种布局方式对数量众多的组件很合适。创建网格管理器时,要给出网格的行列数,在窗体容器中,可以直接通过 setLayout(new GridLayout(2,1));方式调用一个 2 行 1 列的网格管理器。网格之间还可以添加间距,例如设置 GridLayout(8,1,10,10)网格布局管理器时,网格为 8 行 1 列,网格之间距离为 10 个点距。

使用网格管理器定义的网格数可以比存放的组件多,但不能少。如果希望某个网格为空白,可以为它存放上一个空标签对象。网格布局管理器较常使用,其方便、简单、规范。

4. 卡片布局管理器

卡片布局管理器(CardLayout,简称卡片管理器)可以管理多个组件,它将组件像卡片一样叠放起来,每次只显示一个,就像扑克牌一样每次只能看到最上面的一张。因此需要使用某种方法翻阅才能显示这些卡片中的组件,如图 10.3 所示,单击选择卡片按钮,显示一个按钮对象。

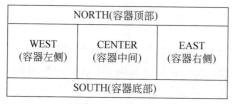

图 10.2 布局格式

图 10.3 使用卡片布局管理器的窗口

5. 网格包布局管理器

网格包布局管理器(GridBagLayout,简称网格包管理器),它是最精细的管理器,涉及两个类多个参数。其以表格形式布置容器内的组件,将每个组件放置在一个单元包内,一个单元包可以由多个基本单元格合并而成,组件布局比网格管理器布局更自由。

每个组件还可以设置在网格包中的属性,这些属性由 GridBagConstrainsts 类的对象来设置,gridx,gridy 用来设置组件所处网格行与列的起始坐标。例如 gridx=0,gridy=0

表示将组件放置在 0 行 0 列单元格内。gridwidth,gridheight 用来设置组件横向与纵向的单元格跨越个数。

6. 精确定位方法

在容器中存放组件也可以不用布局管理器,使用 setLayout(null)方法关闭默认布局管理器,这时可以使用 JFrame 类的 setBounds(int x, int y, int w, int h)方法精确指出组件在容器中的存放位置,该方法有 4 个参数,x 和 y 指定组件在容器左上角的水平和垂直位置坐标;w 指组件宽度;h 指组件高度。例如 button1.setBounds(120,75,60,30)将按钮 b1 放在(120,75)位置,宽度和高度分别是 60 和 30。

10.1.4 Java 的事件处理机制

1. 事件

在图形用户界面中,程序和用户的交互是通过组件响应各种事件来实现的。Java Swing 组件自动产生各种事件来响应用户行为。例如,用户单击一个按钮,即发生了按钮的单击事件;选中下拉列表中的一个选项,即发生了一个选项事件。每当一个事件发生,Java 虚拟机就会将事件消息传递给程序,由程序中的事件处理方法对事件进行处理。如果没有编写事件处理方法,事件将被忽略。

2. 事件处理方法

当事件发生时如果要做出反应,执行某种任务,需要编写一个或多个对应的事件处理方法。通过对事件源安装监听器进行监听,其监听到事件发生时,就调用事件处理方法执行某种任务,解决事件问题。

3. 事件处理模型

事件处理模型分为 3 个元素:事件源、事件监听器与事件对象。
(1)事件源指能产生事件的组件,如按钮。
(2)事件监听器是指注册在事件源对象(按钮或包含按钮的容器)上,用来监听事件是否发生的对象。事件监听器对象具有两个功能,监听事件的发生,发生后调用事件处理方法解决问题。事件监听器是相应事件接口实现类的实例对象。
(3)事件对象用来封装已发生的事件信息,在事件发生后,将信息传递给事件处理方法进行处理。事件对象是由系统自动创建的。

4. 创建事件监听器的方式

创建事件监听器先要定义实现事件接口抽象方法的实现类,实现类可以有三种:主类、内部类与匿名类。在下面的内容中会结合实例介绍事件监听器的不同实现方式。

5. 事件适配器

为简化编程,JDK 针对大多数事件监听器接口定义了相应的实现类,称为事件适配器(Adapter)类,也称裁剪器类。在 java.awt.event 包中带 Adapter 标记的类称为适配器类。它们是抽象类,其中声明的方法与相应的接口的方法完全相同。但其继承类,可以不实现所有的空方法,只实现需要的方法即可。接口的实现类要实现接口的所有方法。

6. 常用事件接口与事件类

Java 将所有组件可能发生的事件进行了分类,具有共同特征的事件被抽象为一个事件类 Event 或事件接口,例如 ItemListener 选项事件类、ItemListener 选项事件接口等。它们用来处理该类组件发生的事件。事件接口的实现类,必须实现或覆盖接口所有的抽象方法。Java 定义的常用事件类和事件接口如表 10.1 所示。

表 10.1 Java 事件类、对应接口及接口中的方法

事件类/接口名称	接口的方法及产生事件的用户操作
ActionEvent 单击事件类 ActionListener 单击事件接口	actionPerformed(ActionEvent e) 单击按钮、在文本行中单击后按回车键、双击列表框选项
FocusEvent 焦点事件类 FocusListener 接口	focusGained(FocusEvent e)获得焦点时 focusLost(FocusEvent e)失去焦点时
ItemEvent 选项事件类 ItemListener 选项事件接口	itemStateChanged(ItemEvent e)选择单选按钮选项、单击下拉列表选项、选中复选框选项时
KeyEvent 键盘击键事件类 KeyListener 键盘击键事件接口	keyPressed(KeyEvent e)按下某个键时 keyReleased(KeyEvent e)释放某个键时 keyTyped(KeyEvent e)输入某个键时
MouseEvent 鼠标事件类 MouseListener 鼠标事件接口	mouseClicked(MouseEvent e)单击鼠标时 mouseEntered(MouseEvent e)鼠标进入 mouseExited(MouseEvent e)鼠标离开 mousePressed(MouseEvent e)按下鼠标 mouseReleased(MouseEvent e)放开鼠标
MouseEvent 鼠标移动事件类 MouseMotionListener 鼠标移动接口	mouseDragged(MouseEvent e)拖曳鼠标时 mouseMoved(MouseEvent e)鼠标移动时
TextEvent 文本事件类 TextListener 文本事件接口	textValueChanged(TextEvent e) 文本行、文本区中内容改变时
WindowEvent 窗口事件类 WindowListener 窗口事件接口	windowOpened(WindowEvent e)打开窗口时 windowClosed(WindowEvent e)关闭窗口后 windowClosing(WindowEvent e)关闭窗口时 windowActivated(WindowEvent e)激活窗口时 windowDeactivated(WindowEvent e)窗口不再活动时 windowIconified(WindowEvent e)从正常变为最小化窗口时 windowDeiconified(WindowEvent e)从最小化变为正常窗口时

10.2 容器

本节主要介绍作为容器使用的 JFrame 窗体、JDialog 对话框和 JPanel 面板的使用方式。

10.2.1 窗口

JFrame 是 javax.swing 包中用来创建窗口的类,用它可以创建在屏幕上显示的窗口,它是一个顶层容器框架,在其中可以添加各种组件。在开发 Java 应用程序时,常用 JFrame 创建包含标题、最小化按钮、最大化按钮和关闭按钮的窗体。

例 10.1 创建一个可以移动、改变大小、最大化、可变成图标且可以关闭的窗口,其是后面章节用到的登录界面窗口。运行程序可以弹出窗口对象如图 10.4 所示。

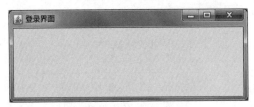

图 10.4 创建的窗口对象

```
import javax.swing.*;
public class J10 extends JFrame{
    J10() {
        setTitle("登录界面");           //设置窗体标题名称
        setSize(400,150);              //设置窗口宽度与长度大小
        setVisible(true);}
    public static void main(String[] args) {new J10(); }
}
```

说明:

(1) J10 类是 JFrame 的子类,在构造方法 J10()中可以直接使用 JFrame 的方法。

(2) JFrame 类提供许多设置窗体的方法,本程序仅用到三个主要方法,setTitle(String title)设置窗体标题;setSize(int w, int h)设置窗体宽度与高度,setVisible(true)设置窗口可见(false 不可见),如果指定窗体在屏幕上的位置,可用 setBounds(int x, int y, int w, int h)设置位置与大小。在子类中,可以直接应用这个窗口,也可重新定义窗体标题、窗口大小。

(3) 通过本程序可以看到用 JFrame 创建窗口对象很简单,后面会在使用过程中介绍其他方法。

10.2.2 对话框与精确定位组件

Dialog 是用来创建对话框窗口的类。对话框和普通窗口最大的不同就是对话框是依附在某个窗口上的,一旦它所依附的窗口关闭了,对话框也要随着关闭。它也是顶层容器框架,其中可以添加其他组件。

例 10.2 创建依托窗口的对话框,程序运行结果如图 10.5 所示。

图 10.5 创建的对话框对象

```
import javax.swing.*;
public class exp10_2 extends JDialog{
public exp10_2(JFrame f,String s) {
    super(f,s);        //调用父类 JDialog 的构造方法,确定依附的窗体、确定对话框窗口标题
    setLayout(null);                        //关闭布局管理器
    setBounds(30,30,200,100);               //精确定位对话框窗口的位置与大小
    setVisible(true);                       //设置对话框窗口是否为可见
}
public static void main(String[] args){
    J10 f=new J10();                        //创建窗口对象
    new exp10_2 (f, "这是一个对话框窗口");   //创建对话框对象
    }
}
```

说明:

(1) 本应用程序创建了一个继承自 JDialog 的自定义对话框类 exp10_2,在其构造方法中通过 JDialog 完成了对话框窗口的定义工作,其方法与创建普通窗口的方法基本相同。

(2) 在 super(f,s)父类的构造方法中,f 用来指定对话框所依赖的窗口对象名称,s 用来指定创建的对话框窗口名称。

(3) 本例使用"setLayout(null);"关闭了窗体的布局管理器,采用使用窗体的 setBounds(30,30,200,100)方法精确定位对话框在窗口中的位置与大小,前两个参数指对话框窗口在窗体左上角的坐标位置,后两个参数指对话框宽度和高度。

(4) 在 main 方法中完成了两个任务:①创建窗口对象 f,f 是实例化 J10 类(在例 10.1 中自定义的类)创建的,从这里可以看到 Java 语言的优点,可以使用已经创建的系统类和自定义类。②创建了一个依存于窗口 f 名称为"这是一个对话框窗口"的对话框。

(5) JDialog 有 7 个构造方法,常用 JDialog(Frame owner,String title),其中,owner 参数是指自定义对话框的所有者,它可以是一个 JDialog 或 Frame 对象。Title 用来定义对话框的标题。

10.2.3 面板

JPanel 类是无边框的容器,它是一个中间容器,其必须依附在容器框架上,例如窗体、对话框、其他面板等,其上可以存放多个基本组件,一个窗口中可以添加多个面板。面板的主要用途是存放组件,其目的是分层次、分区域地管理组件,使窗口界面更美观。

例 10.3 创建含有多个面板的窗口,程序运行结果如图 10.6 所示。

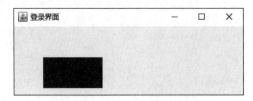

图 10.6　含有面板对象的窗口

```
import javax.swing.*;
import java.awt.Color;
public class exp10_3 extends J10{
public exp10_3 () {
    JPanel p=new JPanel();              //创建面板对象 p
    p.setLayout(null);                  //关闭面板的布局管理器
    p.setBackground(Color.yellow);      //设置面板的背景色为黄色
    add(p);                             //将面板 p 加入到窗口
    JPanel p1=new JPanel();             //面板
    p1.setBounds(50,50,100,50);         //精确定位面板 p1 在面板 p 中的位置及大小
    p1.setBackground(Color.blue);
    p.add(p1);
}
public static void main(String[] args) {new exp10_3(););}
}
```

说明:

(1) 创建面板 JPanel 对象。

面板对象 p 是通过 JPanel 类创建的,可以设置背景颜色,通过 p.setLayout(null)方法,可以关闭面板对象 p 上的默认布局管理器,使用 setBounds(x,y,w,h)方法精确设置位置与大小。

(2) add()方法。

容器类都具有 add()方法,可以将组件添加到一个容器中。add(p)添加面板到窗体自身,p.add(p1)添加面板对象 p1 到面板 p 中。

10.2.4　分隔面板与边界管理器应用

通过 javax.swing 包中的 JSplitPane 类可以创建用分隔栏分开的面板,简称分隔面板。分隔栏可以水平或垂直地分隔容器,拖动分隔栏可以改变每个组件所占空间的大小。使用分隔面板可以左右、上下拖动分隔线使分隔的大小改变并分成不同区域。

例 10.4 创建一个具有边界布局管理器在中间空间存放分隔面板的窗口,结果如图 10.7 所示。

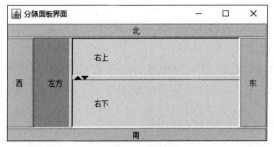

图 10.7 分隔面板

```
import java.awt.*;
import javax.swing.*;
public class exp10_4 extends JFrame {
public static void main(String args[]) {exp10_4 f=new exp10_4();
f.setVisible(true);}
public exp10_4() {
    setTitle("分隔面板界面");setSize(450,300);
    JSplitPane fg1=new JSplitPane();              //创建水平方向分隔面板
    fg1.setBackground(Color.pink);                //设置面板颜色
    fg1.setDividerLocation(60);                   //分隔条左侧的宽度为 60 像素
    //使用边界布局管理器
    add("Center",fg1);                            //分隔条添加到窗体中间
    fg1.setLeftComponent(new JLabel("左方"));//
    add("East",new JButton("东"));                //在窗体右方添加一个按钮组件
    add("West",new JButton("西"));                //在左方添加一个按钮组件
    add("North",new JButton("北"));               //在上方添加一个按钮组件
    add("South", new JButton("南"));              //在下方添加一个按钮组件

    JSplitPane fg2=new JSplitPane(JSplitPane.VERTICAL_SPLIT);
                                                  //垂直方向分隔面板
    fg2.setDividerLocation(60);                   //分隔条上方的高度为 60 像素
    fg2.setDividerSize(8);                        //分隔条的宽度为 8 像素

    fg2.setOneTouchExpandable(true);              //提供 UI 小部件,可以上下折叠
    fg2.setContinuousLayout(true);   //在调整分隔条位置时面板的重绘方式为连续绘制
    fg1.setRightComponent(fg2);                   //添加到水平面板的右侧

    fg2.setLeftComponent(new JLabel("右上"));   //在垂直面板上方添加一个标签组件
    fg2.setRightComponent(new JLabel("右下"));  //在垂直面板下方添加一个标签组件
    }
}
```

说明:

(1) 本程序中 exp10_4 类是继承 JFrame 的子类,可以直接在创建的窗体中添加分隔

面板。

（2）本例通过 JSplitPane 创建了一个水平分隔面板对象 fg1，一个垂直分隔面板 fg2，设置了颜色、宽度等，还设置了一个 UI 小部件用来折叠空间。

（3）本例为窗体容器，默认布局管理器为边界布局管理器，通过 add("Center",fg1)；将水平分隔面板对象放在了中间，其他方位放置了 4 个按钮组件。

10.2.5 选项卡面板

选项卡面板是通过 javax.swing 包中的 JTabbedPane 类来实现的，它可以将多个组件放置在不同的面板上。在窗口界面中用户可以选择不同的标签，显示不同标签面板上的内容。提供标签面板可以提供多个选项卡界面。

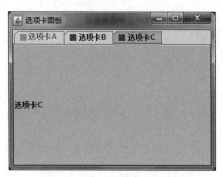

图 10.8　选项卡面板

JTabbedPanel 提供了一组相互排斥的选项卡来访问多个组件。通常，在 JTabbedPane 中放置一些面板，每个面板对应一张选项卡。因为单击选项卡就自动处理了相应面板的选择，所以 JTabbedPane 很容易使用。用户通过单击带标题和(或)图标的选项卡就可以在一组面板之间进行切换。

例 10.5　本例介绍如何使用带三个选项卡的选项卡面板窗体显示相应的内容，结果如图 10.8 所示。

```
import java.awt.*;
import java.net.*;
import javax.swing.*;
import javax.swing.event.*;
public class exp10_5 extends JFrame {
public static void main(String args[]) {
    exp10_5 frame=new exp10_5();
    frame.setVisible(true);}
    public exp10_4() {
        super();
        setFocusCycleRoot(true);
        setTitle("选项卡面板");setBounds(100, 100, 500, 375);
        final JTabbedPane tabbedPane=new JTabbedPane();
        //设置选项卡标签的布局方式
        tabbedPane.setTabLayoutPolicy(JTabbedPane.SCROLL_TAB_LAYOUT);
        tabbedPane.addChangeListener(new ChangeListener() {
            public void stateChanged(ChangeEvent e) {
            //获得被选中选项卡的索引
                int selectedIndex=tabbedPane.getSelectedIndex();
            //获得指定索引的选项卡标签
```

```
            String title=tabbedPane.getTitleAt(selectedIndex);
            System.out.println(title);}
      });
      add(tabbedPane, BorderLayout.CENTER);
      URL resource=exp10_4.class.getResource("/图片/tab.JPG");
      ImageIcon imageIcon=new ImageIcon(resource);
      final JLabel tabLabelA=new JLabel();
      tabLabelA.setText("选项卡 A");
      //将标签组件添加到选项卡中
      tabbedPane.addTab("选项卡 A", imageIcon, tabLabelA, "单击查看选项卡 A");
      final JLabel tabLabelB=new JLabel();
      tabLabelB.setText("选项卡 B");
      tabbedPane.addTab("选项卡 B", imageIcon, tabLabelB, "单击查看选项卡 B");
      final JLabel tabLabelC=new JLabel();
      tabLabelC.setText("选项卡 C");
      tabbedPane.addTab("选项卡 C", imageIcon, tabLabelC, "单击查看选项卡 C");
      tabbedPane.setSelectedIndex(2); //设置索引为 2 的选项卡被选中
      tabbedPane.setEnabledAt(0, false); //设置索引为 0 的选项卡不可用
   }
}
```

说明：本程序创建了一个选项卡窗体用于存放三个面板，其中设置选项卡 A 不可用，每个面板显示相应内容。每个面板关联一个选项卡，标题可以自行设置。默认情况下，选项卡标签位于选项卡窗体的顶部。可以使用 tabPlacement 属性为它设置不同的位置。

10.3　基本组件

窗口界面是软件和用户之间的交流平台，而组件则是绘制窗口界面的基本元素，是软件和用户之间的交流要素。组件（JComponent）是构成 GUI 的基本要素，通过对不同事件的响应来完成和用户的交互或组件之间的交互。组件一般作为一个对象放置在容器（Container）内，容器是能容纳和排列组件的对象，如 Applet 界面、面板、窗口等。通过容器的 add 方法可以把组件标签、按钮、文本框、菜单等加入到容器中。例如用文本框来显示相关信息，用单选按钮、复选按钮、文本框等接受用户的输入信息，用按钮来提交用户的输入信息。

本节主要介绍如何在容器中添加 Swing 组件。注意本节中所有组件使用的窗口对象都是通过例 10.1 中设计的自定义类 J10 创建的。

10.3.1　标签文本框与网格管理器应用

标签（JLabel）的功能是显示单行的字符串，可在屏幕上显示一些提示性、说明性的文字。文本框（JTextField）组件用来接收用户键盘输入的单行文本信息。

例 10.6　本例应用程序用来创建登录界面，添加有标签与文本框组件的窗口，并可以

输入账号,程序运行结果如图 10.9 所示。

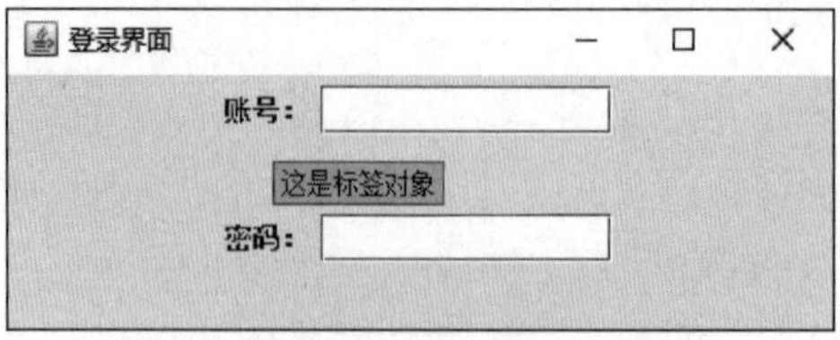

图 10.9 使用标签与文本框组件的窗口

```java
import javax.swing.*;
import java.awt.*;
public class J11 extends J10{
    J11() {
        JTextField t1=new JTextField(12);                   //创建文本框,默认宽度 12
        JPasswordField pass=new JPasswordField(12);         //创建密码框,默认宽度 12
        JLabel l1=new JLabel("账号: ");JLabel l2=new JLabel("密码: ");
                                                            //创建标签对象
        setLayout(new GridLayout(2,1));     //设置网格布局管理器,参数为 2 行、1 列
        JPanel p1=new JPanel();JPanel p2=new JPanel();
        p1.add(l1);p2.add(l2);              //将标签对象添加到面板对象 p1、p2 上
        p1.add(t1);p2.add(pass);            //将文本框对象添加到面板对象 p1、p2 上
        add(p1);add(p2);
        l1.setToolTipText("这是标签对象"); //设置标签的工具提示
    }
    public static void main(String[] args) {J11 lg=new J11();
    lg.setVisible(true);}
}
```

说明:

(1) JLabel 标签组件,可以创建标签文字对象,在实例化时可以直接指定在窗口界面上要显示的文字,标签还没有设置提示文字属性,参见本例用法。

(2) JTextField 文本框组件,可以创建一个指定字符列数的文本框对象。

(3) JPasswordField 密码框组件,可以创建一个输入显示为 * 的文本框,以保护输入的密码。

(4) 文本框还有如下常用方法:scrollRectToVisible(Rectangle r)方法可以向左或向右滚动文本框内容。setColumns(int columns) 方法可以设置文本框最多可显示内容的列数。setFont(Font f)方法可以设置文本框的字体。

(5) 本例用到了网格布局管理器,通过 setLayout(new GridLayout(2,1));方法设定组件 2 行 1 列存放组件。

10.3.2 按钮与自建监听器

Swing 提供了标准按钮 JButton 组件,按钮可以带有文字标题或图标。JButton 组件

是最简单的按钮组件,只是在按下和释放两个状态之间进行切换,通过捕获按下与释放按钮事件状态可以执行相应的事件处理程序,完成指定任务,与用户进行交互。

例 10.7 在"登录界面"窗口添加"登录"与"注册"按钮,单击"注册"按钮,会执行事件处理方法,弹出"注册界面"。程序运行结果如图 10.10 所示。

图 10.10 创建按钮的窗口

```
import javax.swing.*;
import java.awt.*;
import java.awt.event.*;
public class J12 extends J11 implements ActionListener{
    JButton b1, b2;
    J12(){
        setLayout(new GridLayout(3,1));
        JPanel P3=new JPanel();
        b1=new JButton("登录");   b2=new JButton("注册");
        b1.addActionListener(this);
        b2.addActionListener(this);                    //给按钮添加监听器
        P3.add(b1);P3.add(b2);add(P3);
    }
    public void actionPerformed(ActionEvent e) {  //实现窗口的事件处理方法
        Object obj=e.getSource();                //获取事件源
        if(obj==b2){new J10();}                  //如果单击 b2 按钮,打开初始的空窗口
    }
    public static void main(String args[]){J12 lg=new J12();
        lg.setVisible(true); }
}
```

说明:

(1) 本例通过 JButton 组件创建了两个按钮对象 b1 与 b2,方法比较简单。了解其方法即可,组件的方法许多是类似的。

(2) 通过主类自建事件监听器。

本例给"注册"与"登录"按钮添加了事件监听器 b2.addActionListener(this),单击"注册"按钮时会弹出"注册界面"窗口。

谁是事件监听器对象呢? this(主类实例对象),因为主类 J12 是实现 ActionListener 事件接口的类,并实现了其抽象方法 actionPerformed(ActionEvent event),所以 J12 类的实例对象自身可以作为监听器。通过 addActionListener(this)方法将监听器注册到命

令按钮上,用来执行单击命令按钮的任务。

在类中实现 ActionListener 接口的 actionPerformed 单击事件接口方法,当单击"注册"按钮时,系统产生 ActionEvent 事件对象 e,事件监听器对象传递 e 给 actionPerformed 方法执行其中定义的打开"注册界面"窗口的任务。

为什么单击"登录"按钮没有反应呢?因为事件处理方法中,只定义了单击"注册"按钮的事件处理方法。

(3) 单击事件类 ActionEvent 有以下常用方法:

① public String getActionCommand()　可返回事件源的标签。如 b2 的标签是"注册"。

② public Object getSource()　返回产生事件的对象名,如 b2。

10.3.3　单选按钮与内建监听器

单选按钮包含一组按钮,按钮处于选中或未选中两种状态。用户通过按钮只能选择其中的一个选项。单选按钮由 JRadioButton 类与 ButtonGroup 类的对象共同构成。JRadioButton 用于设置各个单选选项,ButtonGroup 用来创建一个按钮组,其作用是维护一组互斥单选选项的关系,使组中只能有一个按钮处于"开启"状态。

1. 创建"注册界面"初始界面

首先创建 J21 与 J22 自定义类,用于创建包含"账号""输入密码""确认密码"三个文本框的"注册界面",参见图 10.11,因代码内容与创建"登录界面"雷同,本书不再重复赘述,源代码在本书配套资料提供。

2. 在"注册界面"添加单选按钮

编写 J23 自定义类要在"src/图片"目录下先保存两个名称为 11.gif(男孩头像)与 12.gif(女孩头像)的图片文件。

例 10.8　在"注册界面"中添加"性别"单选按钮,根据选择可以显示不同的图片,程序运行结果如图 10.11 所示。

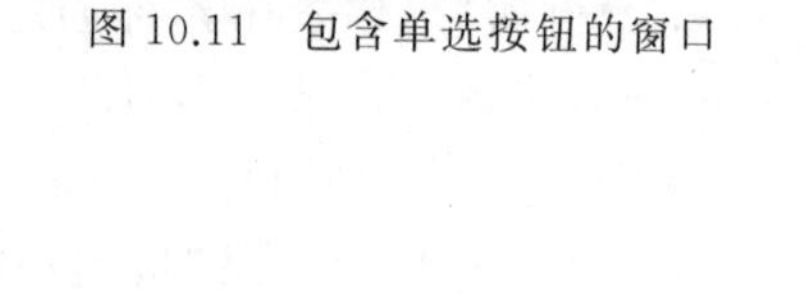

```
import java.awt.*;
import java.awt.event.*;
import javax.swing.*;
public class J23 extends J22{
    public J23() {
    JPanel p14=new JPanel();
        JLabel j1=new JLabel("性别: ");
        JLabel j2=new JLabel(new ImageIcon("src/图片/11.gif"));

        JRadioButton jb1=new JRadioButton("男",true);    //选项按钮1
        JRadioButton jb2=new JRadioButton("女");          //选项按钮2
```

图 10.11　包含单选按钮的窗口

```java
        ButtonGroup buttonGroup=new ButtonGroup();        //单选按钮组
        buttonGroup.add(jb1);buttonGroup.add(jb2);        //添加选项按钮到组中
        setLayout(new GridLayout(4,1));
        add(p14);p14.add(j1); p14.add(jb1); p14.add(jb2); p14.add(j2);

        class rHandler implements ItemListener{  //声明内部类实现选项事件接口方法
            public void itemStateChanged(ItemEvent event){
                if(jb1.isSelected()) j2.setIcon(new ImageIcon("src/图片/11.
                gif"));
                else if(jb2.isSelected())j2.setIcon(new ImageIcon("src/图片/
                12.gif"));
                else j2.setBackground(Color.white);
            }
        }
        rHandler h=new rHandler();                         //创建监听器对象
        jb1.addItemListener(h);jb2.addItemListener(h);     //注册监听器
    }
    public static void main(String[] args) {J23 d=new J23();
        d.setVisible(true); }
}
```

说明：在创建"注册界面"窗口时,统一编写不同组件使用的面板,P11 存放"账号"标签与文本框；P12 存放"输入密码"标签与密码框；P13 存放"确认密码"标签与密码框；P14 存放"性别"单选按钮组及选项按钮,这样可以使界面更漂亮,更易于管理组件。后面添加面板会继续编号的使用,更新网格管理器中的行列数。

3. 通过内部类创建监听器

创建选项事件接口内部实现类注意问题：

（1）在引入语句时要添加系统事件类包 java.awt.event.*。

（2）本例在类 J23 的构造方法中设计了一个自定义内部类 rHandler,实现了选项事件监听器接口 ItemListener 的 itemStateChanged(ItemEvent event)事件接口方法,即选项事件处理方法以响应事件的发生。当选择某选项按钮时,系统将产生 ItemEvent 事件对象 event,事件监听器对象传递 event 给 itemStateChanged 方法处理这个事件。

（3）根据内部类 rHandler 可以创建监听器对象 h 并注册给选项按钮对象 jb1,jb2。

10.3.4 复选框

复选框(JCheckbox)同样存在选中或未选中两种状态。通过复选框用户可以一次做出多项选择。

JCheckBox 类提供了一系列用来设置复选框的方法,例如通过 setText(String text)方法设置复选框的标签文本,通过 setSelected(boolean b)方法设置复选框的状态,默认情况下未被选中,当设为 true 时表示复选框被选中。

例 10.9 在"注册界面"添加"爱好"复选框,当选中消息时,设计事件处理方法执行可以改变窗口中标签对象的字体,程序运行结果如图 10.12 所示。

图 10.12 包含复选框的窗口

```
import java.awt.*;
import java.awt.event.*;
import javax.swing.*;
public class J24 extends J23 {
    private JLabel label;
    private JCheckBox b, i, s, g;
    JPanel p15;
        public J24() {
            p15=new JPanel();
            label=new JLabel("爱好: ");         //创建标签对象
            b=new JCheckBox("唱歌");            //创建复选框
            i=new JCheckBox("跳舞");            //创建复选框
            s=new JCheckBox("绘画");            //创建复选框
            g=new JCheckBox("运动");            //创建复选框
            b.setFont(new Font("Serif", Font.PLAIN, 14));   //设置复选框选项标签字体
            i.setFont(new Font("Serif", Font.PLAIN, 14));
            s.setFont(new Font("Serif", Font.PLAIN, 14));
            g.setFont(new Font("Serif", Font.PLAIN, 14));

            CBHandler h=new CBHandler();        //创建监听器对象
            b.addItemListener(h);               //注册监听器
            i.addItemListener(h); s.addItemListener(h); g.addItemListener(h);

            setLayout(new GridLayout(5,1));
            p15.add(label);p15.add(b);p15.add(i);p15.add(s);p15.add(g);
            add(p15);
        }
    public static void main(String[] args){J24 d=new J24();d.setVisible(true);}
    private class CBHandler implements ItemListener{
                                        //实现选项事件接口方法的内部类
```

```
        private int vb=Font.PLAIN;private int vi=Font.PLAIN;
        private int vs=Font.PLAIN;private int vg=Font.PLAIN;
        public void itemStateChanged(ItemEvent e){
            if(e.getSource()==b) vb=b.isSelected()? Font.BOLD : Font.PLAIN;
            if(e.getSource()==i) vi=b.isSelected()? Font.BOLD: Font.PLAIN;
            if(e.getSource()==s) vs=b.isSelected()? Font.BOLD : Font.PLAIN;
            if(e.getSource()==g) vg=b.isSelected()? Font.BOLD: Font.PLAIN;
            label.setFont(new Font("Serif", vb+vi+vs+vg, 15));
        }
    }
}
```

说明：通过本例可以了解创建复选按钮组件及其使用的方式。与单选按钮相同，在处理选项被选中的事件时，需要实现 ItemListener 事件接口类中的 itemStateChanged(ItemEvent e)方法。通过 addItemListener(h)方法将监听器注册到选项按钮上。本例与上例不同，不是在构造方法中定义的内部类，是单独定义了一个内部类。

10.3.5 下拉列表框与匿名监听器

下拉列表(JComboBox)与单选按钮类似，同样存在选中或未选中两种状态。使用下拉列表可以让用户在列表框的多个选项中选择一个选项，该选择框还可以设置为可编辑的，当设置为可编辑状态时，用户可以在选择框中输入相应的值。列表框的所有选项都是可见的，如果选项数目超出了列表框可见区的范围，则列表框右边会出现一个滚动条。

例 10.10 在"注册界面"中添加下拉列表组件"班级"，程序运行结果如图 10.13 所示。

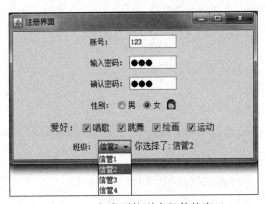

图 10.13 包含下拉列表组件的窗口

```
import java.awt.*;
import javax.swing.*;
import java.awt.event.*;
public class J25 extends J24{
    private JLabel label1, label2;
    JComboBox<String> lbk;
```

```java
        private String names[]={"信管 1","信管 2","信管 3","信管 4"};
        public J25() {
    JPanel p16=new JPanel();
        setLayout(new GridLayout(6, 1));
        label1=new JLabel("班级: ");
        lbk=new JComboBox<String>(names);     //创建下拉列表对象
        lbk.setMaximumRowCount(6);            //设置下拉列表所能显示的列表项的最大数目
        lbk.setSelectedIndex(0);              //设置默认的选择项
        label2=new JLabel("你选择了: 信管 1");
        lbk.addItemListener(                  //监听器是匿名类对象
            new ItemListener()                //匿名类实现选项事件接口方法
                {public void itemStateChanged(ItemEvent e){
                    if (e.getStateChange()==e.SELECTED) {label2.setText("你选
                        择了:"+names[lbk.getSelectedIndex()]); }}});
        label2.setFont(new Font("Serif", Font.PLAIN, 14));
        add(p16); p16.add(label1); p16.add(lbk);p16.add(label2);
    }
        public static void main(String[] args){J25 d=new J25();d.setVisible(true);}
}
```

说明:

(1) 通过本例可以看到创建 JComboBox 下拉列表选项的方式,通过数组定义了 4 个选项名称,通过数组一次创建了下拉列表组件对象 jbk,并使用其 setMaximumRowCount(6)方法设置下拉列表显示的最大数,JComboBox 提供了一系列用来设置下拉框的方法,方法 setSelectedIndex(0)可以设置第一个选项为默认选项,方法 getSelectedIndex()可以得到当前选中的选项,方法 setEditable()可以设置选择框是否可编辑,方法 removeAllItems()可以移除选项列表中的所有选项等。

(2) 使用匿名类创建事件监听器对象。

本例通过给事件源 lbk.addItemListene 添加监听器对象时,通过匿名类方式创建了监听器对象。匿名类是指在声明一个类时不给它命名的类。本例也可以通过下面的内部类实现选项事件接口方法,通过"lbk.addItemListener(new lbHandler());"注册监听器。

```java
    private class lbHandler implements ItemListener{
        public void itemStateChanged(ItemEvent e){
            if(e.getStateChange()==e.SELECTED) {
            label2.setText("你选择了: "+names[lbk.getSelectedIndex()]);   }}
    }
```

10.3.6 文本区与滚动条

与文本框组件只显示一行不同,文本区(JTextArea)可以显示大段的文本,可以接收用户输入的多行文本。

1. 创建文本区

例 10.11　本例应用程序用来创建添加注册界面中有文本区组件的窗口,程序运行结果如图 10.14 所示。

图 10.14　包含文本区的窗口

```
import java.awt.*;
import javax.swing.*;
public class J26 extends J25{
    public J26(){
        JPanel p17=new JPanel();
        setLayout(new GridLayout(7, 1));
        JLabel jLabel1=new JLabel("个人简介：");
        jLabel1.setPreferredSize(new Dimension(75,50));
        JTextArea ta4=new JTextArea("",2,20);     //创建文本框组件
        ta4.setFont(new Font("Serif", Font.PLAIN, 12));
        ta4.setTabSize(10);                       //设置 Tab 键的跳离距离方法
        ta4.setLineWrap(true);                    //自动换行功能方法
        ta4.setWrapStyleWord(true);               //断行不断字功能方法
        add(p17);
        JScrollPane gdp=new JScrollPane(ta4);     //带滚动条的文本区
        p17.add(jLabel1);p17.add(gdp);}
    public static void main(String[] args) {
        J26 d=new J26();
        d.setVisible(true);                       //设置窗口是否为可见
    }
}
```

说明：Swing 的文本区 JTextArea 不能自动出现滚动框,可将它添加到 JScrollPane 滚动条中,通过 JScrollPane(ta4)即可得到带滚动框架的文本区了。

文本区组件的常用方法：

（1）public void append(String str)　在文本区尾部添加文本。

（2）public void insert(String str, int pos)　在文本区指定位置插入文本。

（3）public void setText(String t)　设定文本区内容,会将原来的内容清除。

（4）public int getRows()　返回文本区的行数。

（5）public void setRows(int rows)　设定文本区的行数。

(6) public int getColumns()　　返回文本区的列数。
(7) public void setColumns(int columns)　　设定文本区的列数。
(8) public void setEditable(boolean b)　　设定文本区的读写状态。

10.3.7　创建容器与组件小结

通过本章的应用程序可以总结出创建容器与组件的基本步骤如下：
(1) 创建顶层容器(常用的为窗口对象)，设置其布局管理器。
(2) 创建普通面板，设置其背景颜色，设置其位置、大小，设置其布局管理器。
(3) 创建组件，设置其背景颜色，设置其位置、大小、字体等。
(4) 将面板添加到窗口，将组件添加到指定面板。
(5) 创建事件监听器，实现事件处理方法，可以通过事件接口或适配器类。
(6) 给事件源注册监听器。

10.4　菜单组件

菜单(Menu)能够简化选择操作，是图形用户界面中的重要组件。Java 菜单组件是由多个类组成的，主要有 JMenuBar（菜单栏）、JMenu（菜单）、JMenuItem（菜单项）和 JPopupMenu（弹出式菜单）。

本节主要介绍在窗口中添加菜单栏、工具栏、多级菜单、弹出式菜单及文件选择器与菜单选项的连接方式。

10.4.1　菜单栏

菜单栏 JMenuBar 是用来存放菜单的顶层菜单组件，其是一个水平菜单组件。它只能加入到框架中，作为所有菜单树的根。在一个时刻，一个框架可以显示一个菜单栏。然而，根据程序的状态可以修改菜单栏，这样，在不同的时刻就可以显示不同的菜单。

JMenu 为菜单栏的菜单，菜单栏包含若干菜单，菜单包含若干菜单项 MenuItem。

菜单项的作用与按钮类似，当用户单击菜单项时会产生一个事件，可以执行事件处理程序完成命令动作。

菜单项是 JMenuItem、JCheckBoxMenuItem 和 JRadioButtonMenuItem 的实例。菜单项可以与图标、热键、快捷键等建立关联。菜单项可以使用分隔符来分隔。

例 10.12　本例介绍如何通过菜单栏(MenuBar)、菜单(Menu)、菜单项(MenuItem) 3 个主要对象组成窗口中的菜单栏，创建的学生管理信息系统主界面菜单栏如图 10.15 所示。

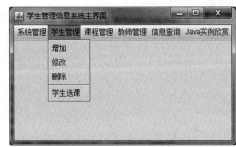

图 10.15　添加菜单栏的窗口

```
import java.awt.*;
```

```java
import javax.swing.*;
public class J31 extends J10   {
JMenuBar mainMenu=new JMenuBar();                //创建菜单栏

JMenu menuSystem=new JMenu("系统管理");           //创建"系统管理"菜单
JMenuItem itemOpen=new JMenuItem("打开");         //创建"系统管理"菜单"打开"选项
JMenuItem itemExit=new JMenuItem("退出");

JMenu menuStu=new JMenu("学生管理");              //创建"学生管理"菜单
JMenuItem itemAddS=new JMenuItem("增加");JMenuItem itemEditS=new JMenuItem("修改");
JMenuItem itemDeleteS = new JMenuItem("删除"); JMenuItem itemSelectC = new JMenuItem("学生选课");

JMenu menuCourse=new JMenu("课程管理");           //创建"课程管理"菜单
JMenu menuSearch=new JMenu("信息查询");           //创建"信息查询"菜单
JMenu menuTch=new JMenu("教师管理");              //创建"教师管理"菜单
JMenu menuJava=new JMenu("Java实例欣赏");          //创建"Java实例欣赏"菜单

Font t=new Font("Dialog",0,12);                  //创建字体对象,用于统一使用的字体
public J31() {                                   //程序初始化方法
    this.pack();                                 //自动调整框架的大小
    setTitle("学生管理信息系统主界面");setSize(400,300);
    menuSystem.setFont(t);    //设置菜单字体,同样方式设置其他菜单、菜单选项,略
    //添加菜单项到"系统管理"菜单
    menuSystem.add(itemOpen); menuSystem.add(itemExit);
    //添加菜单项到"学生管理"菜单
    menuStu.add(itemAddS); menuStu.add(itemEditS);menuStu.add(itemDeleteS);
    menuStu.addSeparator();                      //将分隔条加入到菜单中
    menuStu.add(itemSelectC);
    //添加菜单到菜单栏
    mainMenu.add(menuSystem); mainMenu.add(menuStu); mainMenu.add(menuCourse);
    mainMenu.add(menuTch); mainMenu.add(menuSearch); mainMenu.add(menuJava);
    this.setJMenuBar(mainMenu);                  //为窗体设置菜单栏
    }
    public static void main(String[] args){J31 lg=new J31();lg.setVisible(true);}
}
```

说明:

(1) 通过本例可以看到,创建菜单栏方法很简单,先创建菜单栏、菜单、菜单选项对象,然后进行组装,将菜单选项添加到菜单中,菜单添加到菜单栏上,菜单栏指定到所用框架上即可,其他都是美化的细节。menuSystem.setFont(t)方法设置菜单项字体及字号大小,menuStu.addSeparator()可以在菜单选项之间添加分隔条。Font 字体类是 awt 包中的类。

(2)每个菜单选项都可以执行菜单命令完成指定任务,需要创建键盘和鼠标单击事件监听器实现事件处理方法,将监听器注册给菜单项。本例没有设计事件处理方法,下面的例子会设计。

10.4.2 多级菜单

如果在菜单中加入另外一个菜单的话,就会变成多级菜单。一个菜单栏可以放多个菜单(JMenu),每个菜单又可以放多个菜单项(JMenuItem)。每个菜单选项可以有级联菜单项,方法是:为菜单项添加菜单选项,就可以构造一个层次状菜单结构的多级菜单,如图10.16所示。

例10.13 为"成绩管理"菜单选项下添加一个下级菜单,包括"成绩添加"与"成绩修改"两个子菜单,程序运行结果如图10.16所示。

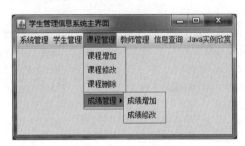

图10.16 多级菜单

```
import javax.swing.*;
public class J32 extends J31   {
    JMenuItem itemAddC= new JMenuItem("成绩增加"); JMenuItem itemEditC= new JMenuItem("课程增加");
    JMenuItem itemDeleteC=new JMenuItem("课程删除");JMenu menuGrade=new JMenu("成绩管理");
    JMenuItem itemAddG = new JMenuItem("成绩增加"); JMenuItem itemEditG = new JMenuItem("成绩修改");
    public J32() {                    //程序初始化方法
    //菜单选项、子菜单选项对象字体设置略,t是J31类中定义的字体对象实例
    menuGrade.setFont(t);itemAddC.setFont(t);itemEditC.setFont(t);
    itemDeleteC.setFont(t);itemAddG.setFont(t);itemEditG.setFont(t);
    menuCourse.add(itemAddC);         //添加"课程管理"菜单
    menuCourse.add(itemEditC);menuCourse.add(itemDeleteC);
    menuCourse.addSeparator();        //将分隔条加入到菜单中
    menuCourse.add(menuGrade);
                                      //添加子菜单选项对象
    menuGrade.add(itemAddG);menuGrade.add(itemEditG);    //为"成绩管理"添加子菜单
    }
    public static void main(String[] args){J32 lg=new J32();
    lg.setVisible(true);}
}
```

说明：本例 J32 是 J31 类的子类，在 J31 类的基础上在"学生管理信息系统"菜单栏的"课程管理"组添加了菜单项"课程增加""课程修改""课程删除"与"成绩管理"，并在"成绩管理"菜单项下添加了两个子菜单项"成绩增加"与"成绩修改"。类似方式可以为其他菜单添加菜单选项与下级子菜单项。

10.4.3 文件选择器与执行命令的菜单

J32 自定义类中只是设计了菜单栏与菜单项，如何让菜单项执行命令完成指定任务呢？与按钮对象一样，也是为菜单项对象添加事件监听器，事件发生时，执行菜单命令编写的事件处理程序。

例 10.14 创建文件选择器，为"学生管理信息系统"菜单栏的"系统管理"组的菜单项"打开"与"退出"菜单项设计事件监听器及事件处理方法，程序运行结果如图 10.17 和图 10.18 所示。

图 10.17 文件选择器的"打开"对话框

图 10.18 "文本区"中显示的文件

```
import java.io.*;
import javax.swing.*;
import java.awt.event.*;
import java.awt.BorderLayout;
public class J33 extends J32 {
    JTextArea editor=new JTextArea();      //创建文本区对象
    public J33() {                          //程序初始化方法
```

```java
        add(new JScrollPane(editor),BorderLayout.CENTER);
                                        //在窗体中心添加带滚动条的文本区对象
        //为"打开"菜单项 itemOpen 注册事件监听器(匿名类创建)
        itemOpen.addActionListener(new ActionListener() {
            public void actionPerformed(ActionEvent e)  { loadFile(); }});
        //为"退出"菜单项 itemExit 注册事件监听器(匿名类创建)
        itemExit.addActionListener(new ActionListener() {
            public void actionPerformed(ActionEvent e)  { System.exit(0); }});
    }
    void loadFile() {                   //打开文件方法
        JFileChooser fc=new JFileChooser();
        int r=fc.showOpenDialog(this);
        if(r==JFileChooser.APPROVE_OPTION)   {
        File file=fc.getSelectedFile();
        try {editor.read(new FileReader(file),null);}catch(IOException e){}}
    }
    public static void main(String[] args){J33 lg=new J33();
        lg.setVisible(true); }
}
```

说明:

(1) 运行本程序后,在"系统管理"菜单中选择"打开"选项,将出现"打开"对话框,如图 10.16 所示。从中选择文本格式文件,可看到打开的文件内容,如图 10.18 所示,在文本区可进行"复制""粘贴"与"剪切"操作。

(2) 文件选择器。JFileChooser 类是 Java 提供的用来打开或保存的文件选择器组件,该组件可以显示当前计算机的文件与目录,如图 10.17 所示让用户打开或保存文件。showOpenDialog 方法用来打开文件,showSaveDialog 方法用来存储文件。getSelectedFile() 方法返回从打开对话框中选定的文件对象。

(3) 为菜单项设计事件监听器及处理程序。本例为菜单项"打开"与"退出"菜单项设计了事件监听器及事件处理方法,使用匿名类创建了两个监听器,可以执行不同的命令任务,"打开"选项的功能较复杂,专门设计了一个 loadFile() 方法,这种方式将复杂问题分解为简单问题,便于修改与维护程序,以后如果要修改打开命令的任务,只修改 loadFile() 方法即可。

用同样方式可以为所有菜单项设计执行命令的程序。先注册事件监听器及事件处理方法,再分别设计方法的具体内容。通过本程序看到"学生管理信息系统"的菜单栏在逐步完善功能。

10.4.4 工具栏

Swing 中的 JToolBar 工具栏是一个很有用的组件,它可以显示文字或图像按钮,把一些常用的操作命令集中在工具栏上供用户使用。工具栏向用户提供了对于常用命令的简单访问。

JToolBar 的功能是用来放置各种常用的功能或控制组件的,简称工具栏,这个功能在各类软件中都可以很轻易地看到。在设计软件系统时,一般会将所有功能依类放置在菜单栏中,但当功能数量相当多时,可以用工具栏方式呈现用户常用的功能,方便用户使用,提高运行效率。

本节主要介绍如何使用 JToolBar 类创建包含图像按钮的工具栏。

例 10.15 在"学生管理信息系统"窗口使用 JToolBar 组件创建一个包含图片按钮的工具栏,结果如图 10.19 所示。

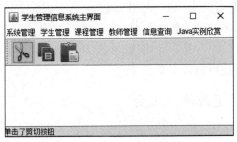

图 10.19 添加工具栏的窗口

```
import javax.swing.*;
import java.awt.*;
import java.awt.event.*;
public class J34 extends J33 implements ActionListener {
    JToolBar toolBar;   JButton b1,b2,b3;   JLabel l=new JLabel("提示栏");
    public J34() {
        b1=new JButton(new ImageIcon("src/图片/cut.png"));
        b2=new JButton(new ImageIcon("src/图片/paste.png"));
        b3=new JButton(new ImageIcon("src/图片/order.png"));
        b1.addActionListener(this);
        b2.addActionListener(this);
        b3.addActionListener(this);
        toolBar=new JToolBar();                              //创建工具栏对象
        toolBar.add(b1);toolBar.add(b2);toolBar.add(b3);     //向工具栏添加图片按钮
        add(toolBar,BorderLayout.NORTH);add(l,BorderLayout.SOUTH);
    }
    public void actionPerformed(ActionEvent e) {
        String s="";
        if (e.getSource()==b1)         s="单击了剪切按钮\n";
        else if (e.getSource()==b2)    s="单击了复制按钮\n";
        else if (e.getSource()==b3)    s="单击了粘贴按钮\n";
        l.setText(s);}
    public static void main(String[] args) { J34 lg=new J34();
        lg.setVisible(true);}
}
```

说明：

（1）本程序通过 JToolBar 类创建了一个工具栏，其上添加了三个带图片的按钮对象，并为按钮添加了事件监听器。单击图片按钮，会在提示栏里显示对应的字符串。这个事件处理方法只是为了说明按钮可以执行操作命令，没有任何意义。

要注意窗口界面中组件的存放位置，菜单栏可以直接设置在窗口框架上，工具栏按照窗体的边界布局管理器存放位置，放在了 NORTH 方位，标签对象用来显示操作的不同字符串，放在了 SOUTH 方位。中间存放的是带滚动条的文本区。

（2）JToolBar 组件中有两个经常使用的属性：一个是 orientation 用来确定工具栏上的组件项是水平 JToolBar.HORIZONTAL 或垂直 JToolBar.VERTICAL 显示。默认值为 JToolBar.HORIZONTAL。另一个是布尔值 floatable，用来确定工具栏是否可以浮动。默认情况下，工具栏是可以浮动的。

10.4.5 弹出式菜单与适配器的应用

JPopupMenu 类可以创建弹出式菜单，或称为快捷菜单，其与普通菜单很像，不同的是它不固定在菜单栏中，可以浮现在窗体的任何地方。它依附于某个容器或组件上，平时不显现，当用户单击鼠标右键时它才会弹出来。

创建弹出式菜单与创建普通菜单步骤类似。首先创建 JPopupMenu 对象实例，然后将 JMenuItem、JCheckBoxMenuItem 和 JRadioButtonMenuItem 以及分隔线添加到弹出式菜单中。

普通菜单附加在一个菜单栏上。而弹出式菜单的位置采用父组件的坐标系统。习惯上，指向 GUI 组件并且单击鼠标键时显示弹出式菜单，这个鼠标键称为弹出触发器（popup trigger），它是依赖于系统的。在 Windows 系统中，当释放鼠标右键时显示弹出式菜单。

例 10.16 创建弹出式菜单的方法，程序运行结果如图 10.20 所示。

图 10.20 弹出菜单

```
import java.awt.event.*;
import javax.swing.*;
public class J35 extends J34 implements ActionListener {
```

```java
JPopupMenu pm=new JPopupMenu();           //创建弹出菜单对象
JMenuItem item1=new JMenuItem("复制",new ImageIcon("src/图片/paste.png"));
JMenuItem item2=new JMenuItem("剪切",new ImageIcon("src/图片/cut.png"));
JMenuItem item3=new JMenuItem("粘贴",new ImageIcon("src/图片/order.png"));
J35() {
    //设置快捷键
    item1.setAccelerator(KeyStroke.getKeyStroke(KeyEvent.VK_C,
    InputEvent.CTRL_MASK));
    item2.setAccelerator(KeyStroke.getKeyStroke(KeyEvent.VK_X,
    InputEvent.CTRL_MASK));
    item3.setAccelerator(KeyStroke.getKeyStroke('A'));

    editor.add(pm);                              //将弹出式菜单附加到文本区对象上
    pm.add(item1);pm.add(item2);pm.add(item3);    //创建弹出菜单的选项
    item1.addActionListener(this);              //注册菜单项的鼠标事件监听器
    item2.addActionListener(this);item3.addActionListener(this);
    editor.addMouseListener(new M1()); }         //注册文本区的鼠标事件监听器
public void actionPerformed(ActionEvent e) {editor.append("你选择了"+
e.getActionCommand()+"\n"); }
class M1 extends MouseAdapter {                  //创建继承适配器的子类
    public void mouseReleased(MouseEvent e) {    //只实现需要的方法
        if (e.isPopupTrigger())                  //判断是否按下鼠标右键
        pm.show(editor, e.getX(), e.getY());}    //在鼠标右击位置显示弹出式菜单
}
public static void main(String arg[]) { J35 lg=new J35();
lg.setVisible(true); }
}
```

说明：

(1) 本程序通过 JPopupMenu 类创建了一个弹出菜单,其上添加了 3 个菜单项,弹出菜单附加在文本区 editor 上。右击鼠标会看到如图 10.20 所示的弹出菜单。

(2) 适配器的使用。当用户在文本区单击鼠标左键或右键时,就触发了一个 mousePressed 事件。MouseListener 鼠标事件接口中包含 5 个方法,如果用鼠标事件接口来实现事件的处理方法,要实现 5 个方法。所以要选择事件适配器来创建监听器,因为本程序已经继承了 J34 类,所以可以通过创建继承 MouseAdapter 适配器的子类 M 来实现事件处理方法,因此,内部类 M 只实现了需要的松开鼠标方法 mouseReleased(MouseEvent e)。

(3) 鼠标事件对象方法。鼠标事件对象通过 isPopupTrigger 方法可以获取真假值,真为右键弹出菜单,所以单击鼠标左键不会弹出菜单。如果选择语句,无论单击鼠标左键或右键都会弹出菜单。

(4) pm.show(editor, e.getX(), e.getY())方法为显示弹出菜单的方法,其有 3 个参数,第一个菜单依附对象,后两个参数是鼠标右击时的坐标 x 和 y 的位置,它们决定了弹

出菜单的显示位置。

（5）在 J35 创建的窗口中支持 Windows 系统中的复制、粘贴、剪切命令，可直接将文件中的文字复制到窗口的文本区中。editor.append 方法以添加（在原有字符下）的方式显示字符串。

（6）菜单项的方法：

public JMenuItem getItem(int n)：得到指定索引处的菜单选项。

public int getItemCount()：得到菜单选项的数目。

JMenuItem(String test,Icon icon)：创建带标题和图标的菜单项。

public void setAccelerator(KeyStroke keyStroke)：为菜单项设置快捷键。

10.5　知识拓展——表格

本节主要介绍如何创建一个表格对象、如何通过表格模型维护表格。

10.5.1　普通表格与卡片管理器应用

JTable 类是 Swing 组件，可以用二维表显示数据。JTable 不支持直接滚动。要创建一个可滚动的表格，需要创建滚动条 JScrollPane，把 JTable 对象添加滚动条。JTable 除了默认的构造方法外，提供了 JTable(Object[ ][ ] 表值,String[ ]列名)构造方法，可以直接通过列名数组和二维数组直接创建表格。

例 10.17　在窗口中创建一个表格对象，结果如图 10.21 所示。

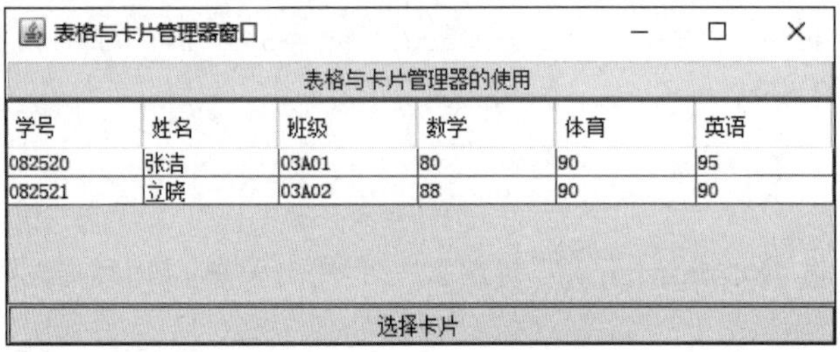

图 10.21　带有表格的窗口

```
import javax.swing.*;
import java.awt.*;
import java.awt.event.*;
public class Bg extends J10{
    JTable table1,table2;                    //定义表格对象
    CardLayout card=new CardLayout();        //定义卡片布局管理器对象
    JScrollPane scrollPane;
    JPanel pane=new JPanel();
    JButton button=new JButton("选择卡片");
```

```java
public Bg()    {
setTitle("表格与卡片管理器窗口");setSize(500,200);

String[] 列名1={"学号","姓名","班级","数学","体育","英语"};
                                              //用一维数组定义表格列名
String[] 列名2={ "学号","姓名","成绩" };//
    Object[][] 表值1={ {"082520","张洁","03A01",80,90,95},{"082521","立
晓","03A02",88,90,90}};
    Object[][] 表值2={{"082520","张洁",80},{"082521","立晓",90},{"082520",
"张驰",99}};
    table1=new JTable(表值1,列名1);      //创建表格对象实例
    table2=new JTable(表值2,列名2);

pane.add("1", new JScrollPane(table1));
                              //设置带滚动条的表格对象在面板上存放的索引号为1
pane.add("2", new JScrollPane(table2));

pane.setLayout(card);                //为面板pane设置卡片布局管理器
//通过循环语句直接将创建的4个按钮对象添加到pane面板上
for (int i=3; i<=6; i++){pane.add(String.valueOf(i),new Button("组件索引号
为: "+i));}
add(pane, BorderLayout.CENTER);    //将面板存放在窗体中间,窗体默认使用边界管理器
add(button, BorderLayout.SOUTH);   //将按钮对象存放在窗体下方
add(new Button("表格与卡片管理器的使用"), BorderLayout.NORTH);
                                       //将按钮对象存放在窗体上方

button.addActionListener(new ActionListener(){       //为按钮注册匿名监听器
        public void actionPerformed(ActionEvent e) {card.next(pane); }
    });
}
public static void main(String args[]) {Bg lg=new Bg();lg.setVisible(true);}
}
```

说明:

(1) 创建表格对象的步骤。通过本程序可知,要创建表格对象,先要创建一个一维数组变量用来定义表的"列名",定义一个二维数组对象,用来确定表格中显示的数值。最后使用JTable类的构造方法JTable(表值,列名)创建出表格对象。

(2) 卡片管理器的应用。本程序使用CardLayout创建了卡片管理器对象card,通过pane.setLayout(card)方法为面板设置了卡片管理器。因为卡片管理器存放组件是叠放方式,所以在向面板添加组件时要确定组件叠放的索引号,由pane.add(索引号,组件名)方法可以确定组件在面板中的叠放顺序。卡片管理器的card.next(pane)方法可以调出容器中存放的下一个组件。

10.5.2 创建默认表格模型

表格只能用指定行列显示固定数据。默认表格模型 DefaultTableModel 是 TableModel 接口的实现类,不仅可以用表格形式显示数据,还可以改变表格显示数据的方式。

例 10.18 在窗口中创建一个默认表格模型 DefaultTableModel 的对象实例,结果如图 10.22 所示。

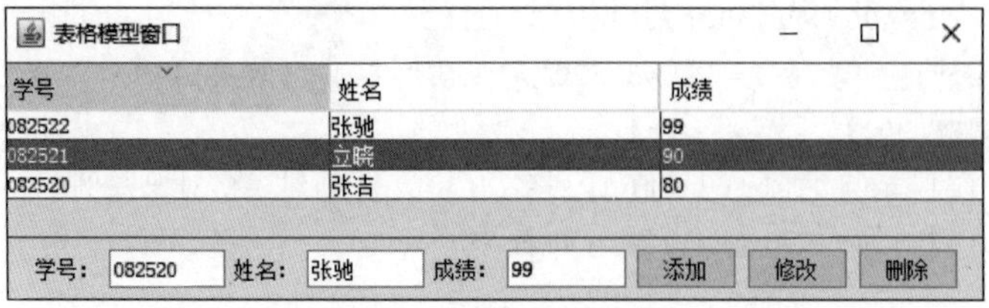

图 10.22 带有表格的窗口

```
import java.awt.*;
import javax.swing.*;
import javax.swing.table.*;
public class Bg1 extends J10 {
    DefaultTableModel tableModel;        //定义默认表格模型对象
    JTable table;                        //定义表格对象
    JTextField t1,t2,t3;JButton addButton,updButton,delButton;
                                         //定义文本框、按钮对象
    JScrollPane scrollPane;              //滚动条
    public static void main(String args[]) {Bg1 bg=new Bg1();
        bg.setVisible(true);}
    public  Bg1() {
        setTitle("表格模型窗口");setBounds(100, 100, 570, 200);
        scrollPane=new JScrollPane();add(scrollPane, BorderLayout
        .CENTER);
        String[] 列名={ "学号", "姓名", "成绩" };     //定义表格列名
        Object[][] 表值={{"082520","张洁",80}, {"082521","立晓",90},
        {"082522","张驰",99}};                //定义表格数据
        tableModel=new DefaultTableModel(表值, 列名);
                                 //创建具有表列名和数据的默认表格模型
        table=new JTable(tableModel);   //创建具有默认表格模型的表格对象
        table.setRowSorter(new TableRowSorter(tableModel));
                                         //设置表格的排序器
        table.setSelectionMode(ListSelectionModel.SINGLE_SELECTION);
                                         //设置表格选择模式为单选
        scrollPane.setViewportView(table);
        JPanel panel=new JPanel();
        add(panel, BorderLayout.SOUTH);
        panel.add(new JLabel("学号: "));t1= new JTextField("082520", 10);
```

```
            panel.add(t1);
            panel.add(new JLabel("姓名: "));t2= new JTextField("张驰", 10);
            panel.add(t2);
            panel.add(new JLabel("成绩: "));t3=new JTextField("99", 10);panel.
                add(t3);
            addButton= new JButton("添加");updButton = new JButton("修改");
            delButton=new JButton("删除");
            panel.add(addButton);panel.add(updButton);panel.add(delButton);
        }
    }
```

说明:

(1) 通过本例可知,表格中的数据可以降序或升序方式显示,可以选择一行数据,表格可以变化了。

(2) 为下例打基础,窗口中还设计用于输入数据的文本框,用于添加、修改与删除操作的按钮。

10.5.3 维护表格

例 10.19 本例介绍如何在窗口中创建"添加""修改""删除"按钮,并为按钮创建执行的方法,创建的窗口界面如图 10.23 所示。

图 10.23 可以维护表格的窗口

```
import java.awt.event.*;
public class Bg2 extends Bg1 {
    public static void main(String args[]) {Bg2 bg=new Bg2();bg
        .setVisible(true);}
    public Bg2() {
        setTitle("维护表格的窗口");
        table.addMouseListener(new MouseAdapter(){
                                    //匿名适配器类,为表格对象注册监听器
            public void mouseClicked(MouseEvent e) {      //鼠标单击事件处理方法
                int selectedRow=table.getSelectedRow();   //获得被选中行的索引
                Object o1=tableModel.getValueAt(selectedRow, 0);
                                    //从表格模型中获得指定单元格的值
                Object o2=tableModel.getValueAt(selectedRow, 1);
```

```java
                Object o3=tableModel.getValueAt(selectedRow, 2);
                t1.setText(o1.toString());              //将值赋值给文本框
                t2.setText(o2.toString());              //将值赋值给文本框
                t3.setText(o3.toString());              //将值赋值给文本框
            }});
            addButton.addActionListener(new ActionListener() {
                                    //单击按钮事件匿名类,为"添加"按钮注册监听器
                public void actionPerformed(ActionEvent e) {
                                    //单击"添加"按钮事件处理方法
                    String[] rowValues={t1.getText(),t2.getText(),t3.getText()};
                                    //从文本框获取一行数据
                    tableModel.addRow(rowValues);
                                    //向表格模型中添加一行数据
            }});
            updButton.addActionListener(new ActionListener() {   //"修改"按钮监听器
                public void actionPerformed(ActionEvent e) {
                                    //单击"修改"按钮事件处理方法
                    int selectedRow=table.getSelectedRow();   //获得被选中行的索引
                    if (selectedRow !=-1) {   //判断是否存在被选中行,选中后执行下列语句
                        tableModel.setValueAt(t1.getText(),selectedRow, 0);
                                    //用文本框中值修改表格模型中指定值
                        tableModel.setValueAt(t2.getText(),selectedRow, 1);
                        tableModel.setValueAt(t3.getText(),selectedRow, 2);
                    }
            }});
            delButton.addActionListener(new ActionListener() {   //"删除"按钮监听器
                public void actionPerformed(ActionEvent e) {
                                    //单击"删除"按钮事件处理方法
                    int selectedRow=table.getSelectedRow();   //获得被选中行的索引
                    if (selectedRow !=-1) tableModel.removeRow(selectedRow);
                                    //如果选中行从表格模型当中删除
            }});
        }
    }
```

说明:

(1) 本例为例 10.18 的表格添加鼠标单击事件处理方法,为按钮对象添加事件处理方法,对表格进行添加、修改与删除的真正操作。

(2) 本程序中使用了表格对象的 getSelectedRow()方法,获取选择的表的行索引。setValueAt(t1.getText(),selectedRow, 0)方法,在指定的行列表格模型中,设置指定的数据。t1.getText()方法用来获取文本框 t1 中输入的数据。

习题 10

10-1 图形用户界面由什么构成？分析它们的作用。

10-2 通过 JFrame 类创建一个可以移动、改变大小、最大化、可变成图标、包含内容面板对象的且可以关闭的 JFrame 窗口类"题 10_2"。

10-3 在 10-2 题创建的窗口中添加标签、按钮、文本区组件，分别放置在窗口的上、左、中部位。

10-4 本章介绍了哪些 Java 布局方式？简述常用布局方式的特点。

10-5 在窗口中创建一个树状结构菜单，通过 DefaultMutableTreeNode 类和 DefaultTreeModel 类以及 treeModel.insertNodeInto 方法。

10-6 编写一个程序，显示一个棋盘，棋盘中的每一个白色格和黑色格都是将背景设置为黑色或者白色的 JButton，如图 10.24 所示。

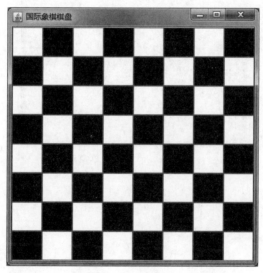

图 10.24 使用按钮显示一个棋盘

10-7 指出以下程序的错误，并加以改正：

```
import javax.swing.*;
import java.awt.*;
public class LayoutFrame {
    public static void main(String args[]) {
        JFrame frame=new JFrame("LayoutFrame");
        JButton buttonYes=new JButton("Yes");
        JButton buttonNo=new JButton("No");
        frame.getContentPane().add(buttonYes);
        frame.getContentPane().add(buttonNo);
```

```
        frame.setVisiable(ture);
    }
}
```

10-8　通过 JScrollPane 类创建一个名称为"简单编辑器"的窗口，在窗口中添加一个带有滚动条的文本区。

10-9　通过 JFileChooser 类在"简单编辑器"窗口添加一个带有"文件"菜单（包含"打开""保存""退出"子菜单，菜单项之间加入分隔线）的菜单栏。

10-10　通过 JToolBar 类在"简单编辑器"窗口的菜单栏上再添加一个带有"编辑"菜单（包含"剪切""复制""粘贴"子菜单，菜单项之间加入分隔线）的菜单，并使菜单具有"剪切""复制""粘贴"的功能。

10-11　创建一个自定义菜单，实现个性化菜单，图 10.25 给出参考。

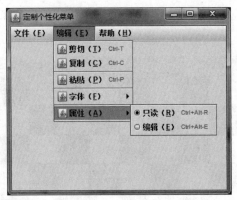

图 10.25　个性化菜单窗口

第 11 章

图形与多媒体处理

Java 所有与图形有关的功能都包含在 AWT 包里。AWT（Abstract Windows Toolkit）是抽象窗口工具包的缩写，支持窗口界面的创建、简单图形的绘制、图形化文本输出和事件监听。利用 AWT 提供的类和方法，在窗口上可以绘制各种各样的图形和文本。

多媒体是信息世界的热点领域，而且有可能成为计算机最大的应用领域。多媒体的应用使程序更加丰富和生动，吸引人们走近计算机。图像、动画与声音处理是多媒体技术的主要内容，Java 语言提供了图像与声音类库，能够开发出功能强大的多媒体程序，使界面具有图像、动画与声音对象，界面会变得更美观、功能会更强大。

本章的内容主要解决以下问题：

- 什么是基本图形？
- 什么是画板？什么是颜料？什么是画笔？
- 如何在绘图时使用颜色对象？
- 如何使用 Graphics2D 绘制基本图形？
- 如何使用 Graphics 绘制文字图形？
- 如何绘制数据统计图？
- 如何处理显示的图像？
- 如何制作动画？

11.1 使用 Graphics 绘制基本图形

绘制图形需要颜料，Java 提供了 Color 类在绘图时使用。

图形必须绘制在画板上，Java 提供了多种组件可以作为绘图使用的画板，其中主要包括面板（JPanel 类）、窗体（JFrame 类）、Java Applet 小程序窗口以及画布（Canvas 类）。

绘图最重要的是画笔，Java 提供了 Graphics 类与 Graphics2D 类，它们提供了各种基本图形的绘制方法，可以直接引用这些方法画出基本图形（包括点、线、圆、矩形等）。通过 Graphics 类可以画出各种不同的图形。

本节主要介绍如何使用 Color 类和 Graphics 类，在不同的画板上绘出基本图形。

11.1.1 如何使用颜色对象

1. 颜色常量

为了使图形多彩多姿，可以使用 Java 的 Color 类。Color 类用于封装默认 sRGB 颜色空间中的颜色，或者用于封装由 ColorSpace 标识的任意颜色空间中的颜色。每种颜色都有一个隐式的 alpha 值 1.0，或者有一个在构造方法中提供的显式的 alpha 值。alpha 值定义了颜色的透明度，可用一个在 0.0～1.0 或 0～255 内的浮点值表示它。alpha 值为 1.0 或 255 则意味着颜色完全是不透明的，alpha 值为 0 或 0.0 则意味着颜色是完全透明的。

通过 Color 类可以让图形显示不同的颜色，可设置图形的前景色和背景色。Java 将常用颜色定义为颜色常量，如表 11.1 所示。颜色常量可以直接使用，例如通过 Color.red 常量可以使用红色色彩。

表 11.1 常用颜色表

颜色常量	色 彩	RGB 值
black	黑色	(0,0,0)
blue	蓝色	(0,0,255)
cyan	青色	(0,255,255)
darkGray	深灰色	(64,64,64)
gray	灰色	(128,128,128)
green	绿色	(0,255,0)
lightGray	浅灰色	(192,192,192)
magenta	洋红色	(255,0,255)
orange	橙色	(255,200,0)
pink	粉红色	(255,17,175)
red	红色	(255,0,0)
white	白色	(255,255,255)
yellow	黄色	(255,255,0)

2. 通过颜色的构造方法创建颜色对象

通过调配三原色的比例利用 Color 类可以创建 Color 对象，调配出自己喜欢的颜色。Color 类有以下几种常用的构造方法。

（1）Color(float r,float g,float b) 通过指定三原色的浮点值创建颜色对象，每个参数取值范围为 0.0～1.0。例如：

```
Color c=new Color(0.0f, 1.0f, 0.5f);
```

(2) Color(int r,int g,int b) 指定三原色的整数值,每个参数取值范围为 0~255。例如:

```
Color c=new Color(255, 25, 0);
```

(3) Color(int rgb) 指定一个整型数代表三原色的混合值,16~23 比特位代表红色,8~15 比特位代表绿色,0~7 比特位代表蓝色。例如:

```
Color c=new Color(20);
```

11.1.2 绘制直线和矩形

1. 绘制直线

Graphics 的 drawLine(int x1,int y1,int x2,int y2)方法用来绘制直线,4 个整型参数(x1,y1,x2,y2)代表直线两个端点的坐标,使用当前颜色可以在点(x1,y1)和(x2,y2)之间画一条线。

2. 绘制矩形

(1) drawRect(int x,int y,int width,int height) 方法用来绘制矩形,(x,y)两个参数指定矩形左上角的位置,(width,height)两个参数代表矩形的宽度和高度。

(2) fillRect(int x,int y,int width,int height) 方法用来为矩形填充颜色的方法。fillRect 方法的参数和 drawRect 的参数有相同的含义。

(3) drawRoundRect(int x,int y,int width,int height, int roundwidth,int roundheight)方法用来绘制圆角矩形,drawRoundRect 方法前 4 个参数和 drawRect 的 4 个参数有相同的含义,后两个参数则代表了圆角的宽度和高度。

例 11.1 本程序利用 drawLine、drawRect 和 fillRect 方法,在 JFrame 窗口界面中绘制直线和不同形状与填充颜色的矩形,结果如图 11.1 所示。

```
import java.awt.*;
import javax.swing.JFrame;
public class exp11_1 extends JFrame {
    public exp11_1() {                    //构造方法
        setTitle("绘制直线和矩形的窗口");
        setSize(650, 365);
        setVisible(true);
    }
    public void paint(Graphics g) {
        g.setColor(Color.BLACK);          //通过颜色常量设置前景色
        g.drawLine(100, 100, 500, 100);g.drawRect(50, 150, 80, 120);
        g.fillRect(200, 150, 80, 120);g.drawRoundRect(350, 150, 80, 120, 20, 20);
        g.fillRoundRect(500, 150, 80, 120, 20, 20);
    }
```

```
public static void main(String[] args) { new exp11_1();}
}
```

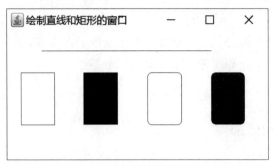

图 11.1 绘制直线和矩形

说明：

（1）在图形方式下要想准确定位，必须了解屏幕坐标系的构成。Java 定义一个窗口工作区的左上角为坐标原点(0,0)，以像素点为单位，顺序向右和向下延伸。图形的大小如超过窗口，则超出部分不会显示出来。

（2）fillRect 方法和 drawRect 的唯一不同之处在于，前者画出矩形框后用前景色填充。

（3）drawRoundRect 方法中，如果想得到一个较为扁平的圆角，参数可取大一点的数值，反之，可取小一点的数值。fillRoundRect 则用填充前景色的方式画出圆角矩形。

11.1.3 绘制椭圆和圆弧

1. 画布的作用

画布（Canvas）是专门用来绘图的组件，在画布上用鼠标可以直接画出图形。Canvas 继承自 Component 类，有自己的 paint 方法，能响应鼠标和键盘事件。

为什么要使用画布呢？从上面介绍的内容可以知道，通过调用 Graphics 的图形方法，可以画出各类图形。但这种直接画在窗口区的图形，很容易被其他组件覆盖。如果把图形画在画布上，就可解决覆盖问题。画布专门提供了一块图形区域，通过设定自己的边界而和其他组件区分开，以保护画面不被覆盖。即使画面被破坏，也可以通过自己的 paint 方法自动重画出来。

2. 绘制椭圆

（1）Graphics 的 drawOval(int x, int y, int width, int height)方法用来绘制椭圆，(x,y)两个参数指定椭圆左上角的位置，(width,height)两个参数代表椭圆的宽度和高度。

（2）Graphics 的 fillOval (int x, int y, int width, int height)方法可以使用当前颜色填充外接矩形框的椭圆，fillOval 方法的参数和 drawOval 的参数有相同的含义。

3. 绘制圆弧

(1) Graphics 的 drawArc(int x, int y, int width, int height, int startAngle, int arcAngle),(x,y)两个参数指定圆弧左上角的位置,(width,height)两个参数代表圆弧的宽度和高度。(startAngle,arcAngle)代表圆弧开始角度和弧跨越的角度。

(2) Graphics 的 fillArc(int x, int y, int width, int height, int startAngle, int arcAngle)方法可以使用当前颜色填充椭圆弧或圆弧。fillArc 方法的参数和 drawArc 的参数有相同的含义。

例 11.2 本程序利用 drawOval、fillOval、drawArc 和 fillArc 方法在 Canvas 画布上绘制椭圆与圆弧,结果如图 11.2 所示。

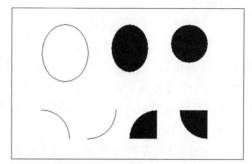

图 11.2　绘制椭圆与圆弧

```
import java.awt.*;
import javax.swing.JFrame;
public class exp11_2 extends JFrame {
    public exp11_2() {                    //构造方法
        setTitle("应用画布的窗口");
        setSize(600, 500);
        setVisible(true);
        MyCanvas1 c=new MyCanvas1();
        c.setBackground(Color.WHITE);
        c.setSize(500, 200);
        add(c);
    }

class MyCanvas1 extends Canvas {
    public void paint(Graphics g) {
        g.setColor(Color.black);    //通过颜色常量设置前景色
        g.drawOval(70, 40, 100, 120);
        g.setColor(Color.blue);
        g.fillOval(220, 40, 80, 100);
        g.fillOval(350, 40, 80, 80);
        g.setColor(Color.black);
        g.drawArc(10, 220, 120, 120, 0, 90);
        g.drawArc(110, 160, 120, 120, 0, -90);
        g.setColor(new Color(139, 0, 0));
        g.fillArc(260, 220, 120, 120, 90, 90);
        g.fillArc(370, 160, 120, 120, 180, 90);
```

            }
        }
        public static void main(String[] args) new exp11_2();}
}

说明：

(1) 画布对象在创建时必须用 setSize 方法设定画布大小，否则在界面上将看不到画布。程序中的自定义类 MyCanvas1 是 Canvas 的子类，实现了 Canvas 的 paint 方法，Canvas 的 paint 方法是空方法。在画布上绘图，必须实现 paint 方法。

(2) 画椭圆的方法 drawOval 和 fillOval 具有相同的参数。前两个参数用来定位，指定的是包围椭圆的矩形的左上角位置，后两个参数指定了椭圆的宽度和高度，如果取相同值，则画出的是圆。

(3) drawArc 方法可画圆弧，fillArc 方法实际画出的是扇形。圆弧是椭圆的一部分，夹在两个角之间，因此画圆弧的方法比画椭圆的方法多了两个参数：起始角和张角（以角度为单位）。起始角确定了圆弧的起始位置，张角确定了圆弧的大小，取正（负）值为沿逆（顺）时针方向画出圆弧。当张角取值大于 360 时，画出的就是椭圆。请读者注意程序中方法的后两个参数，起始角取不同的值，张角有正有负，分别画出了不同的圆弧和扇形。

11.1.4　绘制多边形

1. drawPolygon 方法

Graphics 的 drawPolygon 方法用来绘制多边形，drawPolygon(int[] xPoints, int[] yPoints, int nPoints)，三个参数分别代表 x 坐标数组、y 坐标数组和点的总数。

2. fillPolygon 方法

Graphics 的 fillPolygon(int[] xPoints, int[] yPoints, int nPoints)方法可以使用当前颜色填充多边形。fillPolygon 方法的参数和 drawPolygon 的参数有相同的含义。

例 11.3　本程序利用 drawPolygon 和 fillPolygon 方法在 JFrame 界面中绘制多边形，程序运行结果如图 11.3 所示。

图 11.3　绘制多边形图形

```
import java.awt.*;
import javax.swing.JFrame;
```

```
public class exp11_3 extends JFrame {
    public exp11_3() {              //构造方法
        setTitle("绘制多边形的窗口");setSize(500, 200);setVisible(true);
        MyCanvas2 c=new MyCanvas2();
        c.setBackground(Color.white);c.setSize(500, 200);add(c);
    }
    public static void main(String[] args) {new exp11_3();}
}
class MyCanvas2 extends Canvas {
    int p1X[]={ 20, 20, 100, 20 };int p1Y[]={ 20, 80, 20, 20 };int p1=3;
    int p2X[]={ 280, 120, 50, 90, 210, 280 };int p2Y[]={ 20, 50, 100, 110, 70,
    20 };int p2=5;
    public void paint(Graphics g) {
        g.setColor(Color.red);
        g.fillPolygon(p1X, p1Y, p1);
        g.drawPolygon(p2X, p2Y, p2);
    }
}
```

说明：多边形的多条边分别用两个整型数组表示 x 坐标和 y 坐标，注意，两个数组中的个数一定要相同。并用一个整型数表示多边形的顶点数，如 p1＝3。多边形可以是封闭的也可以是开放的，取决于最后一条直线终点坐标的取值，若和第一条直线起点坐标重合，画出的多边形是封闭的，否则就是开放的。

11.2 使用 Graphics2D 绘制基本图形

使用 Graphics2D 绘制图形具有更多的功能，例如可以控制线条的粗细、绘制二维图形等。Graphics2D 类是推荐使用的 Java 绘图类，但是程序设计中提供的绘图对象大多是 Graphics 类的实例对象，应该使用强制类型转换将 Graphics 类转化为 Graphics2D 类。

本节主要介绍如何使用 Graphics2D 绘制基本图形。

11.2.1 绘制二维直线

例 11.4 使用 Line2D 类中的静态方法 Double 方法创建二维直线对象，程序运行结果如图 11.4 所示。

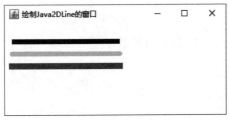

图 11.4 绘制二维直线

```java
import java.awt.*;
import java.awt.geom.Line2D;
import javax.swing.JFrame;
public class exp11_4 extends JFrame{
    public exp11_4() {           //构造方法
        setTitle ("绘制 Java2DLine 的窗口");
        setSize(500, 200);setVisible(true);
    }
    public static void main(String[] args) {new exp11_4();}
        public void paint(Graphics g) {
        //将 Graphics 对象 g 转化为 Graphics2D 对象 g_2d
        Graphics2D g_2d=(Graphics2D)g;
        //设置 3 种线形
        BasicStroke bs1=new BasicStroke(8f,BasicStroke.CAP_BUTT,
        BasicStroke.JOIN_BEVEL);
        BasicStroke bs2=new BasicStroke(8f,BasicStroke.CAP_ROUND,
        BasicStroke.JOIN_MITER);
        BasicStroke bs3=new BasicStroke(10f,BasicStroke.CAP_SQUARE,
        BasicStroke.JOIN_ROUND);
        //创建 3 条直线对象实例
        Line2D line1=new Line2D.Double(20,60,200,60);
        Line2D line2=new Line2D.Double(20,80,200,80);
        Line2D line3=new Line2D.Double(20,100,200,100);
        g_2d.setColor(Color.BLUE);          //设置线条颜色
        g_2d.setStroke(bs1);                //设置线条线形
        g_2d.draw(line1);                   //画直线
        g_2d.setColor(Color.GREEN);         g_2d.setStroke(bs2);
        g_2d.draw(line2);                   g_2d.setColor(Color.RED);
        g_2d.setStroke(bs3);                g_2d.draw(line3);
    }
}
```

说明：通过程序可以看到二维直线对象是通过 Line2D 类创建的，通过 Graphics2D 可将 Graphics 对象 g 转化为 Graphics2D 对象 g_2d，BasicStroke 类用于定义线条的特征，我们可以调用 Graphics2D 类中的 setStroke 方法来将新创建的 BasicStroke 对象设置进去。

11.2.2 绘制二维矩形

例 11.5 使用 Rectangle2D 类中的静态方法 Double 创建二维矩形图形，程序运行结果如图 11.5 所示。

```java
import java.awt.*;
import java.awt.geom.*;
import javax.swing.JFrame;
```

```java
public class exp11_5 extends JFrame {
    public exp11_5() {                                          //构造方法
        setTitle("绘制 DrawRect2D 的窗口");
        setSize(500, 200);
        setVisible(true);
    }
    public static void main(String[] args) {new exp11_5();}
    public void paint(Graphics g) {
        super.paint(g);                                         //调用父类方法 paint()
        Graphics2D g2d=(Graphics2D) g;
        g2d.setPaint(Color.BLACK);
        g2d.setStroke(new BasicStroke(3.0f));       //设置矩形边框宽度
        //绘制矩形,左上角坐标为(10,50),矩形宽为 80,高为 60
        g2d.draw(new Rectangle2D.Double(10, 50, 80, 60));
        g2d.setPaint(Color.BLUE);                   //用蓝颜色填充矩形
        g2d.fill(new Rectangle2D.Double(100, 50, 80, 60));
        g2d.setPaint(Color.BLACK);
        g2d.setStroke(new BasicStroke(3.0f));       //设置圆角矩形边框宽度
        //绘制圆角矩形,左上角坐标为(210,50),矩形宽为 80,高为 60,弧宽为 20,弧高为 20
        g2d.draw(new RoundRectangle2D.Double(210, 50, 80, 60, 20, 20));
        g2d.setPaint(Color.red);                    //用蓝颜色填充圆角矩形
        g2d.fill(new RoundRectangle2D.Double(310, 50, 80, 60, 20, 20));
    }
}
```

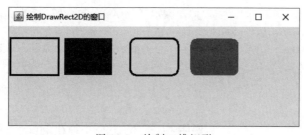

图 11.5　绘制二维矩形

说明：通过程序可以看到，setStroke 方法用来绘制二维矩形，如果要画其他的二维图形，可到 http://java.sun.com/j2se/1.5.0/docs/api/index.html 查看 java.awt.geom 包中相应的类。

11.3　使用 Graphics 绘制文字图形

图形方式下的文字输出可实现多种效果。本节主要介绍如何通过设定字体、风格和大小，使用 Graphics 绘制多样化的文字图形。

11.3.1 绘制字符串、字符和字节文字

在 Graphics 类中,Java 提供了 3 种绘制文字图形的方法,可以字符串、字符和字节形式绘制文字。

(1) 绘制字符串的方法:drawString(String string,int x,int y)。

(2) 绘制字符的方法:drawChars(char chars[ ],int offset,int number,int x,int y)。

(3) 绘制字节的方法:drawBytes(byte bytes[ ],int offset,int number,int x,int y)。

例 11.6 画出文字的方法示例,程序运行结果如图 11.6 所示。

```java
import java.awt.*;
import javax.swing.JFrame;
public class exp11_6 extends JFrame{
    public exp11_6() {          //构造方法
        setTitle("绘制 ZF1 的窗口");
        setSize(500, 200);setVisible(true);
        MyCanvas3 c=new MyCanvas3();
        c.setBackground(Color.white);c.setSize(500, 200);
        add(c);
    }
    public static void main(String[] args) {new exp11_6();}
}
class MyCanvas3 extends Canvas {
    String s="This is a string";
    char c[]={'这','是','一','个','字','符','数','组'};
    byte b[]={97,' ','b','y','t','e',' ',97,114,114,97,121};
    public void paint(Graphics g) {
        g.drawString(s,30,30);   g.drawChars(c,0,8,30,60);   g.drawBytes(b,0,12,30,90);
    }
}
```

图 11.6 画出的文字

说明:Graphics 的 3 种绘制文字的方法都是以当前字体和颜色在指定位置处输出文字。

(1) drawString 方法用于绘制一个字符串,使用时要传递给它 3 个参数:要输出的字符串 s,x 坐标和 y 坐标。字符串可以是常量也可以是变量。x 和 y 用于指定字符串左下角的位置,如果取(0,0),将看不到这个字符串的输出。

(2) drawChars 用于绘制字符型数组。当需要对一串字符采用不同字体或颜色绘制时,这个方法特别适合。使用时,要分别指定字符数组、字符起始位置、要输出的字符个数、x 和 y 坐标。

(3) drawBytes 用于绘制字节型数组,使用方法和 drawChars 类似。区别在于可显

示字符的容量上,drawChars 中的字符数组是 16 位长的字符类型,可显示 Unicode 的全部字符;而 drawBytes 中的字节数组是 8 位长的有符号字节类型,只能显示 ASCII 字符集中的前 128 个字符。

11.3.2 字体控制

Java 设计了 Font 类实现对字体的控制,通过 Font 对象可改变文字图形的字体、风格和大小。字体的数量和计算机平台密切相关,不同计算机上安装的字体差别很大。

Java 提供的常用逻辑字体有 Dialog、SansSerif、Serif、Monospaced 和 DialogInput。如果程序中使用了本地计算机不支持的字体,Java 将以该计算机的默认字体来代替。

例 11.7 使用不同的字体风格和大小绘制文字图形,程序运行结果如图 11.7 所示。

图 11.7 使用不同字体的文本

```java
import java.awt.*;
import javax.swing.JFrame;
public class exp11_7 extends JFrame{
    public exp11_7() {            //构造方法
        setTitle("绘制 ZF1 的窗口");
        setSize(500, 200);setVisible(true);
        MyCanvas4 c=new MyCanvas4();
        c.setBackground(Color.white);c.setSize(500, 200);
        add(c);
    }
    public static void main(String[] args) {new exp11_7();}
}
class MyCanvas4 extends Canvas {
    Font font1=new Font("SansSerif",Font.BOLD,24);
    Font font2=new Font("Serif",Font.PLAIN,20);
    Font font3=new Font("Times New Roman",Font.PLAIN,20);
    public void paint(Graphics g) {
        g.setFont(font1); g.drawString("SansSerif 24 point BOLD",20,30);
        g.setFont(font2); g.drawString("Serif 20 point PLAIN",20,60);
        g.setFont(font3); g.drawString("Times New Roman 20 point PLAIN",20,90);
        g.setFont(new Font("Times New Roman",Font.ITALIC,20));
        g.drawString("Serif is equal to Times New Roman",20,120);
        g.setFont(new Font("宋体",Font.PLAIN,14));
```

```
            g.drawString("宋体 14 point PLAIN ",20,140);
    }
}
```

说明：

（1）在给文字对象设置字体时，需要先创建一个 Font 对象，然后通过 Graphics 的 setFont 方法确定使用的字体对象，设置后，文字对象画出将以指定的字体显示。

（2）Font 的构造方法包含 3 个参数：String fontName、int style 和 int size，分别表示字体名称、风格和大小。字体名称可使用逻辑字体名称，也可使用计算机现有的字体名称。例 11.10 分别使用了逻辑字体"SansSerif""Serif"和系统字体"Times New Roman""宋体"。其中，"Serif"映射了"Times New Roman"，二者是同一种字体。

（3）字体有 3 种风格：BOLD（加重）、ITALIC（倾斜）和 PLAIN（正常）。字体大小可任选一个整数。

11.3.3 不同颜色的文字

例 11.8 本程序用来画出一个字符串对象，其中每个字符都以不同的颜色显示。程序运行结果如图 11.8 所示。

图 11.8 不同颜色的字符串

```
import java.awt.*;
import javax.swing.JFrame;
public class exp11_8 extends JFrame{
    exp11_8(){
        setBounds(200,200,400,200);setVisible(true);
        MyCanvas5 c1=new MyCanvas5();   c1.setBackground(Color.green);
        add(c1,BorderLayout.CENTER);
    }
    public static void main(String[] args) {exp11_8 f=new exp11_8();}
}
class MyCanvas5 extends Canvas {
    int red,green,blue;
    char c[]={'一','个','彩','色','字','符','串'};
    public void paint(Graphics g) {
        g.setFont(new Font("宋体",0,40));
        for (int i=0;i<7;i++) {
            red=(int)(Math.random()*255);          green=(int)(Math.random()*255);
```

```
            blue=(int)(Math.random() * 255);
            g.setColor(new Color(red,green,blue));      g.drawChars(c,i,1,20+i *
            40,80);      }
    }
}
```

说明：在 MyCanvas1 画布类的 paint 方法中，首先设定字体，然后用一个循环，每次生成 3 个随机数作为三原色的值，合成一个随机颜色，再逐个输出字符。读者可采用类似的方法，在程序中实现不同颜色、不同大小的字符串输出，使窗口界面更加丰富多彩。

11.4 图像处理

图像与上面介绍的几何图形是有区别的。图形可以由程序画出来，而图像则是由专用软件生成的二进制文件，按不同格式存储图像数据就形成了不同的图像种类。Java 支持 JPEG、GIF 与 PNG 格式。

本节主要介绍如何在窗口界面显示图像与处理图像对象。

11.4.1 图像种类

图像具有独特魅力，能代替文字表达更丰富的内容，在程序中使用图像会达到很好的运行效果。图像一般用扫描仪配合图像处理软件制作成图像格式文件。图像的最终表达决定于屏幕像素点的颜色，即不同像素点取不同颜色就可以显示一幅图像。让哪一个像素点取何种颜色就是图像格式文件的任务。图像格式文件的扩展名代表着图像格式，也代表着图像还原处理方法。在进行图像处理之前，先来了解一下常用图像格式的基本知识。

1. BMP

BMP 是 Windows 的标准位图文件格式，含有固定数量的像素点颜色，可用 Windows 的画图程序打开。这种图像在放大时，会出现锯齿边缘，变得很不清晰。图像文件没有被压缩过，规模较大，不适合在 Internet 上使用，Java 不能显示这种图像。

2. JPEG 或 JPG

JPEG 称为联合图像专家组（Joint Photographic Experts Group），可用浏览器打开。JPEG（或 JPG）图像格式一般用来显示照片和具有连续色调的图像，它能保存图像所有的颜色信息。JPEG 是一种压缩的文件格式，在打开时自动解压缩。由于压缩后的文件规模较小，成为 Internet 上广泛使用的图像格式，Java 可以显示这种图像。

3. GIF

GIF 称为图像交换格式（Graphic Interchange Format），可用浏览器打开。GIF 图像是一种压缩文件格式，由于它能最大限度地减少文件转换时间，所以在 HTML 文件中常用于显示插图或图标。GIF 格式能有效减少文件大小,有利于在 Internet 上使用,Java 支持这种图像格式。

4. PNG

PNG 的名称来源于"可移植网络图形格式(Portable Network Graphic Format,PNG)",它不同于 GIF 格式图像,除了能保存 256 色,还可以保存 24 位的真彩色图像,具有支持透明背景和消除锯齿边缘的功能,可在不失真的情况下进行压缩保存图像,Java 可以显示这种图像。

11.4.2 图像的显示

例 11.9 在 JFrame 窗口中显示一幅图像,如图 11.9 所示。

```java
import java.awt.*;
import javax.swing.JFrame;

public class exp11_12 extends JFrame {
Toolkit toolkit;                                    //声明 Toolkit 类对象
Image img;
public exp11_12() {
    setTitle("在窗口中显示图像");
    setSize(400, 200);                              //设置窗口大小
    setVisible(true);                               //设置窗口为可见
    toolkit=getToolkit();                           //获得 Toolkit 类对象 toolkit
    img=toolkit.getImage("src/图片/狗.gif");        //获得图像
}
    public void paint(Graphics g) {
        g.drawImage(img, 50, 50, this); }           //在窗口中画图像
    public static void main(String[] args) {new exp11_12();}
}
```

图 11.9 JFrame 窗口中显示的图像

说明:从本例可知,图像显示分为两个步骤。

(1) 加载图像(即将图像文件"狗.gif"读入内存),首先声明 Image 类的对象 img,通过 Toolkit 类的 getImage 方法加载图像文件(toolkit.getImage("src/图片/狗.gif");),将

其保存在 img 对象中。toolkit 对象是使用窗体的 getToolkit()方法得到的,所以,可以直接用 getToolkit().getImage("src/图片/狗.gif");加载图像文件。

(2)画出图像,通过 Graphics 的 drawImage 方法显示图像。

注意:在"图片"文件夹中要存放一个图像文件"狗.gif"。

11.4.3 图像的缩放显示

如果要缩放图像,又要不使图像因缩放而变形失真,可将原图的宽度和高度按相同的比例进行缩放。那么怎样知道原图的大小呢? 只需调用 Image 的两个 getWidth 和 getHeight 方法就可以得到原图的宽度和高度。想要实现图片的放大与缩小则需要使用 drawImage()的重载方法,语法如下:

drawImage(Image img, int x, int y,宽度,高度)

该方法将 img 图片绘制在 x、y 指定的位置上,并指定图片的新宽度和高度属性。看下面的例子。

例 11.10 图像的缩放显示,如图 11.10 所示。

图 11.10 缩放的图像

```
import java.awt.*;
import javax.swing.JFrame;
public class exp11_13 extends JFrame {
Image img;
public exp11_13() {
    setTitle("图像的缩放显示");
    setSize(700, 500);                              //设置窗口大小
    setVisible(true);                               //设置窗口为可见
    java.net.URL url=exp11_13.class.getResource("/图片/铃.gif");
    img=getToolkit().getImage(url);                 //加载图像
}
public void paint(Graphics g) {
```

```
        super.paint(g);
        int w=img.getWidth(this);int h=img.getHeight(this);
        g.drawImage(img, 120, 140, this);              //原图
        g.drawImage(img, 320, 270, w/2, h/2, this);    //缩小一半
        g.drawImage(img, 560, 300, w * 2, h * 2, this);    //放大一倍
    }
    public static void main(String[] args) {new exp11_13();}
}
```

说明:

(1) 本程序提供了另外一种加载图像文件的方法,有以下两个步骤:

① 首先获取 URL 类的对象 url,通过 exp11_13.class.getResource("/图片/铃.gif")方法获取一个 URL 类的对象 url,Class 类的 getResource()方法用来获取图像文件。

② 通过 getToolkit().getImage(url);方法加载图像文件"铃.gif"给 image 对象。

两个步骤可以合并为

`img= getToolkit().getImage(exp11_13.class.getResource("/图片/铃.gif"));`

这种方式可以避免图像存放路径不同的问题。只要写相对 src 下的目录路径。

(2) 在 paint 方法中调用 getWidth 和 getHeight 方法取得图像的宽度和高度。然后分别使用 g.drawImage 画出了原图、缩小一半和放大一倍的图像。

11.5 动画处理

动画是指连续而平滑地显示多幅图像。动画的质量一方面取决于图像的质量,另一方面则取决于平滑程度。在计算机上,以 10～30 幅/s 的速度显示图像即可达到满意的动画质量。在很多软件尤其是游戏软件的设计中,动画向程序员提出了挑战,但在 Java 中实现动画则是十分简单的事情。在 Java 中实现动画有很多种办法,但实现的原理是一样的,即在屏幕上画出一系列的帧来形成运动的感觉。

本节主要介绍如何制作 Java 动画。

11.5.1 动画原理

计算机动画原理十分简单,首先在屏幕上显示出第一帧画面,过一会儿把它擦掉,然后再显示下一帧画面,如此循环往复。由于人眼存在着一个视觉差,所以感觉好像画面中的物体在不断运动。

例 空中跳伞动画展示,如图 11.11 所示。

```
import java.awt.*;
import javax.swing.JFrame;
public class exp11_14 extends JFrame {
    Image img1, img2;
    int x=10;
```

```java
    public exp11_14() {
        setSize(400, 200);              //设置窗口大小
        setVisible(true);               //设置窗口为可见
        img1=getToolkit().getImage(exp11_14.class.getResource("/图片/伞.gif"));
        img2=getToolkit().getImage(getClass().getClassLoader()
            .getResource("图片/天空.JPG"));}
    public void paint(Graphics g) {
        g.drawImage(img2, 0, 0, this);
        g.drawImage(img1, 210-x, x, this);
        try {
            Thread.sleep(50);
            x+=5;
            if (x==210) {
                x=5;
                Thread.sleep(1000);
            }
        } catch(InterruptedException e) {}
        repaint();
    }
    public static void main(String[] args) {new exp11_14();}
}
```

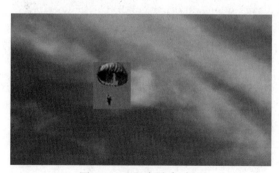

图 11.11 空中跳伞动画

说明：这是一个很简单的动画，在 JFrame 窗口中有一个充当天空的背景图，一个跳伞的图像从上到下移动。

(1) 程序中创建了两个 Image 对象 img1 和 img2(注意其图片源的获取方式，请读者自己理解)。添加了变量 x 用来改变跳伞的画出位置。在 paint 方法中，天空 img1 总是画在指定位置(0,0)，而跳伞的 img2 画出位置(150-x,x)在不停地改变，因为 x 的值是不断变化的。

(2) 真正使跳伞图像实现动画效果的代码在 try…catch 块中。因为 sleep 方法会产生中断异常，所以必须放在 try…catch 块中，来对可能发生的异常情况进行处理。程序调用了 Thread 类的 sleep 方法(因为 Thread 类属于 Java.lang 包的类，其 sleep 静态类方法

可直接调用),sleep 方法可以对换帧速度进行设定,休眠时间设定为 50ms,相当于换帧速度 20(1000/50)。休眠结束后 x 的值加 5,意味着下一帧跳伞画面的显示位置向左、向下移动 5 个点。休眠时间设定越大,画面换帧速度越慢。如果不使用 sleep 方法,程序将全速运行,必将导致换帧速度太快,画面闪烁严重。当跳伞移动到最右边即 150 点位置时,将 x 赋值 5,跳伞重新回到了起点。

(3) paint 方法的最后一条语句是调用 repaint 方法。repaint 方法的功能是重画图像,它先调用 update 方法将显示区清空,再调用 paint 方法画出图像。这就形成了一个循环,paint 调用了 repaint,而 repaint 又调用了 paint,使跳伞不间断地来回移动。

(4) 运行这个程序时,画面有闪烁现象。一般来说,画面越大,update 以背景色清除显示区所占用的时间就越长,不可避免地会产生闪烁。为了达到平滑而又没有闪烁的动画效果,就应该考虑采取一些补救措施。覆盖 update 方法可以降低闪烁,但不能消除它。

11.5.2 用线程实现动画

在 Java 中出于网络实用的目的,主要使用独立线程来实现动画。

例 11.12 用独立线程连续显示一个图像序列,如图 11.12 所示。

```java
import java.awt.*;
import javax.swing.JFrame;
public class exp11_15 extends JFrame implements Runnable {
Image img[]=new Image[10];
Image buffer;Graphics gContext; Thread t; int index=0;
public exp11_15() {
    setSize(300, 260);          //设置窗口大小
    setVisible(true);           //设置窗口为可见
    buffer=createImage(getWidth(), getHeight());
    gContext=buffer.getGraphics();
    for (int i=0; i<10; i++)
        img[i]=getToolkit().getImage(exp11_15.class.getResource("/图片/T"+(i
            +1)+".JPG"));
}
public void start() {if (t==null) {t=new Thread(this);t.start();}}
public void stop() {if (t!=null) t=null;}
    public void run() {
    while (true) {
        gContext.drawImage(img[index], 0, 20, this);
        repaint();
        try { t.sleep(50); }
        catch(InterruptedException e) {}
        gContext.clearRect(100, 20, 100, 100);
        index=++index %10;
    }
```

```
    }
    public void paint(Graphics g) {
        g.drawImage(buffer, 0, 0, this);
    }
    public void update(Graphics g) { paint(g);}
        public static void main(String args[]){
            Thread d;
            d=new Thread(new exp11_15());
            d.start();
        }
}
```

说明:

(1) 准备图片。

本程序加载了 10 个图像(T1.JPG～T10.JPG),它们分别显示小球不同时间的高度和状态,存放在"程序/图片"目录下。程序实现了 Runnable 接口中的 run 方法,这是一个和 JFrame 窗口同时运行的线程。对线程的控制由 JFrame 的 start 和 stop 方法完成,JFrame 窗口运行时,就在 start 方法中启动线程,JFrame 窗口停止时,就在 stop 方法中停止线程。运行程序可以看到小球在不停地跳动。

(2) 图形双缓冲技术。

程序中使用了图形双缓冲技术。

图 11.12 用线程实现动画

① 使用 createImage 方法按照 JFrame 图像的宽度和高度创建屏幕缓冲区,调用 getGraphics 方法创建缓冲区的绘图区。

② 在 paint 方法中通过 gContext.drawImage 方法改变了图像输出方向,图像被画在了屏幕缓冲区内。由于屏幕缓冲区不可见,使得画面交替时的闪烁现象也不可见。当屏幕缓冲区上的画图完成以后,再调用 g.drawImage(buffer,0,0,this)方法将整个屏幕缓冲区复制到屏幕上,这个过程是直接覆盖,不会产生闪烁。

③ 图形双缓冲技术实际上是创建了一个不可见的后台屏幕,进行幕后操作,图像画在后台屏幕上,画好之后再复制到前台屏幕上。这种技术圆满解决了画面交替时的闪烁,但图像显示速度变慢,内存占用较大。使用线程可以解决其缺点。

④ 对图像的操作全部放在 run 方法的永恒循环当中。首先调用 gContext 的 drawImage 方法把当前图像画在屏幕缓冲区内,怎样把它显示在屏幕上呢?是在 paint 方法中把屏幕缓冲区复制到屏幕上。但 paint 方法一般无法直接调用,因为要传递给它一个图形参数 g,所以通过调用 repaint 方法来间接调用 paint 以完成屏幕复制。repaint 方法无参数,它将调用 update 方法,由 update 方法调用 paint 方法并传递 g 参数。这就是曾介绍过的一个线程负责准备图像而另一个线程负责显示图像的动画方法。接下来,线程休眠 50ms,然后清除屏幕缓冲区中的图像,将图像下标加 1 并取模。如果不清除屏幕

缓冲区中的图像,将会出现图像重叠。下标加 1 后求余数,可保证取值范围总是 0~9。

11.6　知识拓展——Java 数据统计图

Java 利用 JFreeChart 绘制数据统计图,实现这个功能需要以下三个第三方包:jfreechart-1.0.19.jar、jcommon-1.0.16.jar 和 gnujaxp.jar。

读者可以登录 http://cn.jarfire.org/进行第三方包的下载,下载完成后将以上第三方包添加进本地 Java 项目内,即可实现 Java 数据统计图的绘制。添加过程如下:

(1) 右键单击项目→"构建路径"→"配置构建路径",如图 11.13 所示。

图 11.13　配置构建路径

(2) 弹出窗口后单击"库"→"添加外部 JAR",如图 11.14 所示。

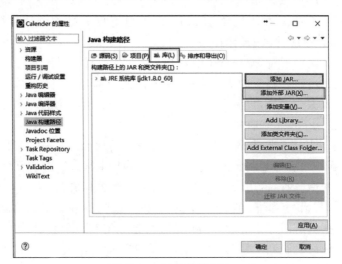

图 11.14　添加外部 JAR

添加下载完成的三个 JAR 包即可完成导入,如图 11.15 所示,单击"确定"按钮,JAR 包导入完成。

图 11.15　导入 JAR 包

添加三个包后,在"包资源管理器"中"JRE 系统库"目录下会出现"引入的库"目录名,其中可以看到添加的这三个文件包。

本节主要介绍如何通过设定数据、字体、风格和大小,使用 JFreeChart 绘制数据统计图。

11.6.1　柱形图

在 JFreeChart 类中,Java 提供了绘制柱形图的方法 createBarChart3D(),可以定义柱形图的基本信息,如图表标题,目录轴的显示标签,数值轴的显示标签,数据集来源,以及图标的方向等。

例 11.13　本程序在 JFrame 窗口中绘制柱形图。程序运行结果如图 11.16 所示。

```
import java.awt.*;
import javax.swing.JFrame;
import org.jfree.chart.*;
import org.jfree.chart.axis.*;
import org.jfree.chart.plot.*;
import org.jfree.data.category.*;

public class exp11_9 {
    ChartPanel frame1;
    public exp11_9(){
        CategoryDataset dataset=getDataSet();
        JFreeChart chart=ChartFactory.createBarChart3D(
            "成绩",                    //图表标题
            "等级",                    //目录轴的显示标签
```

```
                "人数",                          //数值轴的显示标签
                dataset,                         //数据集
                PlotOrientation.VERTICAL,        //图表方向：水平、垂直
                true,                            //是否显示图例
                false,                           //是否生成工具
                false);                          //是否生成 URL 链接
        CategoryPlot plot=chart.getCategoryPlot();           //获取图表区域对象
        CategoryAxis domainAxis=plot.getDomainAxis();        //水平底部列表
        domainAxis.setLabelFont(new Font("黑体",Font.BOLD,14));//水平底部标题
        domainAxis.setTickLabelFont(new Font("宋体",Font.BOLD,12));
        ValueAxis rangeAxis=plot.getRangeAxis();             //获取柱状
        rangeAxis.setLabelFont(new Font("黑体",Font.BOLD,15));
        chart.getLegend().setItemFont(new Font("黑体",Font.BOLD,15));
        chart.getTitle().setFont(new Font("宋体",Font.BOLD,20)); //设置标题字体
        frame1=new ChartPanel(chart,true);
    }
    private static CategoryDataset getDataSet(){
        DefaultCategoryDataset dataset=new DefaultCategoryDataset();
        int male[]={15,20,7,4,1};        int female[]={18,25,8,3,2};
        String columnkey[]={"优秀","良好","中等","及格","差"};
        for(int i=0;i<5;i++){
            dataset.addValue(male[i], "男", columnkey[i]);
        }
        for(int j=0;j<5;j++){
            dataset.addValue(female[j], "女", columnkey[j]);
        }
        return dataset;
    }
    public ChartPanel getChartPanel(){    return frame1;   }
    public static void main(String args[]){
        JFrame frame=new JFrame("Java 数据统计图");
        frame.setLayout(new GridLayout(2,2,10,10));
        frame.add(new exp11_9().getChartPanel());     //添加柱形图
        frame.setBounds(50, 50, 800, 600);
        frame.setVisible(true);
    }
}
```

说明：在 BarChart()方法中，首先设定图表标题、目录轴、数值轴、数据集、图表方向等图属性。接着通过 dataset.addValue()方法得到数据值,最后显示在 JFrame 窗口中，完成柱形图的绘制。

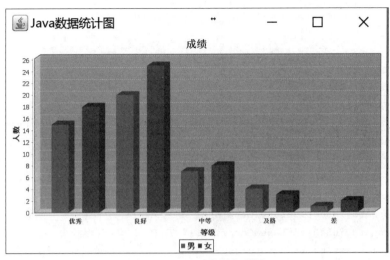

图 11.16　Java 绘制柱形图

11.6.2　饼图

在 JFreeChart 类中，Java 提供了绘制饼图的方法 createPieChart3D()，可以定义饼图的基本信息，如图表标题、数据集来源等并且可以通过 PiePlot 类中的方法来对饼图的显示百分比、百分比的数据格式进行规范。

例 11.14　本程序在 Jframe 窗口中绘制饼图。程序运行结果如图 11.17 所示。

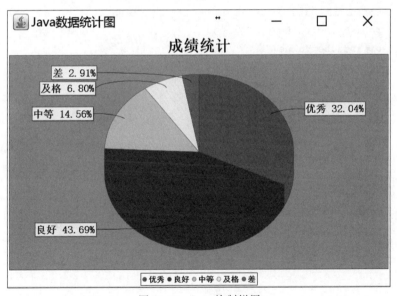

图 11.17　Java 绘制饼图

```
import org.jfree.chart.*;
import org.jfree.chart.labels.StandardPieSectionLabelGenerator;
import org.jfree.chart.plot.PiePlot;
```

```java
import org.jfree.data.general.DefaultPieDataset;

public class exp11_10 {
    ChartPanel frame1;
    public exp11_10(){
        DefaultPieDataset dataset=getDataSet();
        JFreeChart chart=ChartFactory.createPieChart3D("成绩统计", dataset,
        true,false,false);
        PiePlot pieplot=(PiePlot) chart.getPlot();
        DecimalFormat df=new DecimalFormat("0.00% ");
        NumberFormat nf=NumberFormat.getNumberInstance();
        StandardPieSectionLabelGenerator sp1=new
        StandardPieSectionLabelGenerator("{0} {2}",nf,df);
        pieplot.setLabelGenerator(sp1);           //设置饼图显示百分比
        pieplot.setIgnoreNullValues(true);         //设置不显示空值
        pieplot.setIgnoreZeroValues(true);
        frame1=new ChartPanel(chart,true);
        chart.getTitle().setFont(new Font("宋体",Font.BOLD,30));
        PiePlot piePlot=(PiePlot) chart.getPlot();   //获取图表区域对象
        pieplot.setLabelFont(new Font("宋体",Font.BOLD,20));
        chart.getLegend().setItemFont(new Font("黑体",Font.BOLD,15));
    }
    private static DefaultPieDataset getDataSet(){
        DefaultPieDataset dataset=new DefaultPieDataset();
        dataset.setValue("优秀",33);
        dataset.setValue("良好",45);
        dataset.setValue("中等",15);
        dataset.setValue("及格",7);
        dataset.setValue("差",3);
        return dataset;
    }
    public ChartPanel getChartPanel(){return frame1;}
    public static void main(String args[]){
        JFrame frame=new JFrame("Java 数据统计图");
        frame.setLayout(new GridLayout(2,2,10,10));
        frame.add(new exp11_10().getChartPanel());    //添加饼图
        frame.setBounds(50, 50, 800, 600);
        frame.setVisible(true);
    }
}
```

说明：在 PieChart()方法中，首先设置饼图的图表标题、数据集等图形属性，并设置了饼图显示百分比的数据格式，以及图表文字的格式。接着通过 dataset.setValue()方法得到数据值，最后显示在 JFrame 窗口中，完成饼图的绘制。

11.6.3 折线图

在 JFreeChart 类中，Java 提供了绘制折线图的方法 createTimeSeriesChart()，可以定义折线图的基本信息，如目录轴的显示标签，数值轴的显示标签，数据集来源等并且可以通过 DateAxis 类中的方法来对折线图的显示标题格式进行规范。

例 11.15 本程序在 JFrame 窗口中绘制北京气温分布折线图。程序运行结果如图 11.18 所示。

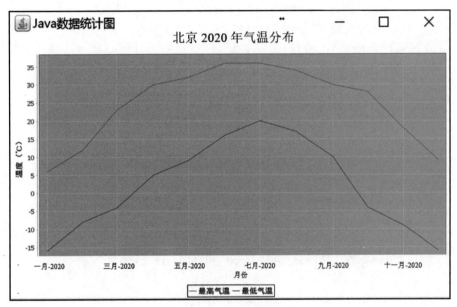

图 11.18 Java 绘制折线图

```
import java.awt.*;
import java.text.SimpleDateFormat;
import javax.swing.JFrame;
import org.jfree.chart.*;
import org.jfree.chart.axis.*;
import org.jfree.chart.plot.XYPlot;
import org.jfree.data.time.*;
import org.jfree.data.xy.XYDataset;

public class exp11_11 {
    ChartPanel frame1;
    public exp11_11() {
        XYDataset xydataset=creatDataset();
        JFreeChart jfreechart=ChartFactory.createTimeSeriesChart("北京2020
        年气温分布", "月份", "温度(℃)", xydataset, true, true, true);
```

```java
        XYPlot xyplot=(XYPlot) jfreechart.getPlot();
        DateAxis dateaxis=(DateAxis) xyplot.getDomainAxis();
        dateaxis.setDateFormatOverride(new SimpleDateFormat("MMM-yyyy"));
        frame1=new ChartPanel(jfreechart, true);
        dateaxis.setLabelFont(new Font("黑体", Font.BOLD, 14));    //水平底部标题
        dateaxis.setTickLabelFont(new Font("宋体", Font.BOLD, 12));    //垂直标题
        ValueAxis rangeAxis=xyplot.getRangeAxis();         //获取柱状
        rangeAxis.setLabelFont(new Font("黑体", Font.BOLD, 15));
        jfreechart.getLegend().setItemFont(new Font("黑体", Font.BOLD, 15));
        jfreechart.getTitle().setFont(new Font("宋体", Font.BOLD, 20));
                                                        //设置标题字体
    }
    private static XYDataset creatDataset() {
        TimeSeries timeseries=new TimeSeries("最高气温");
        int a[]={6,12,23,30,32,36,36,34,30,28,18,9};
        for(int i=0;i<12;i++){
            timeseries.add(new Month(i+1,2020),a[i]);
        }
        TimeSeries timeseries1=new TimeSeries("最低气温");
        int b[]={-16,-8,-4,5,9,16,20,17,10,-4,-9,-16};
        for(int j=0;j<12;j++){
            timeseries1.add(new Month(j+1,2020),b[j]);
        }
        TimeSeriesCollection timeseriescollection=new TimeSeriesCollection();
        timeseriescollection.addSeries(timeseries);
        timeseriescollection.addSeries(timeseries1);
        return timeseriescollection;
    }
    public ChartPanel getChartPanel() {
        return frame1;
    }
    public static void main(String args[]) {
        JFrame frame=new JFrame("Java数据统计图");
        frame.setLayout(new GridLayout(2, 2, 10, 10));
        frame.add(new exp11_11().getChartPanel());         //添加折线图
        frame.setBounds(50, 50, 800, 600);
        frame.setVisible(true);
    }
        return timeseriescollection;
    }
    public ChartPanel getChartPanel() {
```

```
        return frame1;
    }
    public static void main(String args[]) {
        JFrame frame=new JFrame("Java 数据统计图");
        frame.setLayout(new GridLayout(2, 2, 10, 10));
        frame.add(new exp11_11().getChartPanel());        //添加折线图
        frame.setBounds(50, 50, 800, 600);
        frame.setVisible(true);
    }
```

说明：在 TimeSeriesChart()方法中，首先设置饼图的图表标题、数据集以及图表文字格式等图属性，接着通过 timeseries.add()方法添加数据值，最后显示在 JFrame 窗口中，完成折线图的绘制。

习题 11

11-1　编写一个绘制 5 个同心圆的程序，分别使用 drawOval 和 drawArc 方法。
11-2　编写一个绘制螺旋线的程序，使用 drawArc 方法。
11-3　编写一个绘制五角星的程序，使用 drawPolygon 方法。
11-4　编写一个程序，在 JFrame 窗口显示一个字符串，用两个按钮控制字符串的放大和缩小。
11-5　编写一个程序，在 JFrame 窗口用不同的字体大小随机显示字符。
11-6　编写一个程序，在 JFrame 窗口绘制 10×10 方格。
11-7　编写一个程序，在 JFrame 窗口绘制一个立方体。
11-8　编写一个程序，在 JFrame 窗口使用 fillRect 方法输出不同分颜色。
11-9　编写一个能动态移动字符串的程序。
11-10　编写一个程序，根据表 11.2 中的内容在 JFrame 窗口中绘制降雨量的折线图。

表 11.2　北京年降雨量数据表

年　　份	降雨量/毫米	年　　份	降雨量/毫米
2015	533.8	2018	508
2016	721.1	2019	500
2017	758.7	2020	598.1

11-11　如何加载和显示一幅图像？如何放大和缩小一幅图像的显示？
11-12　如何生成一幅动画图像？如何消除画面切换时的闪烁？
11-13　何为图形双缓冲技术？编写动画程序时需要注意哪些因素？
11-14　设计一个程序，在 JFrame 窗口使用 400×400 像素的绘图面板绘制以下图形：
　　(1) 将默认坐标原点移到绘图面板中心；

(2) 绘制一个圆,圆心位于坐标原点,直径为 200;
(3) 绘制一个填充浅灰色的椭圆,中心位于坐标原点,且与圆相切;
(4) 绘制水平和垂直的两条蓝色直线,交点位于坐标原点;
(5) 绘制分别位于坐标原点左上方和右下方的两个边长为 100 的正方形,两个正方形对称于 y=x,分别用黑白两种颜色绘制;
(6) 绘制一条交于坐标原点的红色直线,直线的起点为左上方正方形的左上角,终点为右下方正方形的右下角。

第12章 访问数据库

现在每一个人的生活几乎都离不开数据库,如果没有数据库,很多事情就会变得非常棘手,也许根本无法做得到。银行、大学和图书馆就是几个严重依赖数据库系统的地方。在互联网上,使用搜索引擎、在线购物甚至是访问网站地址(http://www...)都离不开数据库。数据库通常都安装在称为数据库服务器的计算机上。

本章的内容主要解决以下问题:

- 什么是JDBC?
- 如何通过Java程序访问数据库?
- 如何通过窗口界面访问数据库?

12.1 数据库和JDBC

Java 虚拟机和数据库是两个分开运行的系统,如何让两个独立的系统产生交互呢? JDBC 技术就是解决这个问题的。

本节主要介绍如何创建数据库以及如何通过 JDBC 来连接数据库。

12.1.1 数据库的下载与安装

数据库已从最初的数据文件的简单集合发展到今天的大型数据库管理系统。如果不借助数据库的帮助,许多简单的工作将变得冗长乏味,甚至难以实现。

目前,市面上的数据库产品多种多样,例如 Oracle、SQL Server、MySQL、DB2、Informix、Sybase、Access,从大型企业的解决方案到中小企业或个人用户的小型应用系统,可以满足用户的多样化需求。

MySQL 是一个小型关系数据库管理系统,被广泛地应用在 Internet 上的中小型网站中。它体积小、速度快,并且开放源码,可以免费使用。本书使用的是 MySQL 数据库。

请从 MySQL 官网 http://dev.mysql.com/downloads/mysql 选择适合自己系统的版本下载与安装(本教材配套资料里提供有 mysql-5.7.33-winx64.zip)。下载安装步骤如下。

(1) 选择 Windows（x86，64-bit），ZIP Archive 下载得到文件 mysql-5.7.33-winx64.zip，如图 12.1 所示。

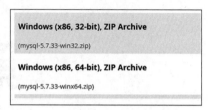

图 12.1　选择合适版本进行下载

(2) 解压缩 mysql-5.7.33-winx64.zip 到 C:\Program Files\mysql-5.7.33-winx64 目录下（可以随意指定，例如 C:\java\mysql），在其下创建一个 data 文件夹，另外用记事本编写一个 my.ini 文件也存放在 C:\Program Files\mysql-5.7.33-winx64 目录下，文件内容如下：

```
[client]
default-character-set=utf8
[mysqld]
skip-grant-tables
basedir ="C:\Program Files\mysql-5.7.33-winx64"
datadir ="C:\Program Files\mysql-5.7.33-winx64\data"
tmpdir ="C:\Program Files\mysql-5.7.33-winx64\data"
socket ="C:\Program Files\mysql-5.7.33-winx64\data\mysql.sock"
port =3306
log-error ="C:\Program Files\mysql-5.7.33-winx64\data\mysql_error.log"
max_connections =100
table_open_cache =256
query_cache_size =1M
tmp_table_size =32M
thread_cache_size =8
innodb_data_home_dir ="C:\Program Files\mysql-5.7.33-winx64\data\"
innodb_flush_log_at_trx_commit =1
innodb_log_buffer_size =128M
innodb_buffer_pool_size =128M
innodb_log_file_size =10M
innodb_thread_concurrency =16
innodb-autoextend-increment =1000
join_buffer_size =128M
sort_buffer_size =32M
read_rnd_buffer_size =32M
max_allowed_packet =32M
explicit_defaults_for_timestamp =true
sql_mode=NO_ENGINE_SUBSTITUTION,STRICT_TRANS_TABLES
```

（3）在 Windows 桌面左下角右击"开始"按钮■，依次选择"系统"→"高级系统设置"→"高级"→"环境变量"菜单命令，在"系统变量"Path 中添加 C:\Program Files\mysql-5.7.33-winx64\bin\，如图 12.2 所示。

图 12.2　修改环境变量中的系统变量 Path

在命令提示符中依次执行如下语句：

```
cd C:\Program Files\mysql-5.7.33-winx64\bin
mysqld --initialize-insecure --user=mysql
mysqld install
net start mysql
```

当看到服务启动成功提示时，表示 MySQL 已经成功安装并启动，如图 12.3 所示。

图 12.3　MySQL 安装完成

12.1.2　MySQL 的操作

1. 登录操作和密码修改

在"管理员：命令提示符"窗口，执行 mysql -u root -p 登录 MySQL 数据库，首次登录时密码为空，所以要求输入密码时直接回车即可，过程如图 12.4 所示。

在命令提示符窗口依次执行如下语句：

```
use mysql;
update user set authentication_string=password("root") where user="root";
flush privileges;
quit;
```

即可完成修改密码的操作，输入命令过程如图 12.5 所示。再次登录使用新密码即可。

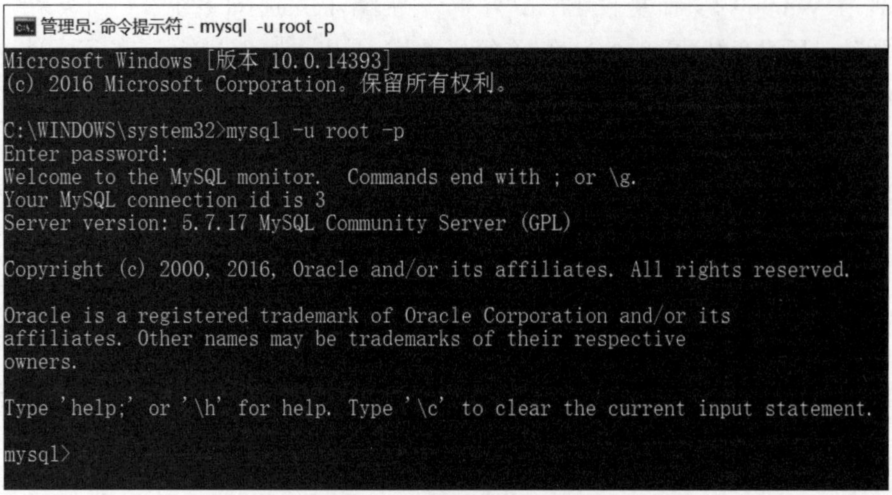

图 12.4　登录数据库命令窗口

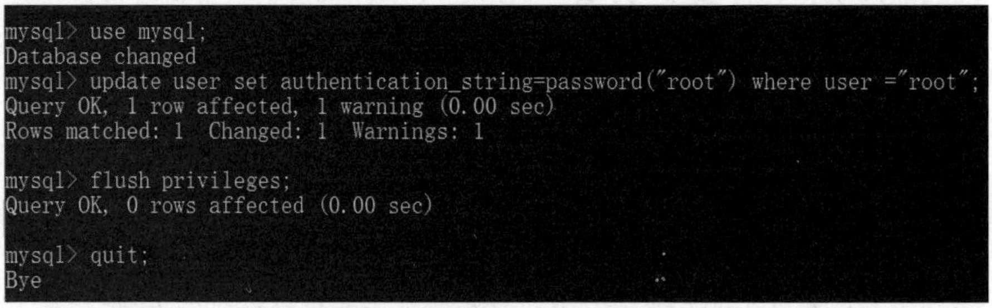

图 12.5　修改密码命令窗口

2. 创建 stuDB 数据库文件

在"管理员：命令提示符"窗口登录 MySQL 数据库后，可以通过 SQL 语句对数据库进行操作。

下面用 SQL 语句创建一个名称为 stuDB 的数据库，输入命令过程如图 12.6 所示。

CREATE DATABASE stuDB DEFAULT CHARACTER SET utf8;

图 12.6　创建数据库命令窗口

上述操作使用了 SQL 语言的 CREATE DATABASE 语句创建了数据库，其用法格式为：

CREATE DATABASE 数据库名；

在语句后添加"DEFAULT CHARSET＝utf8"将设置默认编码格式为 UTF-8。

3. 使用数据库在其中创建数据表

(1) 使用 stuDB 数据库,可以执行 use 语句:

use stuDB;

(2) 创建 teacher 数据表,可以使用下面的 SQL 语句:

CREATE TABLE 'teacher'('id' int(10) NOT NULl AUTO_INCREMENT, 'name' varchar(50) NOT NULL, 'gender' varchar(50) NOT NULl, PRIMARY-KEY('id'));

输入命令过程如图 12.7 所示。

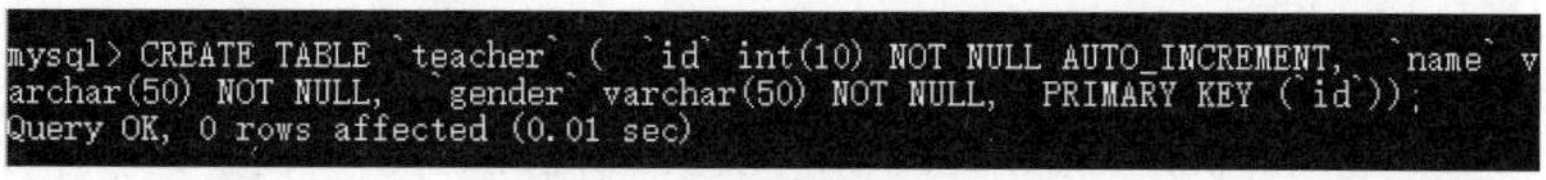

图 12.7 创建数据表命令窗口

说明：本例用到了 Create Table 语句用于创建数据表。SQL 语言的 Create Table 语句的语法格式为：

CREATE TABLE 表名 (字段名 1　数据类型 (NOT NULL),字段名 2　数据类型 (NOT NULL),…)

CREATE 语句用来创建一个给定字段的表。用同样方式,可以创建 course、student、users 表。这些表中 teacher 表用于存储教师信息,student 表用于存储学生信息,users 表用于存储系统用户信息,course 表存储课程信息。

最好在图形界面的数据库中直接创建需要的表与字段,方便快捷。

12.1.3　JDBC 简介

通过 Java 程序访问数据库中的数据需要 JDBC 作为桥梁。什么是 JDBC 呢?

JDBC 的全称为 Java DataBase Connectivity,是统一访问各种关系数据库的标准接口,为各个数据库厂商提供了标准接口的实现,使用它可以将 Java 程序连接到 Oracle、SQL Server、MySQL、DB2、Informix、Sybase、Access 等多种关系数据库。它由一系列 Java 类和接口组成,通过对象实例可执行 SQL 语句,处理数据库的操作任务。

JDBC 主要完成下列 3 件事:

(1) 与一个数据库建立连接;

(2) 向数据库发送 SQL 语句;

(3) 送回数据库处理的结果。

这些功能是通过 JDBC 中的一系列接口来实现的,这些接口都在 java.sql 包中。所以,在编写访问数据库的 Java 程序时一定要引入 java.sql 包。

12.1.4　创建连接数据库的公用类

先创建一个连接数据库的公用类,后面程序需要连接数据库时可以直接调用。

例 12.1　创建文件夹 connDB,于其中创建一个连接 stuDB 数据库的公用类。

```java
//JDBC1.java
package connDB;
import java.sql.*;
public class JDBC1 {
    private Connection conn=null;
    statement stmt;
    ResultSet vs;
    String sql;
    //数据库连接操作方法 OpenConn()
    public void OpenConn() throws Exception {
        try {
           Class.forName("com.mysql.jdbc.Driver");
            String url="jdbc:mysql://localhost:3306/studb";
            String username="root";   String password="root";
            conn=DriverManager.getConnection(url, username, password);
        } catch(Exception e) {
            System.err.println("数据库连接:"+e.getMessage()+"\n");
        }
    }
//执行数据查询的方法 executeQuery(String sql),输入相应 SQL 语句字符串即可
public ResultSet executeQuery(String sql) {
        stmt=null;   rs=null;
        try { stmt=conn.createStatement(ResultSet.TYPE_SCROLL_INSENSITIVE,
                ResultSet.CONCUR_READ_ONLY);
            rs=stmt.executeQuery(sql);
        } catch(SQLException e) {
            System.err.println("查询数据:"+e.getMessage());
        }
        return rs;
    }
//执行创建数据表、插入数据等操作
public void execute(String sql) {
        stmt=null;   rs=null;
        try { stmt=conn.createStatement(ResultSet.TYPE_SCROLL_INSENSITIVE,
                ResultSet.CONCUR_READ_ONLY);
            stmt.execute(sql);
        } catch(SQLException e) {System.err.println(e.getMessage()); }
//更新数据操作方法 executeUpdate(String sql)
public void executeUpdate(String sql) {
        stmt=null;   rs=null;
        try { stmt=conn.createStatement(ResultSet.TYPE_SCROLL_INSENSITIVE,
                ResultSet.CONCUR_READ_ONLY);
            stmt.executeQuery(sql);
            conn.commit();
        } catch(SQLException e) {
```

```java
            System.err.println("更新数据:"+e.getMessage());
        }
    }
    //关闭 statement 对象的方法
    public void closeStmt() {
        try {stmt.close();
        } catch(SQLException e) {
            System.err.println("释放对象:"+e.getMessage());
        }
    }
    //关闭数据库连接的方法
    public void closeConn() {
        try {conn.close();} catch(SQLException ex) {
            System.err.println("释放对象:"+ex.getMessage());
        }
    }
}
```

说明：

(1) 公用类。

该例用来创建一个实现数据库连接及数据操作的公用类，运行后没有结果。公用类中定义数据库连接的方法 OpenConn()，该方法连接了 stuDB 数据库，并创建了连接类 Connetion 的对象 conn，公用类中还定义了数据库插入、修改、删除与查询的操作方法 execute()、executeQuery()、executeUpdate()，以便在后面的应用程序中调用。

(2) 相关程序存放位置。

本章例子会围绕一个"学生信息管理系统(stuMIS)"进行介绍，为方便区分系统各个模块，将在同一工程 stuMIS 下创建如下几个文件夹(包)：

① src：存放主界面文件及其他文件夹。

② src/connDB：存放数据库连接公用类。

③ src/course：存放课程管理模块相关文件。

④ src/student：存放学生信息管理相关文件。

⑤ src/teacher：存放教师信息管理相关文件。

⑥ src/grade：存放成绩管理相关文件。

⑦ src/javaExps：存放 Java 实例相关文件。

⑧ src/exps：存放本章节其他实例的文件，包括例 12.2 和例 12.3。

(3) 引入 SQL 类和接口。

本例通过 import java.sql.*;语句引入了数据库操作的接口和类。其中有两个重要的接口和类，分别是 Connection 接口和 DriverManager 类。Connection 接口作用是与数据库进行连接，保存当前程序与数据库的连接状态；DriverManager 类提供了对数据库连接驱动的管理功能。类似方式可以连接其他数据库，使用不同的驱动程序的类即可。

(4) 装载并注册驱动类。

JDBC 连接 MySQL 数据库的驱动程序名为 com.mysql.jdbc.Driver，使用驱动程序，要使用 Class 类的静态方法 forName 获取驱动程序对象。一般使用下面的语句装载并注册驱动程序：

```
Class.forName("com.mysql.jdbc.Driver");
```

（5）创建与数据库建立连接的 Connection 对象。

Connection 对象来自于 java.sql.Connection 接口，通过 DriverManager 类的 getConnection(url)方法，可以创建一个 Connection 对象，可用以下语句创建 Connection 对象：

```
Connection conn=DriverManager.getConnection("jdbc:mysql://localhost:3306/studb","root","root");
```

（6）创建执行 SQL 语句的 Statement 对象与 ResultSet 对象。

这一步在数据库操作中是必需的，对数据库的操作需要 Statement 对象作为基础，对数据库的查询需要 ResultSet 对象进行接收。

① Statement 对象。执行 SQL 语句的 Statement 对象来自于 java.sql.Statement 接口，它的作用是对一个特定的数据库执行 SQL 语句操作。通过 Connection 对象的 createStatement()方法经过 Statement 类型转换可以得到一个 Statement 对象，例如下面的语句：

```
Statement stmt=(Statement)conn.createStatement();
```

Statement 对象可以对多个不同的 SQL 语句进行操作。

② ResultSet 对象。ResultSet 对象来自于 java.sql.ResultSet 接口，它被称为结果集，代表一个特定的容器，用来保存查询的所有结果数据。ResultSet 对象通过 Statement 对象的 executeQuery(sql)方法在执行 SQL 语句后创建，例如下面的语句：

```
ResultSet rs=stmt.executeQuery(sql);
```

ResultSet 对象可以按查询结果的行对数据进行存取。存取其中的数据时会用到以下方法：

next()，可以移动指针到查询到的当前数据行的下一行。

getXXXX(n)，可以给出查询到的当前行数据第 n 列的数值。XXXX 表示不同的数据类型，例如，getLong(1)，getString(2)。关于 java.sql 包的接口及其方法可在 API 中详细查看。

（7）释放资源。

最后要使用 close()方法释放 Connection 对象、Statement 对象与 ResultSet 对象。

12.2 通过 Java 程序访问数据库

本节主要介绍如何通过 Java 程序在数据库中创建数据表、在数据表中添加、查询、删除、更改数据。

12.2.1 在数据库中创建数据表

例 12.2 执行 SQL 语句创建数据表 sc,该表为成绩表,用于存储学生所选课程的成绩,三个字段分别为学生编号、课程编号、成绩。

```
import connDB.JDBC1;
public class exp12_2 {
    public static void main(String args[]){
    String sql;
    JDBC1 DC=new JDBC1();
    try {
        DC.OpenConn();
        sql="create table sc(s int(10) NOT NULL, c int(10) NOT NULL, g
        decimal(4,0),PRIMARY KEY (s,c))CHARSET=utf8";
        DC.execute(sql);
        DC.closeConn();
    } catch(Exception e) { e.printStackTrace(); }
    }
}
```

说明:

(1) 执行完成该程序后在"命令提示符(管理员)"中登录 MySQL,使用 SQL 语句"show columns from sc"查询数据表 sc 的创建结果,如图 12.8 所示。

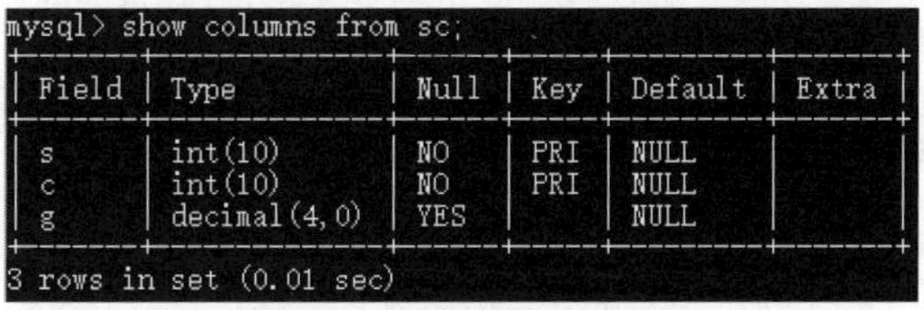

```
mysql> show columns from sc;
+-------+--------------+------+-----+---------+-------+
| Field | Type         | Null | Key | Default | Extra |
+-------+--------------+------+-----+---------+-------+
| s     | int(10)      | NO   | PRI | NULL    |       |
| c     | int(10)      | NO   | PRI | NULL    |       |
| g     | decimal(4,0) | YES  |     | NULL    |       |
+-------+--------------+------+-----+---------+-------+
3 rows in set (0.01 sec)
```

图 12.8 创建数据表的结果

(2) 本例中使用了例 12.1 公用类中定义的 openConn 方法打开了数据库连接,另外还使用了 execute 方法执行了 SQL 语句。

(3) 这里使用了 SQL 语句 create table,与前面不同的是,这个语句结尾有 CHARSET=utf8 限制条件,其作用是限制新建的数据表使用的字符编码为 UTF-8,统一字符编码有助于减少存取数据时的错误。另外,当需要删除数据表时可以使用 SQL 语句 DROP TABLE 来删除指定的数据表。

(4) 通过 Java 执行 SQL 语句需要使用 statement 对象存储 SQL 语句,并通过 statement 对象的 execute()方法执行。

12.2.2 添加和查询数据

例 12.3 使用 Java 执行 SQL 语句,在表 student 中插入数据,运行结果如图 12.9 所示。

```java
import java.sql.*;
import connDB.JDBC1;
public class exp12_3 {
    public static void main(String args[]) {
        exp12_3 ex=new exp12_3();
        ex.DBinsert();
        System.out.println("**********查询数据**********");
        ex.DBcx();
    }
    void DBinsert() {
        JDBC1 dc=new JDBC1();
        try {
            dc.OpenConn();
            //在 student 表中添加数据
            String sql1="insert into student values('27','卢康','男','汉','北京','2008','信息管理','经济管理学院','1990-11-02 00:00:00')";
            String sql2="insert into student values('28','李四','男','汉','河北','2008','环境工程','土木与环境工程学院','1990-01-31 00:00:00')";
            dc.execute(sql1);    dc.execute(sql2);
            dc.closeConn();
        } catch(Exception e) {
            e.printStackTrace();
        }
    }
    void DBcx() {
        JDBC1 dc=new JDBC1();
        ResultSet rs=null;
        try {
            dc.OpenConn();
            String sql="select snum,sname from student";
            rs=dc.executeQuery(sql);
            //获取每条记录中的数据信息,并显示出来
            while (rs.next()) {                          //当存在下一条记录时再次循环
                long xh=rs.getLong(1);                   //获取一条记录的第 1 列数据
                String xm=rs.getString(2);               //获取一条记录的第 2 列数据
                System.out.print("学号:"+xh);            //输出第 1 列数据
                System.out.println("姓名:"+xm);          //输出第 2 列数据
            }
            rs.close();                                  //关闭 ResultSet 对象
            dc.closeConn();
        } catch(Exception e) {
            e.printStackTrace();
        }
    }
}
```

```
**********查询数据**********
成功连接数据库
学号:27      姓名:卢康
学号:28      姓名:李四
```

图 12.9　显示的查询数据

注意：如果使用例 12.3 对数据库添加数据，运行第二次需要修改程序中添加的数据，否则会发生添加数据出错的提示，因为学号是关键字，不能重复。

说明：

(1) 上述程序中使用了例 12.1 获取了数据库连接对象，使用 prepareStatement 方法获得了 Statement 对象，并使用 execute 方法执行了 SQL 语句。

(2) ① SQL 语句中向表中添加记录的方法是：

insert into student(字段名 1,字段名 2,…) values('值 1', '值 2',…)

当执行插入操作时需要在表名后加入字段名来指定插入的字段值，当没有字段值且 VALUES 中值的数量和表中全部字段数量相同时才会自动插入。

② SQL 语句中查询指定数据的语句是：

select 字段名 1,字段名 2,…　from 表名 (where 查询条件)

在使用 executeQuery 方法执行查询操作后会返回一个 ResultSet 对象。

(3) PreparedStatement 对象。

本例使用了 Statement 的子接口 PreparedStatement 对象，它的功能更强大，它使用的 SQL 语句中可以包含多个问号用"?"代表的字段，这样的 SQL 语句称为预编译的 SQL 语句，例如：

String sql="insert into sc values(?,?,?)";

通过 PreparedStatement 对象的 setXXXX()方法可以分别给"?"代表的字段赋值，例如：

ps.setString(1,name);给字符型数据赋值，使用 ps.setInt(1，12)给整数赋值，其中第一位参数为"?"字段出现的顺序数，从 1 开始。

通过 PreparedStatement 对象的 executeUpdate()方法执行 SQL 语句。

(4) 通过本例可以看到，连接数据库的方式是相同的，但是执行不同的 SQL 语句的方法是不同的：

① 执行创建表、添加数据等操作时使用的是 execute()方法；

② 执行查询操作时使用的是 executeQuery()方法；

③ 执行删除、更新等操作时，使用的是 executeUpdate()方法。

原因是 executeQuery()和 executeUpdate()均使用的 Statement 对象的 executeQuery 方法，该方法用于处理有返回数据的 SQL 语句，而公共类的 execute()方法使用的是 statement 对象的 execute()方法，该方法不能处理有返回数据的方法。

12.3 通过窗口界面访问数据库

以上是通过 Java 程序对数据库进行添加、查询、删除的工作，能不能通过窗口界面对数据库进行添加数据或其他操作呢？本节主要介绍如何通过窗口界面访问数据库。

编写通过窗口界面访问数据库的程序，是由一组相关的 Java 类组成的，共同完成一些相关任务的多个类一般称为一组应用程序。

数据库的应用程序一般可以分为三层架构。最下层为数据库层，由用来进行数据库连接与操作的类组成。第二层是业务层，它们的主要任务是从窗口界面中接收用户的数据，然后根据用户的输入做具体的数据处理，可统一设计进行业务工作的类，它们也可以看作是中间层，具有上传下达的功能。最上层是用户层，主要是用户使用的图形用户界面类，一般由带有菜单栏的主窗口与进行具体数据输入、修改等任务的对话框窗口类组成。

为了更清晰地说明窗口界面访问数据库的方法，下面将用几个例子完成一个对学生信息进行添加、修改、删除的小程序，另外下面例子中将使用到例 12.1 和例 12.2 中所使用的数据库及数据，另外窗口界面的设计过程已经在第 10 章中讲解过，故本章将着重介绍数据库的操作过程而省略掉窗口的设计。

12.3.1 添加学生信息

例 12.4 如图 12.10 所示，该窗口可以实现增加学生信息的功能，实现该功能的主要代码已经在本例中展示，完整代码可以于本书附带的源程序中查看。

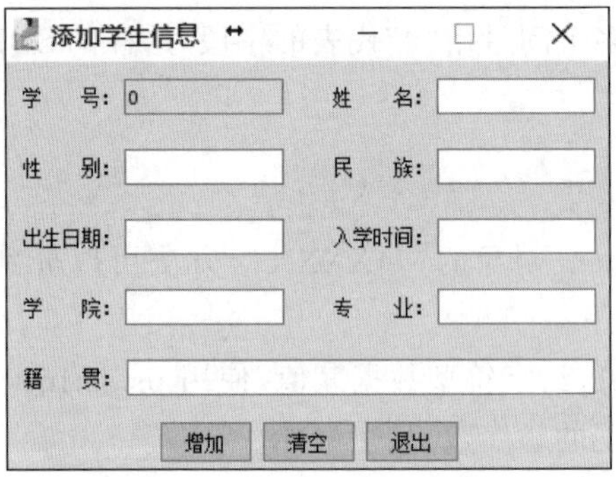

图 12.10 添加学生信息窗口

```
import java.awt.event.*;
import java.awt.*;
import javax.swing.*;

public class AddStuInfo extends StuInfo {
    /* * 构造方法及窗口设计部分代码已省略 */
    /**
     * 单击"增加"按钮事件处理方法
```

```java
    */
    public void actionPerformed(ActionEvent e) {
        Object obj=e.getSource();
        if (obj==eixtInfo) {                    //退出
            this.dispose();
        } else if (obj==addInfo) {              //添加数据
    //将各个控件设置为可操作
            sNum.setEnabled(false);         sName.setEnabled(false);
            sSex.setEnabled(false);         sSethnic.setEnabled(false);
            sBirth.setEnabled(false);       sYear.setEnabled(false);
            sMajor.setEnabled(false);       sCollege.setEnabled(false);
            sHome.setEnabled(false);        addInfo.setEnabled(false);
            clearInfo.setEnabled(false);    eixtInfo.setEnabled(false);

            StuBean addStu=new StuBean();       //创建执行SQL操作的对象addStu
    //通过对象addStu的stuAdd方法将数据添加到数据库
            addStu.stuAdd(sName.getText(),sSex.getText(),sBirth.getText(),
                    sHome.getText(), sSethnic.getText(), sYear.getText(),
                    sMajor.getText(), sCollege.getText());
            this.dispose();

        } else if (obj==clearInfo) {            //清空
            setNull();
            sNum.setText(""+getSnum.getStuId());
        }
    }
}

//StuBean.java
package student;
import java.sql.*;
import javax.swing.*;
import connDB.JDBC1;
public class StuBean {
//接收窗口中的数据
    String sql;         ResultSet rs=null;   String sNum;
    String sName;       String sSex;    String sBirth;   String sHome;
    String sEthnic;     String sYear;   String sMajor;
    String sCollege;    String colName;
    String colValue;    String colValue2;
    int stuId;                  //学生的新学号

//添加学生信息的方法
    public void stuAdd(String name, String sex, String birth, String home,
```

```java
            String ethnic, String year, String major, String college) {
        JDBC1 DB=new JDBC1();
        //传递参数
        this.sName=name;        this.sSex=sex;
        this.sBirth=birth;      this.sHome=home;
        this.sEthnic=ethnic;    this.sYear=year;
        this.sMajor=major;      this.sCollege=college;

        if (sName==null || sName.equals("")) {
            JOptionPane.showMessageDialog(null, "请输入学生姓名", "错误",
                    JOptionPane.ERROR_MESSAGE);
            return;
        } else {
            //将窗口中的数值存入 SQL 语句
            sql="insert into student(sname,ssex,sbirth,shome,sethnic,
                syear,smajor,scollege) values ('"+sName+"','"+sSex+"',
                '"+sBirth+"','"+sHome+"','"+sEthnic+"','"+sYear+"',
                '"+sMajor+"','"+sCollege+"')";
            System.out.println(sql);
            //执行 SQL 语句添加记录
            try {
                DB.OpenConn();   DB.execute(sql);
                JOptionPane.showMessageDialog(null, "成功添加一条新的记录!");
            } catch(Exception e) {
                System.out.println(e);
                JOptionPane.showMessageDialog(null, "保存失败", "错误",
                        JOptionPane.ERROR_MESSAGE);
            } finally {
                DB.closeStmt();   DB.closeConn();
            }
        }
    }
}
/*省略其他方法*/
}
```

说明:

(1) 上述代码中着重介绍了数据库处理部分的代码。本例中使用到的窗口类可以参见第 12 章例子中的窗口设计。

(2) 如上述代码中所示,通过数据库修改学生信息数据的方法是使用一个 JavaBean 文件"StuBean.java"完成的,该文件需要在写 Button 事件监听方法前建立。StuBean 中包含添加、修改、删除、查询学生信息的方法,并在方法中完成了数据库连接操作。本例中"增加"按钮的事件处理方法中实例化了 StuBean,并调用了 addStu 方法完成了添加学生信息的操作。

（3）本例 AddStuInfo.java 文件中定义了 actionPerformed 方法，用来处理单击"增加"按钮事件，获取窗口输入框中的值，并调用 StuBean.java 中的方法实现数据插入。

12.3.2 修改学生信息

例 12.5 如图 12.11 所示，该窗口可以实现修改学生信息的功能，实现该功能的主要代码已经在本例中展示，完整代码可以于本书附带的源程序中查看。

图 12.11 修改学生信息窗口

```
//EditStuInfo.java
package student;
import java.awt.*;
import java.sql.*;
import java.awt.event.*;
import javax.swing.*;
public class EditStuInfo extends StuInfo {
/*窗口设计部分代码已省略*/
    /**
     *单击"修改"按钮事件处理方法
     */
    public void actionPerformed(ActionEvent e) {
        Object obj=e.getSource();
        String[] s=new String[8];
        if (obj==eixtInfo) {            //退出
            this.dispose();
        } else if (obj==modifyInfo) {   //修改
            StuBean modifyStu=new StuBean();
            //利用 StuBean 的 stuModify 方法执行修改操作
            modifyStu.stuModify(sNum.getText(), sName.getText(),
                sSex.getText(), sBirth.getText(), sHome.getText(), sSethnic
                    .getText(), sYear.getText(), sMajor.getText(),
                sCollege.getText());
            modifyStu.stuSearch(sNum.getText());
            s=modifyStu.stuSearch(sNum_str);
```

```java
    //将窗口中的值修改为操作后的值
    sName.setText(s[0]);     sSex.setText(s[1]);
    sSethnic.setText(s[2]);    sHome.setText(s[3]);
    sYear.setText(s[4]);     sMajor.setText(s[5]);
    sCollege.setText(s[6]);    sBirth.setText(s[7]);
} else if (obj==clearInfo) {    //清空
    setNull();
    sNum.setText("请查询学号");
} else if (obj==searchInfo) {    //学号查询
    StuInfoSearchSnum siss=new StuInfoSearchSnum(this);
    siss.pack();
    siss.setVisible(true);
    try {
        sNum_str=siss.getSnum();
    } catch(Exception ex) {
        JOptionPane.showMessageDialog(null, "没有查找到该学号!");
    }
    //执行查询操作
    StuBean searchStu=new StuBean();
    s=searchStu.stuSearch(sNum_str);
    if (s==null) {
        JOptionPane.showMessageDialog(null, "记录不存在!");
        sNum.setText("请查询学号");
        //清空窗口
        sName.setText("");     sSex.setText("");
        sSethnic.setText("");    sHome.setText("");
        sYear.setText("");     sMajor.setText("");
        sCollege.setText("");    sBirth.setText("");
        //将窗口中的组件设置为不可操作
        sName.setEditable(false);   sSex.setEditable(false);
        sSethnic.setEditable(false);  sBirth.setEditable(false);
        sYear.setEditable(false);   sMajor.setEditable(false);
        sCollege.setEditable(false);  sHome.setEditable(false);
        modifyInfo.setEnabled(false);
        return;
    } else {
        //将窗口组件的值设置为查询到的结果
        sNum.setText(sNum_str);   sName.setText(s[0]);
        sSex.setText(s[1]);      sSethnic.setText(s[2]);
        sHome.setText(s[3]);     sYear.setText(s[4]);
        sMajor.setText(s[5]);    sCollege.setText(s[6]);
        sBirth.setText(s[7]);
        //将窗口的组件设置为可操作的状态
        sName.setEditable(true);    sSex.setEditable(true);
```

```java
                sSethnic.setEditable(true);    sBirth.setEditable(true);
                sYear.setEditable(true);       sMajor.setEditable(true);
                sCollege.setEditable(true);    sHome.setEditable(true);
                modifyInfo.setEnabled(true);
            }
        }
    }
}

//StuBean.java
package student;
import java.sql.*;
import javax.swing.*;
import connDB.JDBC1;
public class StuBean {
    String sql;        ResultSet rs=null;    String sNum;
    String sName;      String sSex;   String sBirth;   String sHome;
    String sEthnic;    String sYear;  String sMajor;
    String sCollege;
    String colName;                    //列名
    String colValue;                   //列值
    String colValue2;                  //列值
    int stuId;                         //学生的新学号
/**
 *修改学生信息
 */
    public void stuModify(String num, String name, String sex, String birth,
            String home, String ethnic, String year, String major,
            String college) {
        JDBC1 DB=new JDBC1();         //连接数据库
        //传递参数
        this.sNum=num;     this.sName=name;
        this.sSex=sex;     this.sBirth=birth;
        this.sHome=home;   this.sEthnic=ethnic;
        this.sYear=year;   this.sMajor=major;
        this.sCollege=college;
        if (sName==null || sName.equals("")) {
            JOptionPane.showMessageDialog(null, "请输入学生姓名", "错误",
                JOptionPane.ERROR_MESSAGE);
            return;
        } else {
            sql="update student set sname='"+sName+"', ssex='"+sSex
                +"', sbirth='"+sBirth+"', shome='"+sHome
                +"', sethnic='"+sEthnic+"', syear='"+sYear
```

```
                +"', smajor='"+sMajor+"', scollege='"+sCollege
                +"' where snum="+Integer.parseInt(sNum)+"";
        try {
            DB.OpenConn();
            DB.executeUpdate(sql);
            JOptionPane.showMessageDialog(null, "成功修改一条新的记录!");
        } catch(Exception e) {
            System.out.println(e);
            JOptionPane.showMessageDialog(null, "更新失败", "错误",
                    JOptionPane.ERROR_MESSAGE);
        } finally {
            DB.closeStmt();
            DB.closeConn();
        }
    }
}
/*其他方法省略*/
}
```

说明：上例中用到了更新数据库的 SQL 语句,该语句的具体语法是：

UPDATE 表名称 SET 列名称=新值 WHERE 列名称=某值

该 SQL 语句可以指定到一条记录并更新其指定字段的数值。

12.3.3 删除学生信息

例 12.6 如图 12.12 所示,该窗口可以实现删除学生信息的功能,本例仅给出该功能的主要代码。

图 12.12 删除学生信息窗口

```
//DelStuInfo.java
package student;
import java.awt.*;
import java.sql.*;
import java.awt.event.*;
```

```java
import javax.swing.*;
public class DelStuInfo extends StuInfo {
    /*窗口设计部分代码已省略*/
    //**事件处理方法
    public void actionPerformed(ActionEvent e) {
        Object obj=e.getSource();
        String[] s=new String[8];

        if (obj==eixtInfo) {                   //退出
            this.dispose();
        } else if (obj==deleteInfo) {          //删除
            int ifdel=JOptionPane.showConfirmDialog(null, "真的要删除该信息?",
                    "提示信息", JOptionPane.YES_NO_OPTION,
                    JOptionPane.INFORMATION_MESSAGE);
            if (ifdel==JOptionPane.YES_OPTION) {
                //执行删除操作
                StuBean delStu=new StuBean();
                delStu.stuDel(sNum.getText());
                this.dispose();
                DelStuInfo dsi=new DelStuInfo();
                dsi.downInit();
                dsi.pack();
                dsi.setVisible(true);
            } else { return;}
        } else if (obj==searchInfo) {          //学号查询
            StuInfoSearchSnum siss=new StuInfoSearchSnum(this);
            siss.pack();
            siss.setVisible(true);
            sNum_str=siss.getSnum();
            StuBean searchStu=new StuBean();
            s=searchStu.stuSearch(sNum_str);
            if (s==null) {
                JOptionPane.showMessageDialog(null, "记录不存在!");
                sNum.setText("请查询学号");
                //清空窗口
                sName.setText("");     sSex.setText("");
                sSethnic.setText("");  sHome.setText("");
                sYear.setText("");     sMajor.setText("");
                sCollege.setText("");  sBirth.setText("");
                deleteInfo.setEnabled(false);
                return;
            } else {
                sNum.setText(sNum_str);
                //将窗口中组件的值设置为查询到的结果
```

```java
            sName.setText(s[0]);        sSex.setText(s[1]);
            sSethnic.setText(s[2]);     sHome.setText(s[3]);
            sYear.setText(s[4]);        sMajor.setText(s[5]);
            sCollege.setText(s[6]);     sBirth.setText(s[7]);
            deleteInfo.setEnabled(true);
        }
      }
    }
}

//StuBean.java
package student;
import java.sql.*;
import javax.swing.*;
import connDB.JDBC1;
public class StuBean {
    String sql;  ResultSet rs=null;  String sNum;
    String sName;   String sSex;   String sBirth;   String sHome;
    String sEthnic;   String sYear;   String sMajor;
    String sCollege;
    String colName;            //列名
    String colValue;           //列值
    String colValue2;          //列值
    int stuId;                 //学生的新学号
    //**删除学生信息
    public void stuDel(String num) {
        JDBC1 DB=new JDBC1();
        this.sNum=num;
        sql="delete from student where snum="+Integer.parseInt(sNum)+"";
        try {
            DB.OpenConn();
            DB.execute(sql);
            JOptionPane.showMessageDialog(null,"成功删除一条新的记录!");
        } catch(Exception e) {
            System.out.println(e);
            JOptionPane.showMessageDialog(null,"删除失败","错误",
                    JOptionPane.ERROR_MESSAGE);
        } finally {
            DB.closeStmt();
            DB.closeConn();
        }
    }
    /*其他方法省略*/
}
```

说明：上例中用到了删除记录的 SQL 语句，Delete 语句的具体语法是：

Delete from 表名称 where 列名称=值

该 SQL 语句可以指定到一条记录并删除。

习题 12

12-1 在 MySQL 数据库中建立一个学生管理数据库 stuDB,包括:
学生表 student(snum(整型,关键字),sname(文本,50),ssex(文本,2),sethnic(文本,50),shome(文本,50),smajor(文本,50),scollege(文本,50),syear(长整型),sbirth(日期/时间));
课程表 course(cnum(整型,关键字),cname(文本,50),cteacher(文本,50),cplace(文本,50),ctype(文本,50),ctime(文本,50));
成绩表 sc(snum(整型,关键字),cnum(整型,关键字),grade cnum(小数))。

12-2 根据上面创建的数据库 stuDB。编写 SQL 语句查询下列问题:
(1) 查询所有学生的基本信息。
(2) 查询"网站开发实践"课程的上课地点与上课时间。
(3) 查询某个同学所选的课程名称及分数。
(4) 查询分数超过 90 的学生名单。
(5) 更新课程名"ERP 理论与实践"为"ERP 概论",上课地点更改为"sd201"。

12-3 编写一个连接数据源 stuDB 的类文件。

12-4 编写一个查询所有课程的课程名、地点、上课时间的程序文件。

12-5 编写一个更新课程名"ERP 理论与实践"为"ERP 概论",上课地点更改为"sd201"的程序文件。

12-6 编写学生信息管理系统中使用的添加学生信息的窗口界面类、更改学生信息的窗口界面类和删除学生信息的窗口界面类。

12-7 创建一个完整的学生信息管理系统。主界面使用第 12.1 节所提供的界面,要求实现学生信息管理、教师信息管理、课程信息管理、信息查询、Java 实例欣赏 5 个功能模块,主界面如图 10.15 所示。此外,学生还可以在系统中添加数据分析功能作为系统的后续开发的功能。

第13章 综合应用程序实例

本章介绍一些综合运用的实例,这里仅给出源程序、说明程序的功能,读者可以模仿开发设计应用程序。其中可能使用到一些没有介绍的类,希望读者自己在 Java API 文档中寻找说明。

13.1 数值变换运算

例 13.1 本程序具有数值变换的功能,输入一个十进制数,单击"变换"按钮,可以看到转换的二进制、八进制、十六进制数值。运行结果如图 13.1 所示。

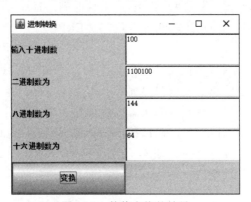

图 13.1 数值变换的结果

```
import java.awt.*;
import java.awt.event.*;
import javax.swing.*;
public class exp13_1 extends JFrame implements ActionListener {
  JLabel label1=new JLabel("输入十进制数");TextField field4=new TextField(6);
  JLabel label2=new JLabel("二进制数为");TextField field1=new TextField(6);
  JLabel label3=new JLabel("八进制数为");TextField field2=new TextField(6);
  JLabel label4=new JLabel("十六进制数为");TextField field3=new TextField(6);
```

```
    JButton button1=new JButton("变换");

  public exp13_1() {        //初始化
    setLayout(new GridLayout(5,2));
    add(label1); add(field1); add(label2); add(field2); add(label3);
    add(field3);add(label4);add(field4);
    add(button1);
    button1.addActionListener(this);
    setTitle("进制转换");setSize(400, 300);setVisible(true);
  }
  public void actionPerformed(ActionEvent e) {      //处理按钮事件
    int x=Integer.parseInt(field1.getText());
    field2.setText(Integer.toBinaryString(x));      //数值转换为字符串
    field3.setText(Integer.toOctalString(x));
    field4.setText(Integer.toHexString(x));
  }
  public static void main(String args[]){new exp13_1();}
}
```

13.2 幻灯机效果

例 13.2 如果 Applet 仅仅是显示一幅图像，没有什么特别的意义，不如直接在 HTML 文件中显示图像。本程序具有像幻灯机那样连续显示多幅图像的功能，运行界面如图 13.2 所示。

```
import java.awt.*;
import java.awt.event.*;
import javax.swing.JFrame;
public class exp13_2 extends JFrame {
  int index;
  Image imgs[]=new Image[6];
  public exp13_2(){
     setTitle("显示多个图片");
     setSize(300, 300);setVisible(true);
     addMouseListener(new MouseAdapter() {
       public void mouseClicked(MouseEvent e) {index=++index%6;repaint();}});
     for (int i=0; i<6; i++){
       imgs[i]=getToolkit().getImage(getClass().getClassLoader()
          .getResource("图片/花"+(i+1)+".gif")); }
  }
  public void paint(Graphics g){
     super.paint(g);
```

图 13.2 显示多个图片

```
        if (imgs[index]!=null)
            g.drawImage(imgs[index],0,30,300,290,this);
    }
    public static void main(String args[]){new exp13_2();}
}
```

在这个程序中,加载了 6 幅图像,单击鼠标可逐一显示图像,并在显示完 6 幅图像后自动返回第一幅重新开始。要在"图片"目录中先保存 6 幅花的图像文件。

13.3 利用滑块改变背景颜色

例 13.3 本程序具有改变背景颜色的功能,其中使用了 JSlider 滚块对象。运行结果如图 13.3 所示。

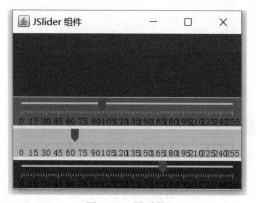

图 13.3 滑动块

```
import java.awt.*;
import javax.swing.*;
import javax.swing.event.*;
public class exp13_3 extends JFrame implements ChangeListener{
    private JSliderEx sliderRed, sliderGreen, sliderBlue;
    private JPanel colorPanel, sliderPanel;
    private Color color;
    public exp13_3()   {
        super("JSlider 组件"); setSize(400, 300);
        colorPanel=new JPanel();         //创建颜色面板 colorPanel
        add(colorPanel, BorderLayout.CENTER);
        //创建存放三个 JSlider 组件的面板 sliderPanel
        sliderPanel=new JPanel();
        sliderPanel.setBackground(Color.YELLOW);
        sliderPanel.setPreferredSize(new Dimension(400, 150));
        sliderPanel.setLayout(new GridLayout(3, 1, 5, 5));

        //创建 JSlider 组件
```

```java
        sliderRed=new JSliderEx(this, 0, 255);
        sliderGreen=new JSliderEx(this, 0, 255);
        sliderBlue=new JSliderEx(this, 0, 255);
        //设置组件背景色
        sliderRed.setBackground(Color.RED);
        sliderGreen.setBackground(Color.GREEN);
        sliderBlue.setBackground(Color.BLUE);
        sliderPanel.add(sliderRed);
        sliderPanel.add(sliderGreen);
        sliderPanel.add(sliderBlue);
        add(sliderPanel, BorderLayout.SOUTH);
    }
    public static void main(String[] args) {exp13_3 gdk=new exp13_3();
    gdk.setVisible(true); }

    public void stateChanged(ChangeEvent event) {          //处理 ChangeEvent 事件
        color=new Color(sliderRed.getValue(), sliderGreen.getValue(),
        sliderBlue.getValue());
        colorPanel.setBackground(color); }

    class JSliderEx extends JSlider  {
        public JSliderEx(ChangeListener listener, int min, int max){
            super(min, max);
            setPaintTicks(true);                //设置是否在 JSlider 上加上刻度
            setMajorTickSpacing(15);            //设置大刻度之间的距离
            setMinorTickSpacing(3);             //设置小刻度之间的距离
            setPaintLabels(true);               //设置是否数字标记
            addChangeListener(listener);        //添加事件监视器
        }
    }
}
```

13.4 对象的克隆

在 Java 中可以实现从现存的对象复制出一个完全一样的副本,称为克隆。克隆由 Object 类的 clone()方法实现。

例 13.4 对象的克隆,运行结果如图 13.4 所示。

```java
import java.awt.*;
import javax.swing.*;
public class exp13_4 extends JFrame {
    public exp13_4(){setTitle("对象克隆");
    setSize(300, 300);setVisible(true);}
    public void paint(Graphics g) {
```

图 13.4 克隆对象

```
        super.paint(g);
        DrawOval c[]=new DrawOval[10];
        DrawOval a=new DrawOval();
        a.setPos(20, 20);
        a.setOval(60, 60);
        for (int i=0; i<10; i++) {
            c[i]=(DrawOval) a.clone();
            c[i].setPos(20+i * 20, 60+i * 4);
            c[i].draw(g);
        }
    }
    public static void main(String args[]){new exp13_4(); }
}
class DrawOval implements Cloneable {
int x, y, width, height;
public void setPos(int x1, int y1) {x=x1;y=y1;}
public void setOval(int w, int h) {width=w;height=h;}
public void draw(Graphics g) {
    g.drawOval(x, y, width, height);
}
protected Object clone() {
    try {
        DrawOval clonedObject=(DrawOval) super.clone();
        return clonedObject;
    } catch(CloneNotSupportedException e) {
        throw new InternalError();
    }
}
}
```

13.5 正弦曲线

例 13.5 本程序运行后,单击"正弦"按钮,可画出一条正弦曲线。单击"清除"按钮,将清除曲线。运行结果如图 13.5 所示。

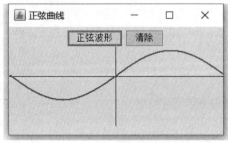

图 13.5 正弦曲线图形

```java
import java.awt.*;
import java.awt.event.*;
import javax.swing.*;
public class exp13_5 extends JFrame implements ActionListener {
    int x, y;   double a;
    JButton bn1=new JButton("正弦波形");
    JButton bn2=new JButton("清除");
    JPanel panel=new JPanel();
    public exp13_5() {
        panel.add(bn1);panel.add(bn2);
        bn1.addActionListener(this);bn2.addActionListener(this);
        add(panel);
        this.setTitle("正弦曲线");
        this.setSize(400, 300);
        this.setVisible(true);
        this.setDefaultCloseOperation(EXIT_ON_CLOSE);
    }
    public void actionPerformed(ActionEvent e) {
        Graphics g=panel.getGraphics();
        g.drawLine(180, 20, 180, 160);
        g.drawLine(0, 80, 360, 80);
        g.setColor(Color.red);
        if (e.getSource()==bn1) {
            for (x=0; x<=360; x+=1) {a=Math.sin(x*Math.PI/180);y=(int) (80+40*a);
                g.drawString(".", x, y);}
        }
        if (e.getSource()==bn2) repaint();
    }
    public static void main(String args[]) { new exp13_5(); }
}
```

13.6 在画布上手工画图

例 13.6 该程序设计使用鼠标在画布上画直线和画点的方法。用户单击"画线"按钮可画直线,单击"画点"按钮可画连续点,单击"清除"按钮可清除画面上的所有内容。本页面显示的是通过鼠标使用直线画出的旗子,以及用画点的方法画出的字,结果如图13.6所示。

```java
import java.awt.*;
import java.awt.event.*;
import java.util.Vector;
import javax.swing.*;
```

```java
public class exp13_6 extends JFrame implements ActionListener {
    JButton line, point, clear;
    MyCanvas2 c;
    public exp13_6() {
        JPanel jp=new JPanel();
        c=new MyCanvas2();
        c.setSize(350, 200);
        c.setBackground(Color.green);
        line=new JButton("画线");
        point=new JButton("画点");
        clear=new JButton("清除");
        jp.add(line);jp.add(point);jp.add(clear);jp.add(c);add(jp);
        line.addActionListener(this);point.addActionListener(this);
        clear.addActionListener(this);
        setTitle("简易画图");setSize(400, 300);setVisible(true);
    }
    public void actionPerformed(ActionEvent e) {
        if (e.getSource()==line)
            c.mode=0;                                  //设为画直线模式
        else if (e.getSource()==point)
            c.mode=1;                                  //设为画连续点模式
        else if (e.getSource()==clear) {               //清除画面
            c.points=new Vector();
            c.x1=-1;
            c.repaint();
        }
    }
    public static void main(String args[]){new exp13_6();}
}
class MyCanvas2 extends Canvas implements MouseListener, MouseMotionListener {
    int x1, y1, x2, y2, mode;
    Vector<Rectangle>points=new Vector<Rectangle>();
    MyCanvas2() {
        addMouseListener(this);
        addMouseMotionListener(this);
    }
    public void paint(Graphics g) {
        for (int i=0; i<points.size(); i++) {         //所有操作结果被重新画出
            Rectangle r=(Rectangle) points.elementAt(i);
            g.drawLine(r.x, r.y, r.width, r.height);
        }
        if (x1 !=-1 && mode==0)                        //画当前直线
            g.drawLine(x1, y1, x2, y2);
```

```
    }
    public void mousePressed(MouseEvent e) {         //记录起点坐标
        x1=e.getX();y1=e.getY(); }
    public void mouseDragged(MouseEvent e) {
        if (mode==0) {                               //记录当前坐标
            x2=e.getX();
            y2=e.getY();
        } else {          //画连续点时保存每一个笔画的起点和当前坐标
            points.addElement(new Rectangle(x1, y1, e.getX(), e.getY()));
            x1=e.getX();y1=e.getY();}
        repaint();
    }
    public void mouseReleased(MouseEvent e) {
        if (mode==0)      //保存当前直线的起点和终点坐标
            points.addElement(new Rectangle(x1, y1, e.getX(), e.getY())); }
    public void mouseClicked(MouseEvent e) {}
    public void mouseEntered(MouseEvent e) {}
    public void mouseExited(MouseEvent e) {}
    public void mouseMoved(MouseEvent e) {}
}
```

图 13.6　图画板

本例中使用了画布，向量类 Vector、Rectangle 四边形类，还定义了一个内部类。

13.7　电闪雷鸣的动画

例 13.7　本程序通过按钮控制声音和动画的开始及停止。动画显示了电闪雷鸣的场面，效果如图 13.7 所示。

注意：图像要表现不同时期的场面，才会有动画效果。

图 13.7 电闪雷鸣的动画

```java
import java.awt.*;
import java.awt.event.*;
import javax.swing.*;
class exp13_7p extends JPanel implements Runnable, ActionListener {
    Image iImages[];           //图像数组
    Thread aThread;
    int iFrame, i;             //图像数组下标
    JButton b1;JButton b2;
    public exp13_7p() {
        iFrame=0;
        aThread=null;
        iImages=new Image[10];
        for (i=0; i<10; i++)
        iImages[i]=getToolkit().getImage(getClass().getClassLoader()
            .getResource("图片/"+"tu"+(i+1)+".jpg"));
        Panel p1=new Panel();
        b1=new JButton("开始");
        b2=new JButton("停止");
        p1.add(b1);
        p1.add(b2);
        b1.addActionListener(this);
        b2.addActionListener(this);
        setLayout(new BorderLayout());
        add(p1, "South");
    }
    public void run() {
        if (aThread==null) {
            aThread=new Thread(this);
            aThread.start();          //线程启动
            b1.setEnabled(false);
        }
        while (true) {
```

```java
                iFrame++;
                iFrame %=(iImages.length);              //下一幅图像的下标
                this.repaint();
                try { Thread.sleep(100); }
                catch(InterruptedException e) { break; } //中断时抛出,退出循环
            }
        }
        public void paint(Graphics g) {
            super.paint(g);
            g.drawImage(iImages[iFrame], 0, 0, this);
        }

        public void actionPerformed(ActionEvent e) {
            if ((e.getSource()==b1) && (aThread==null)) { //单击 Start 按钮时触发
                aThread=new Thread(this);
                aThread.start();                         //线程启动
                b1.setEnabled(false);
                b2.setEnabled(true);
            }
            if ((e.getSource()==b2) && (aThread !=null)) { //单击 Stop 按钮时触发
                aThread.interrupt();                     //线程中断
                aThread=null;
                b1.setEnabled(true);
                b2.setEnabled(false);
            }
        }
    }
    public class exp13_7 extends JFrame {
        exp13_7() {
            add(new exp13_7p());
            setSize(230, 260);setVisible(true);
        }
        public static void main(String args[]) {new exp13_7();}
    }
```

本类中使用了 awt 包的按钮对象,读者可以将其中的组件换为 Swing 中的组件,但要使用面板对象。

13.8 控制移动的文字

例 13.8 可以控制移动文字的程序,如图 13.8 所示。

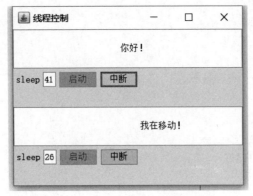

图 13.8 控制移动文字的界面

```
import java.awt.*;
import java.awt.event.*;
import javax.swing.*;
class Welcome extends JPanel {
    Thread3 wt1,wt2;
    public Welcome() {
        acl ac=new acl();
        wt1=new Thread3(this,"你好!",ac); wt2=new Thread3(this,"我在移动!",ac);
        wt2.start();
        wt2.setButton();
        ac.setwt(wt1,wt2);
        setLayout(new GridLayout(4,1));
    }
}
class acl implements ActionListener{
    Thread3 wt1,wt2;
    void setwt(Thread3 wt1,Thread3 wt2){
        this.wt1=wt1;
        this.wt2=wt2;
    }
    public void actionPerformed(ActionEvent e) {        //单击按钮时触发
        if ((e.getSource()==wt1.b1) || (e.getSource()==wt1.b2))
            actionPerformed(e,wt1);
        if ((e.getSource()==wt2.b1) || (e.getSource()==wt2.b2))
            actionPerformed(e,wt2);
    }
    public void actionPerformed(ActionEvent e,Thread3 wt1) {    //重载
        if(e.getSource()==wt1.b1) {                 //启动
            wt1.sleeptime=Integer.parseInt(wt1.tf2.getText());
            wt1.start();}
        if(e.getSource()==wt1.b2)                   //中断
```

```java
            wt1.interrupt();
            wt1.setButton();                              //设置按钮状态
        }
    }
    class Thread3 extends Thread {
        Panel p1; JLabel lb1;
        JTextField tf1,tf2; JButton b1,b2;
        int sleeptime=(int)(Math.random() * 100);
        public Thread3(JPanel p,String str,ActionListener acl) {
            super(str);
            for(int i=0;i<100;i++)
                str=str+" ";
            tf1=new JTextField(str);
            p.add(tf1);
            p1=new Panel();
            p1.setLayout(new FlowLayout(FlowLayout.LEFT));
            lb1=new JLabel("sleep"); tf2=new JTextField(""+sleeptime);
            p1.add(lb1); p1.add(tf2);
            b1=new JButton("启动"); b2=new JButton("中断");
            p1.add(b1); p1.add(b2);
            b1.addActionListener(acl);
            b2.addActionListener(acl);
            p.add(p1);
        }
        public void run() {
            String str;
            while (this.isAlive() && !this.isInterrupted()){
                try {                    //线程活动且没中断时
                    str=tf1.getText();
                    str=str.substring(1)+str.substring(0,1);
                    tf1.setText(str);
                    this.sleep(sleeptime); }
                catch(InterruptedException e){          //中断时抛出
                    break; }                            //退出循环
            }
        }
        public  void setButton(){                       //设置按钮状态
            if (this.isAlive())        b1.setEnabled(false);
            if (this.isInterrupted())  b2.setEnabled(false);
        }
    }
    public class exp13_8 extends JFrame{
        public exp13_8(){
            add(new Welcome());
```

```
            this.setTitle("线程控制");
            this.setSize(400, 300);
            this.setVisible(true);
        }
        public static void main(String args[]){new exp13_8();}
    }
```

13.9 水中倒影

例 13.9 本程序用一幅图像制作出它的水中倒影,并能显示动态的水波纹,非常漂亮。运行效果如图 13.9 所示。

图 13.9 水中倒影

注意:编写时,要根据选用倒影的图片的大小来确定窗口的大小。

```
import java.awt.*;
import javax.swing.*;
public class exp13_9 extends JFrame implements Runnable {
  Thread td; Image img,buffer;
  Graphics g1; int width,height;

  public exp13_9() {
    this.setVisible(true);
    repaint();
    ImageIcon ii=new ImageIcon("src\\图片\\T11.jpg");
    img=ii.getImage();

    MediaTracker tracker=new MediaTracker(this);      //创建图像加载跟踪器
    tracker.addImage(img,0);                           //添加要跟踪的图像,代号为 0
    try { tracker.waitForID(0); }                      //等待图像加载完毕
     catch(InterruptedException e) {}
    width=img.getWidth(this);
    height=img.getHeight(this)/2;                      //仅使用图像的一半
```

```java
        buffer=createImage(2*width,height);              //创建后台屏幕,原始图像的两倍宽度
        g1=buffer.getGraphics();
        g1.drawImage(img,0,-height,this);                //图像的下半部分画到后台屏幕
        for (int i=0;i<height;i++)                       //将图像逐线复制,生成图像倒影
            g1.copyArea(0,i,width,1,width,(height-1)-2*i);   //复制到后台屏幕右半边
        g1.clearRect(0,0,width,height);                  //清除后台屏幕左半边
        new Thread(this).start();
        this.setSize(width,height*2);
    }
    public void start() {if (td==null) {td=new Thread(this);td.start();}}

    public void run() {
      int dy,num=0; double d;
      while (true) {
        d=num*Math.PI/6;                                 //生成一个角度,共有 12 个值
        for (int i=0;i<height;i++) {
          dy=(int)((i/12.0D+1)*Math.sin(height/12.0D*(height-i)/(i+1)+d));
          //经验公式
          g1.copyArea(width,i+dy,width,1,-width,-dy);    //从右向左复制生成波纹
        }
        repaint();
        num=++num%12;
        try {Thread.sleep(50);} catch(InterruptedException e) {}
      }
    }

    public void paint(Graphics g) {
        super.paint(g);
      g.drawImage(img,0,-height+30,this);                //显示图像的下半部分
      g.drawImage(buffer,0,height+30,this);              //显示图像倒影,合成一幅完整图像
    }
    public void update(Graphics g) {paint(g);}
    public void stop() {if (td!=null) td=null;}

    public static void main(String args[]){
      exp13_9 dy=new exp13_9();
      dy.setVisible(true);
    }
}
```

13.10 图形钟

例 13.10 本程序创建一个显示当前时间的图形时钟,运行效果如图 13.10 所示。

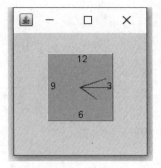

图 13.10 图形时钟

```java
import java.util.*;
import java.awt.*;
import javax.swing.*;
class exp13_10Pad extends JPanel implements Runnable {
    int lastxs=50, lastys=30, lastxm=50, lastym=30, lastxh=50, lastyh=30;
    exp13_10Pad() {setBackground(Color.white); }
    public void paint(Graphics g) {              //显示数字和图形时钟的方法
        int xh, yh, xm, ym, xs, ys, s, m, h, xcenter, ycenter;
        Calendar rightnow=Calendar.getInstance();   //获取当前时间
        s=rightnow.get(rightnow.SECOND);
        m=rightnow.get(rightnow.MINUTE);
        h=rightnow.get(rightnow.HOUR);
        xcenter=100;                              //图形钟的原点
        ycenter=80;                               //以下计算秒针、分针、时针位置
        xs=(int) (Math.cos(s * 3.14f/30-3.14f/2) * 45+xcenter);
        ys=(int) (Math.sin(s * 3.14f/30-3.14f/2) * 45+ycenter);
        xm=(int) (Math.cos(m * 3.14f/30-3.14f/2) * 40+xcenter);
        ym=(int) (Math.sin(m * 3.14f/30-3.14f/2) * 40+ycenter);
        xh=(int) (Math.cos((h * 30+m/2) * 3.14f/180-3.14f/2) * 30+xcenter);
        yh=(int) (Math.sin((h * 30+m/2) * 3.14f/180-3.14f/2) * 30+ycenter);
        g.setFont(new Font("TimesRoman", Font.PLAIN, 14));
        g.setColor(Color.orange);                 //设置表盘颜色
        g.fill3DRect(xcenter-50, ycenter-50, 100, 100, true);     //画表盘
        g.setColor(Color.darkGray);               //设置表盘数字颜色
        g.drawString("9", xcenter-45, ycenter+3);    //画表盘上的数字
        g.drawString("3", xcenter+40, ycenter+3);
        g.drawString("12", xcenter-5, ycenter-37);
        g.drawString("6", xcenter-3, ycenter+45);
        //时间变化时,需要重新画各个指针,即先消除原有指针,然后画新指针
        g.setColor(Color.orange);        //用表的填充色画线,可以消除原来画的线
        if (xs !=lastxs || ys !=lastys) {         //秒针变化
            g.drawLine(xcenter, ycenter, lastxs, lastys);
```

```java
            }
            if (xm !=lastxm || ym !=lastym) {         //分针变化
                g.drawLine(xcenter, ycenter-1, lastxm, lastym);
                g.drawLine(xcenter-1, ycenter, lastxm, lastym);
            }
            if (xh !=lastxh || yh !=lastyh) {         //时针变化
                g.drawLine(xcenter, ycenter-1, lastxh, lastyh);
                g.drawLine(xcenter-1, ycenter, lastxh, lastyh);
            }
            g.setColor(Color.red);                    //使用红色画新指针
            g.drawLine(xcenter, ycenter, xs, ys);
            g.drawLine(xcenter, ycenter-1, xm, ym);
            g.drawLine(xcenter-1, ycenter, xm, ym);
            g.drawLine(xcenter, ycenter-1, xh, yh);
            g.drawLine(xcenter-1, ycenter, xh, yh);
            lastxs=xs;
            lastys=ys;                                //保存指针位置
            lastxm=xm;
            lastym=ym;
            lastxh=xh;
            lastyh=yh;
        }
        public void run() {                           //每隔1s,刷新一次画面的方法
            while (true) {
                try {Thread.sleep(1000); }
                catch(InterruptedException e) {}
                repaint();
            }   //调用paint()方法重画时钟
        }
        public void update(Graphics g) { paint(g); }
                                                      //重写update()方法是为了降低闪烁现象
}
public class exp13_10 extends JFrame{
    public static void main(String args[]) { new exp13_10(); }
    public exp13_10(){
        super("时钟");
        exp13_10Pad cl=new exp13_10Pad();
        Thread timer=new Thread(cl);
        timer.start();   this.add(cl);
        this.setVisible(true);this.setSize(220, 220);
    }
}
```

习题 13

13-1 编写一个程序,动画显示一个数码钟,用数字显示时、分、秒。

13-2 编写一个程序,动画显示圆形时钟,显示时针和分针。

13-3 编写一个程序,实现向上滚动显示一行文字。

13-4 编写一个程序,实现向上滚动显示一幅图像。

13-5 编写一个程序,实现一行文字蛇行移动。

13-6 编写一个程序,实现网页上的 banner 技术即连续显示 6 幅图像,0.5s 自动显示 1 幅图像。

13-7 使用颜色选择器类 JColorChooser 创建一个可以选择颜色的对话框类。

13-8 使用分隔面板类 JSplitPane 创建一个具有分隔面板的窗口类。

13-9 使用进度条组件类 JProgressBar 与定时器 Timer 类创建一个具有进度条组件的窗口类。

13-10 通过键盘事件接口类 KeyListener 创建一个通过键盘控制图片行为的窗口类。

13-11 使用定时器 Timer 类在窗口中创建一个动画。通过控制时间控制图像的更换,实现动画的效果。

13-12 编写一个 Java 程序,实现一个简易的记事本,使用 JMenuBar,JMenu,JMenuItem 等控件实现菜单栏功能,使用 FileDialog 类实现 txt 文件的读取和保存。程序界面如图 13.11 所示。

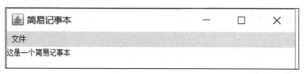

图 13.11 简易记事本

13-13 编写一个网络图片传输程序,分别为用户端和服务端,用户可以通过服务端或客户端向另一方发送图片。程序界面如图 13.12 所示。

图 13.12 由服务端向客户端发送图片

13-14 编写一个日历小程序,可以跳转到指定的年份和月份。程序界面如图 13.13 所示。

图 13.13 简易日历

13-15 编写一个程序,利用多线程机制设计一个交通信号灯类,创建两个代表东西向与南北向的人与车可以同时运行的线程类,运行程序会出现路口信号灯界面,信号灯能够根据时间进行模糊控制,使东西向、南北向的人与车(线程)做到绿灯行、黄灯与红灯停。程序运行界面如图 13.14 所示。

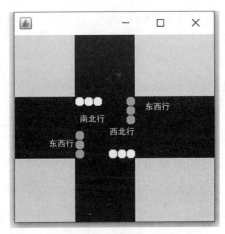

图 13.14 交通信号灯

编 后 语

  一个好的程序要具备可读性,方便自己也方便别人。所以,要培养一种良好的编程习惯,要注意以下问题:
  (1) 代码的缩进;
  (2) 有效使用空格;
  (3) 简明的注释;
  (4) 意义明确的命名;
  (5) 着重表示的常量;
  (6) 利用开发工具,它们可以综合使用 Java 的编译器和调试器等,如 Eclipse 公司的 Eclipse 等;
  (7) 常看 Java API 文档。
  Java 还有很多相关的技术,如 JSP 是 Java 专门用于制作 Web 网页的动态开发技术,它以 Java 语言作为脚本语言,功能强大、安全;JDBC 能够利用 SQL 与数据库进行通信,使 Java 应用于软件系统,如企业信息系统开发,电子商务网站开发。还有,2D 图形处理技术,3D 动画技术,移动电话的技术等等,Java 的发展很快,本书只是介绍了 Java 最基本的知识,帮助读者打下 Java 基础,学习 Java 的路还很长,不断努力学习就能发挥 Java 更大的作用。我们会发现 Java 的应用会越来越多。

图书资源支持

感谢您一直以来对清华版图书的支持和爱护。为了配合本书的使用,本书提供配套的资源,有需求的读者请扫描下方的"书圈"微信公众号二维码,在图书专区下载,也可以拨打电话或发送电子邮件咨询。

如果您在使用本书的过程中遇到了什么问题,或者有相关图书出版计划,也请您发邮件告诉我们,以便我们更好地为您服务。

我们的联系方式:

地　　址:北京市海淀区双清路学研大厦 A 座 714

邮　　编:100084

电　　话:010-83470236　010-83470237

客服邮箱:2301891038@qq.com

QQ:2301891038(请写明您的单位和姓名)

资源下载:关注公众号"书圈"下载配套资源。

书圈

获取最新书目

观看课程直播